国防特色学术专著·仪器科学与技术

"十二五"国家重点图书
出版规划项目

光纤白光干涉传感技术

苑立波　杨军　著

北京航空航天大学出版社
北京理工大学出版社　哈尔滨工业大学出版社
哈尔滨工程大学出版社　西北工业大学出版社

内 容 简 介

本书主要围绕光纤白光干涉应变与温度传感技术进行了较为专门的阐述。首先,概述了光纤智能结构的基本概念,简要回顾了光纤白光干涉传感技术的发展历程,比较、说明了光纤白光传感器的优缺点;其次,详细讨论了白光干涉光纤应变与温度传感器的传感机理,分析了光纤传感器与基体材料的相互作用及其力学传递特性;最后,较为详细地探讨了多种可能的白光干涉式准分布光纤多路复用传感技术,展示了其基本的环形传感网络拓扑结构,并给出了若干简化解调系统的例子。

本书可供光电测量、光纤传感技术、仪器仪表设计、智能材料与结构以及土木工程领域中的健康结构监测等专业的科研人员和工程技术人员阅读,也可供高等院校相关专业的研究生、高年级学生参考。

图书在版编目(CIP)数据

光纤白光干涉传感技术 / 苑立波,杨军著. --北京
:北京航空航天大学出版社,2011.5
 ISBN 978 - 7 - 5124 - 0366 - 6

Ⅰ. ①光… Ⅱ. ①苑…②杨… Ⅲ. ①光纤传感器—研究 Ⅳ. ①TP212.14

中国版本图书馆 CIP 数据核字(2011)第 034480 号

版权所有,侵权必究。

光纤白光干涉传感技术

苑立波 杨军 著
责任编辑 刘晓明

*

北京航空航天大学出版社出版发行

北京市海淀区学院路 37 号(邮编 100191) http://www.buaapress.com.cn
发行部电话:(010)82317024 传真:(010)82328026
读者信箱:bhpress@263.net 邮购电话:(010)82316936
涿州市新华印刷有限公司印装 各地书店经销

*

开本:787×1 092 1/16 印张:12.5 字数:320 千字
2011 年 5 月第 1 版 2011 年 5 月第 1 次印刷 印数:3 000 册
ISBN 978 - 7 - 5124 - 0366 - 6 定价:39.00 元

前　言

　　光纤传感器以其在复合材料与结构应用中的优势,开启了一个新的研究领域——光纤智能结构,从而使建筑结构工程师可以在其设计中引入光纤传感系统。用这些传感系统装备的高楼、大坝和桥梁等建筑结构就拥有了一个信息传送中枢系统,能够在地震或暴风雨后,或者在建筑结构使用一段时间后,报告其健康状态。

　　智能结构的实现首先需要有一个能够感知并传导材料变化的神经系统,并且该神经系统本身可以作为材料结构的一部分。光纤传感技术由于具有以下特点,因此可以用来充当这种神经系统:首先,光纤传感器具有尺寸小和柔韧性较好的特点,因此可以直接集成到复合材料中;其次,在一条光纤光路中可以集成多个传感器,实现多路复用,从而降低传感系统的造价并减少输入和输出的连接点数量;最后,由于光纤材料自身的特性,决定了光纤传感器是电绝缘的,而且不受电磁场的干扰。

　　光纤白光干涉传感技术是一种基于白光干涉原理的传感测量方法,它除了具有抗干扰能力强、可进行绝对物理量测量的优点外,还具有不受电磁场影响、本质上安全防爆、体积小、质量轻、耐腐蚀和灵敏度高等优点,可用于许多传统传感器难以涉足的极端恶劣的场合。它们可以被安装在有限的空间中,并能在极限温度、腐蚀、真空和危险的环境中正常工作,使以前诸多极为棘手的监测、监控难题得到解决。该技术的应用领域涵盖航空航天、能源、环保、自动控制以及建筑施工等诸多国民经济领域,尤其在周界警戒与防护系统中备受青睐,已逐渐成为信息获取、信息识别、状态监测等重要手段之一。20多年来经过众多学者的共同努力,光纤白光干涉传感技术得到了不断的发展与完善。

　　本书的目的是介绍基于光纤白光干涉的传感器设计、复用和组网技术,利用改进的光纤白光干涉传感技术来满足大型结构健康监测的要求。本书重点介绍如下几个方面:

① 埋入结构内部的光纤应变传感器单元的设计;
② 光纤保护层对埋入式传感器性能影响的理论分析;
③ 埋入式光纤白光干涉传感器的力学性能和热性能;
④ 光纤白光干涉传感器多路复用技术的理论和试验;
⑤ 光纤白光干涉传感系统在大型智能结构中的组网技术及其环路拓扑结构。

　　光纤传感系统可以感知应力和温度信息。由于光纤既可作为感知器,又可作为传输数据的信道,因此理论上可以测量沿光纤长度上任意一点所受的应变和温度。这个独特的性质使光纤能够在监测建筑结构时对结构的潜在危险提供早期预警,也可以检测地面运动或超载造成的结构中某处的超额应力。此外,还可以将一根标准的光纤分布安装在一个或一组建筑结构中,用来监测结构中的过热点并给出过热点的具体位置。这种光纤传感技术可以在极早期发现可能发生的断裂或火灾,从而可以最大限度地减少人员伤害和财产损失。

这种新的光纤传感监测技术有 4 个主要的应用领域:

① 结构的健康监测和损伤评估;
② 实验力学的应力分析与测量;
③ 周界安全的监测与预警;
④ 系统的设备运行状态报告和管理控制。

第①个应用领域包括对不同种类混凝土结构(如混凝土梁、柱、拱和板)的弯曲和挠度的测量。由于很难对复杂结构的应变场建立准确的模型,因此在实验力学的应力分析与测量领域,即第②个应用领域,可以利用光纤白光干涉传感技术测量复杂结构的应变场,然后通过比较应变场和挠度的实际测量值以及模型计算值确定更精确的设计参数,进而提高结构的安全性并降低建造成本。光纤白光干涉传感技术特别适合的第③个应用领域是目前市场需求日益凸显的周界安全的监测与预警,如国境边界线的入侵警戒与防护;围栏的悬挂式防卫;高速公路两侧以及飞机场周界的防护;核电站等重要区域的周边防护警戒。第④个应用领域包括桥梁的交通流量测量和机场跑道的监测。这种监测系统能够确定大型或高速卡车通过桥梁时超载路段的长度和流量,也可以监测机场跑道的飞机着陆情况。传感系统获得的这些信息可以帮助人们评估类似事件对建筑结构造成的影响。

基于以上考虑,发展实际的光纤白光干涉传感和测量技术是十分重要的。本书为设计和制作实际的监测系统提供了理论与技术上的支持,这种监测系统具有易于安装、成本低、可靠性高、可以多点测量和多路复用的特点,为深入开展工程技术研究,如国家边境安防,机场、核电站等重要区域的周界警戒,水库大坝、桥梁、山体斜坡、高速公路或超高层建筑等大型结构中安装或埋入光纤传感器的实际工程技术应用等,提供了有价值的方法和经验。

光纤传感器(FOS)技术的研究已经有 40 年的历史。与之前的电传感器相比,光纤传感器具有一系列优点,这些优点正在改变现有产品的制作方式,并为许多新系统的出现创造了机会。质量轻、尺寸小、抗高温和抗电磁场干扰等优点使光纤传感技术在工业领域,尤其是在光纤智能结构中具有广阔的应用前景。因此,近年来分布式和多路复用光纤传感技术引起了人们广泛的研究兴趣,发展了多种方法来实现全光纤传感系统。目前已经有多种成功用于智能结构的光纤传感器案例,如光纤布拉格光栅传感器、基于布里渊散射的 BOTDR 系统等。本书中的研究主要集中在测量分区以及区域内平均尺度较长的光纤白光干涉传感技术,这是因为在众多的建筑结构监测应用中,必须采用大尺度传感器才能实现区域测量的目标。基于大型建筑结构的要求,进一步发展光纤白光干涉传感技术,如大尺度光纤传感器的设计及其复用技术、提高光纤传感器多路复用能力的方法和传感器的组网技术,对于实际应用具有非常重要的意义。

除了具备光纤传感器所共有的优点外,白光干涉技术还可以进行绝对形变的测量,这对以高相干度激光为光源的传统光纤干涉仪来说是无法实现的。光纤白光干涉仪的另一个优点是不需要使用相对复杂的时域或频域复用技术,就可以在空间相干域将多个传感器的信号复用到一路光信号中。另外,由于光纤白光干涉传感系统的传感器部分仅由一段标准光纤构成,因此传感器的结构简单,成本低,易于制作和安装,并且传感器的长度选择具有很大的灵活性,可以短至几厘米,也可以长至数十米甚至数百米。以上这些特性使光纤白光干涉传感系统对使用者具有较大的吸引力。

本书共有9章,分为3个主要部分。第一部分由第1章构成,主要对光纤白光干涉传感技术和光纤智能结构的相关问题进行了概述。第二部分由第2章~第6章组成,详细地论述了与光纤白光干涉传感器相关的技术基础问题,包括光纤白光干涉传感基本原理、光纤传感器设计与制备的相关问题;针对混凝土基体和土基体这两种典型的应用过程中的基本问题,给出了若干实验基础研究结果;针对传感器感知性能的力学传递特性,介绍了光纤传感器与其周围材料之间的相互作用模型。第三部分包括第7章~第9章,主要讨论了基于白光干涉的光纤传感技术的多路复用传感技术,以及基于环形拓扑结构的传感网络工作原理、具体应用及其解调系统的简化方法。

本书涉猎的内容是作者十几年工作积累的结果。作者特别感谢 Farhad Ansari 教授,他目前作为土木工程系的主任在美国伊利诺斯大学工作。作者有幸在1995—1997年间,在他的指导下开展了将光纤传感器应用于土木工程的跨学科研究工作。作者还要感谢清华大学土木工程学院的李庆斌教授,书中一些关于混凝土与光纤相互作用的实验就是在清华大学共同完成的;感谢同济大学桥梁工程系的章关永教授的有益讨论,使得作者能够对桥梁结构有所了解;感谢香港理工大学机械工程系的周利民教授以及香港理工大学电机工程系的靳伟教授,本书的后3章主要是在香港完成的,没有他们的指导与帮助,这些工作是难以完成的;感谢香港理工大学机电工程系的 Y. L. Hoo 博士、居剑博士在实验方面的帮助;感谢周爱博士、宋红彬博士、朱晓亮博士不辞辛劳地协助将作者多年来所发表的论文翻译、整理成中文。

由于作者水平有限,书中难免存在不妥之处,敬请读者批评指正。

作　者

2010年8月于哈尔滨

目 录

第1章 导 言 ... 1
1.1 智能结构的概念 ... 1
1.2 光纤传感器在智能结构中的应用 ... 2
1.3 结构健康监测的需求 ... 4
1.4 光纤白光干涉仪发展的简要回顾 ... 8
1.5 用于结构健康监测的白光干涉式光纤传感器的优点 ... 10
1.6 小 结 ... 11
参考文献 ... 11

第2章 光纤白光干涉应变与温度的测量方法 ... 18
2.1 引 言 ... 18
2.2 光纤应变与温度传感基本方程 ... 18
2.3 光纤白光干涉仪工作原理 ... 20
2.4 应变和温度测量技术 ... 23
    2.4.1 应变测量原理 ... 24
    2.4.2 温度测量原理 ... 25
2.5 热表观应变与温度补偿技术 ... 25
2.6 小 结 ... 27
参考文献 ... 27

第3章 埋入式光纤传感器的设计、集成与安装 ... 29
3.1 引 言 ... 29
3.2 预埋金属基封装结构传感器 ... 29
    3.2.1 金属封装结构设计 ... 29
    3.2.2 用于形变测量的光纤制备 ... 30
    3.2.3 传感器集成 ... 31
3.3 预埋环氧基封装结构传感器 ... 31
    3.3.1 传感器设计 ... 31
    3.3.2 硅橡胶模型的制备 ... 32
    3.3.3 预埋环氧基传感器的制备 ... 33
3.4 预埋混凝土基传感器 ... 34
3.5 预埋土体传感器 ... 35
3.6 将传感器安装于结构中的相关问题 ... 38
3.7 小 结 ... 41

参考文献 … 41

第4章 用于混凝土构件的基础实验 … 42

4.1 引 言 … 42
4.2 光纤白光干涉引伸计 … 42
    4.2.1 系统结构 … 42
    4.2.2 光程分析方法 … 43
    4.2.3 信号强度计算方法 … 45
4.3 应变测量的基础实验 … 46
    4.3.1 混凝土试件的准备 … 46
    4.3.2 应变传递过程 … 48
    4.3.3 表贴光纤引伸计测量方法 … 48
    4.3.4 埋入式光纤引伸计测量方法 … 50
4.4 温度测量 … 53
4.5 CTOD 测量 … 55
4.6 温度与 CTOD 两用测量方法 … 58
4.7 小 结 … 59
参考文献 … 59

第5章 用于土体形变测量的基础实验 … 60

5.1 引 言 … 60
5.2 土力学传感器的标定 … 60
    5.2.1 标定试验装置 … 60
    5.2.2 实验结果 … 61
5.3 土坝模型形变的测量 … 62
    5.3.1 土坝模型 … 62
    5.3.2 实验结果 … 64
5.4 边坡模型形变的监测 … 64
    5.4.1 高边坡模型 … 64
    5.4.2 实验结果 … 65
5.5 小 结 … 66

第6章 光纤传感器和基体材料的相互作用 … 67

6.1 引 言 … 67
6.2 应变传递函数 … 68
6.3 主体材料中的线性应变分布 … 72
6.4 温度影响与表观应变 … 77
6.5 实验评估方法 … 78
    6.5.1 埋入环氧基体材料中的光纤的应变响应 … 78

  6.5.2 埋入水泥基体材料的光纤传感器的温度特性……………………… 82
 6.6 小 结 …………………………………………………………………… 84
 参考文献 ………………………………………………………………………… 85

第 7 章 光纤白光干涉传感器的多路复用技术 …………………………… 87

 7.1 引 言 …………………………………………………………………… 87
 7.2 光纤开关多路复用方案 ………………………………………………… 87
 7.3 光纤环形谐振腔多路复用技术 ………………………………………… 90
  7.3.1 线性阵列复用方法 ……………………………………………… 90
  7.3.2 平行阵列复用方法 ……………………………………………… 96
  7.3.3 $M \times N$ 传感器阵列 …………………………………………… 99
  7.3.4 传感器复用容限的评估方法 …………………………………… 102
 7.4 长 F－P 谐振腔多路复用技术 ………………………………………… 105
 7.5 Mach－Zehnder 与 Fizeau 干涉仪串接复用技术 …………………… 112
  7.5.1 传感线阵 ………………………………………………………… 112
  7.5.2 传感矩阵 ………………………………………………………… 118
 7.6 Mach－Zehnder 干涉仪串接复用技术 ……………………………… 121
 7.7 Mach－Zehnder 与 Michelson 干涉仪的组合复用技术 …………… 126
 7.8 改进的 Michelson 光纤干涉仪多路复用方法 ……………………… 129
  7.8.1 Michelson 光纤干涉仪自相关多路复用技术 ………………… 129
  7.8.2 改进的 Michelson 光纤干涉仪多路复用方法 ………………… 130
 7.9 相关问题讨论 …………………………………………………………… 133
  7.9.1 偏振效应 ………………………………………………………… 133
  7.9.2 光纤传感器的长度优化 ………………………………………… 136
 7.10 小 结 …………………………………………………………………… 136
 参考文献 ………………………………………………………………………… 136

第 8 章 基于环形拓扑的光纤白光干涉传感器网络 …………………… 139

 8.1 引 言 …………………………………………………………………… 139
 8.2 Michelson 解调系统 …………………………………………………… 140
  8.2.1 Michelson 解调仪 ……………………………………………… 140
  8.2.2 光路分析 ………………………………………………………… 140
  8.2.3 传感器的干涉信号幅值 ………………………………………… 141
  8.2.4 多路复用容限评估 ……………………………………………… 143
  8.2.5 实验结果 ………………………………………………………… 144
  8.2.6 偏振效应 ………………………………………………………… 146
 8.3 Mach－Zehnder 解调系统 …………………………………………… 147
  8.3.1 Mach－Zehnder 解调仪 ………………………………………… 147
  8.3.2 光程分析 ………………………………………………………… 148

8.3.3　传感器干涉信号幅值 ……………………………………… 149
　　8.3.4　多路复用容量的评估 ……………………………………… 151
　　8.3.5　测试方法 …………………………………………………… 153
　　8.3.6　偏振态的影响 ……………………………………………… 154
8.4　双环光纤传感器网络拓扑结构 ………………………………………… 154
　　8.4.1　双环多路复用原理 ………………………………………… 155
　　8.4.2　输出信号特性 ……………………………………………… 156
　　8.4.3　复用容量的评估 …………………………………………… 159
8.5　小　结 …………………………………………………………………… 163
参考文献 ……………………………………………………………………… 163

第9章　解调系统的重构与简化 …………………………………………… 165

9.1　引　言 …………………………………………………………………… 165
9.2　基于 Michelson 干涉仪的系统简化方法 ……………………………… 165
　　9.2.1　简化的 Michelson 干涉仪阵列 …………………………… 165
　　9.2.2　基于 2×2 耦合器的 Michelson 干涉仪简化结构 ………… 167
　　9.2.3　基于 3×3 耦合器的简化传感解调系统 …………………… 171
9.3　一种简化的 Mach-Zehnder 和 Michelson 干涉仪组合系统 ………… 177
9.4　基于 Fabry-Perot 谐振腔的简化系统 ………………………………… 179
9.5　小　结 …………………………………………………………………… 182
参考文献 ……………………………………………………………………… 182

结　　语 ……………………………………………………………………… 184

附录　符号说明 ……………………………………………………………… 186

第1章 导　言

1.1　智能结构的概念

20世纪末,多学科的交叉应用使工程设计理念发生了革命性的改变,并赋予无生命的结构以智能的特性。材料与结构工程、传感系统、执行与控制系统以及神经网络等多个学科的相互融合产生了多种多样的结构[1],其重要性如图1.1所示。这一新技术的应用可以使某一结构能够感知、响应外界的环境,并根据环境的变化自动调节自身的状态。这一转向对于工程学科而言意义深远,使我们得以看到未来这一技术的影响。

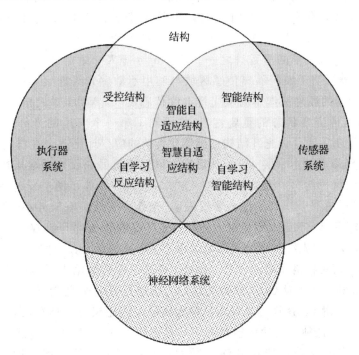

图1.1　材料与结构、传感系统、执行与控制系统和自适应学习
神经网络四个学科相互交叉形成的结构特性(Measures,1992)

"智能"这一术语已广泛用于人们的日常用语之中[2],而自诊断是智能结构发展的第一步。当一个结构产生故障或受到损坏时,如果自身不能感知,那么就很难称之为"智能"。在实现结构自诊断功能的众多方法中,将光纤传感器集成到结构中是最有发展前景的方法之一,通常称之为"结构集成"。所谓"结构集成",就是将传感器固定在结构表面或埋入结构内部,并将传感器看做整个结构的一部分,从而使结构具有内置的传感特性。这种传感系统能够连续监测主结构的状态并对施加在主结构上的载荷(热载荷和机械载荷)作出响应,因此在许多工业领域能够提高安全性能和经济效益。

Measures在1989年对"智能结构"进行了阐述[3],提出"被动控制式智能结构",是指在结构中集成了光纤传感系统以检测结构的状态;而"主动控制式智能结构"除了包含结构集成的光纤传感系统外,还有执行系统。1990年Wada等人提出,将仅包含传感元件的结构称为"感知结构"更合适[4]。

本书中,将下面3类系统统称为智能结构:

① 结构集成的传感系统;

② 结构集成的传感和执行系统,执行控制系统使用感知信息来改变结构状态;

③ 结构集成的传感和执行系统,并能够从经验中学习的结构。

本书中所提及的传感系统主要是指基于光纤技术的传感系统。

1.2 光纤传感器在智能结构中的应用

由于受研究人员知识局限性的影响,对任何新产生的学科进行准确的描述都不是一件容易的事情。然而,总会存在一些人们普遍认可的用于表征事物发展经过的里程碑事件。1978年Butter和Hocker证明了光纤干涉法测量机械载荷对结构产生的应变[5],可以将其看做是光纤结构传感领域最早的里程碑之一。Varnham等人介绍的基于偏振的光纤应变仪[6]也很重要,此传感器说明了如何隔离传感区域与利用不敏感光纤连接导线构成局部传感器。Corke等人使用相同的原理制作了局域光纤温度传感器[7]。Valis等人指出"应变张量"的测量对于唯一确定结构应变状态的重要性[8],并研制了第一个实用的光纤应变花(strain rosette)[9],同时也证明了为什么光纤结构传感器比传统的应变计更适合在材料中集成。Lee和Taylor提出在光纤端面镀上一层TiO_2,然后把这段光纤与另一段光纤熔接在一起,从而在光纤内形成反射镜的可行性[10]。他们利用这一方法在光纤内制作了两个反射镜,形成了第一个内腔式光纤法布里-珀罗干涉仪。这一装置表明,光纤应变计具有尺寸小、灵敏度高的特点。与此同时,Murphy等人于1991年介绍了外腔式光纤法布里-珀罗干涉仪[11]。

1978年Hill等人在光纤智能结构领域取得了突破性进展[12]。他们发现了利用紫外线照射在光纤纤芯内刻写布拉格光栅的方法。Meltz将这一发明转化成了实用器件[13],并指出了用波长为248 nm的紫外线对GeO_2掺杂光纤的一段进行横向全息照射可制成纤芯布拉格光栅的可能性。Morey指出,这样的光纤布拉格光栅可以使光应力计具有较高灵敏度而光纤连接导线并不灵敏[14]。这种类型的传感器的很多性能优于法布里-珀罗传感器,例如传感器尺度的多样性和生产的自动化使在制作光纤的过程中用强紫外线照射即可完成光栅的制作[15-18]。横向全息光栅写入方法已基本被成本更低的相位掩膜技术(phase mask technique)取代[19]。1992年,Measures等人开发了一种简易的被动读取光纤光栅的方法[20]。目前,越来越多的光纤布拉格光栅问询系统已被世界上许多公司商用化。

Sirkis和Haslach首先认识到在将光信号解释成基体材料的应力之前,应对一些主要问题进行论述,无论此光信号是来自法布里-珀罗干涉仪的相位变化还是布拉格光栅传感器的波长变化[21]。

任何重视结构统一性的复合材料用户都将受益于简单的内置光纤损伤测试系统。嵌入光纤的断裂是一种最简易的损伤评价技术。最初为实现这一概念的尝试而构建的系统只能检测重度损伤[22,23]。Measures等设计了一种特殊的刻蚀处理方法,这种方法使光纤的损伤灵敏度可调整到几乎肉眼看不出的冲击损伤也能得以测量[24]。嵌入到飞行器机翼前缘的刚体成功展示了这种光纤能够检测冲击引起的断层区域的能力[25,26]。

光纤结构传感器的多路复用串行和并行阵列及分布式应力测量代表了当前光纤结构传感的发展及应用领域的热点。一些课题组包括美国海军研究实验室(the U. S. Naval Research Laboratory)[27,28]、肯特大学(University of Kent)[29]、南安普顿大学(University of Southampton)[30-32]和多伦多大学(University of Toronto)[33]已经在这一领域取得了重大成就。

专题会议的出现是确认新研究领域蓬勃发展的晴雨表。1988年SPIE在波士顿首次主办的光纤智能结构和智能皮肤会议也可归类为光纤结构传感领域[34]。美国于1991年11月组织的有关智能材料和自适应结构的研讨会是第一个涵盖了智能自适应结构各个领域的国际会议。但早在1990年,在夏威夷的檀香山(Honolulu)就举办了美日智能材料和系统的专题研讨会[35]。

专门学术杂志的创办也是对一个新领域认可的更清晰的标志。1990年Technomic Publishing,Inc. 出版社Craig Rogers主编出版了《智能材料系统和结构》;1992年英国物理学会(the Institute of Physics)出版了Richard O. Claus、Gareth J. Knowles和Vijay K. Varadan主编的《智能材料与结构》。

这一领域的第一个主题为用于智能复合材料(OSTIC)的光传感技术的欧洲计划是于1988年作为BRITE - EURAM项目发起的[36]。这一计划旨在在复合材料中演示动态应力测量以及利用单根传感光纤同时检测应力和温度。前一目标由开发了相干多路复用偏振计传感器的Bertin et Cie负责[37]。斯特拉斯克莱德大学(University of Strathclyde)主要承担了后一研究目标的工作[36]。

1992年12月首次发起了用于建筑物结构健康监测的光纤传感系统的BRITE - EURAM II计划,其中包括来自5个国家的8个研究机构和5个工业实体[38]。这一3年计划的目标是要演示民用和军用工程的传感器。然而在民用工程中考虑了高度加载的基体,例如斜拉索、悬吊缆、绷绳地锚和预应力筋用锚具。

1993年首次在一座新建的公路桥的预浇铸混凝土桥梁中埋入了光纤结构传感器阵,这是光纤结构健康监测的一个里程碑[39]。加拿大南部的卡尔加里(Calgary)的Beddington Trail Bridge在历史上首次在桥梁中使用了碳化纤维,进一步提高了此进展的重要性[40],在20个月中对各传感器进行不定期监测,以跟踪碳化纤维和钢筋所经受的应力。

第一座所谓的"智能桥梁"为新结构智能传感核心网的形成开创了先例。在加拿大,这个重要新方案是为了将复合材料与光纤结构传感应用到建筑工业中而确立的。这项工作最初是基于如图1.2所示的5个主题展开的。为规划一持续性的5年研究计划,在美国国家科学基金会(the U. S. National Science Foundation)、州立高速公路管理局和新

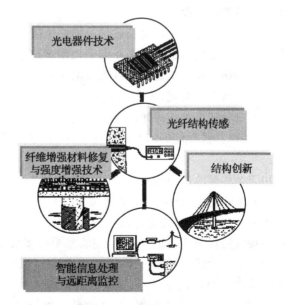

图1.2 智能桥梁的5个主题

泽西交通部(the New Jersey Department of Transportation)的资助下,召开了一个国际性研讨会。这一5年计划的目标是实现光纤传感技术在建筑材料和桥梁中的应用[41]。

在易震区急需改善建筑物结构设计,以提高抗破坏性地震的能力和开发可减轻地震影响的技术。为便于最新信息的交流和传播(包括全面测试和新技术演示),美国国家科学基金会专门成立了结构控制研究小组[42]。

过去20年光纤结构传感领域经历了从相当粗糙的实验室实验研究到可与传统技术相抗衡的商业化监测系统的重大转变。然而使这项技术方兴未艾的是新型测量而不是传统结构健康监测技术的实用化,例如大尺度、串行复用和真正意义上的分布测量系统等。与此监测技术发展相媲美的是,钢材在建筑工业领域和铝制品在航空航天领域应用的先进合成材料的出现。各种各样新技术的结合将引领多功能智能材料新时代的前沿不断向前发展。

1.3 结构健康监测的需求

为什么建筑物需要监测系统呢?Aktan等给出了两个原因说明了为何要将结构健康监测系统嵌入桥梁中[43]。第一,人们需要了解桥梁的实际承载环境和相应的桥梁响应。目前在人们对桥梁的实际承载尤其是极限承载的理解和桥梁所经历的承载之间存在重大差距。在对于桥梁的寿命和老化的理解中,这一差距变得更为显著。第二,结构健康监测系统可决定这种自动采集的信息能否减少目测的需求,从而提供一个结构趋于破损的客观指标。

为什么要用光纤传感技术进行结构健康监测呢?这是很多正在面对新技术的工程师们提出的很有道理的问题。这里需要作一些论述。光纤传感器可以进行一些对于传统测量技术来说不实际或不经济的测量,例如金属箔式应变计。光纤传感器在很多方面优于基于电的传感器,比如尺寸小,质量轻,对应变和温度变化敏感,抗腐蚀,抗疲劳,带宽宽等。因为光纤具有绝缘性,因此可与FRP复合材料或混凝土兼容;操作安全,不易起火或爆炸,不受电磁波干扰,不影响基体结构的强度。

无需任何措施防止闪电及各种各样的电磁波的特性,使光纤传感器成为监测大型民用建筑和空间飞行器的首选。对于布线于大型建筑中的电传感系统,即使没有直接的闪电,猛烈的暴风雨中的磁场耦合也能产生巨大的电压。这样的电压很有可能会烧毁电子系统中的各种元器件以及导致电路老化。

光纤进行传感和传导光信号的双重角色,使得光纤传感器的结构要比传统的传感器简单得多;特别是在需要传感阵列的情况下,由于每个传感阵列包含了很多传感器,这种优势尤为明显。

用于结构健康监测的光纤传感器主要有以下几方面的应用。

(1) 危旧建筑物的检测和修复监测

大型民用设施,如桥梁、隧道、公路、铁路、大坝、海港和机场,都融入了巨大的经济投入,近来这些投资已经遇到了很多问题,也将经受很多根本性的变化。19世纪五六十年代兴起的建筑大潮留下了大量的桥梁、公路和其他混凝土建筑,这些建筑都亟需修复或重建。作为实例,图1.3给出了台湾南部的一座主要的大桥于2000年5月倒塌时的景象。在这场事故中,16辆汽车和1辆摩托车受损,22人受伤。如果之前对这座大桥进行结构监测,或许能够避免这场重大事故的发生。通常通过辨别建筑物的异常振动方式和频率,或不规则的应变分布,监测其静态和动态响应,就可以获知结构健康状况。

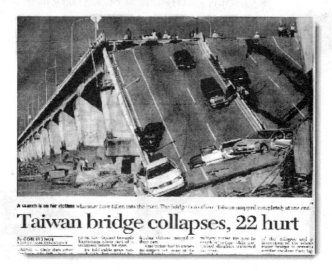

图 1.3　台湾大桥倒塌时的图片

为修复和加固既存的破损混凝土结构,不得不对损坏的结构进行翻新,而采用纤维增强聚合物(FRP)板材和包裹材料是一种很有前景的选择。如图 1.4 和图 1.5 所示,智能纤维增强聚合物修复和加固部件的发展也将促使结构加固和光纤监测系统的使用。

图 1.4　桥梁修复时光纤集成结构检测的潜在应用

在地震、爆炸或撞击后,可应用这些传感监测技术对既存建筑物进行结构整体性的评价以及确定所受损害的程度。当超载的卡车驶过桥梁,需要对桥梁的响应进行监测时,这种传感监测技术也可找到用武之地。

(2) 新材料的使用和创新的结构设计

出于对新建筑设计上的考虑,目前的经济思潮引发了从"建设成本"到"寿命成本"的转变。这种形式的变迁带动了创新的设计和非传统材料的使用。例如:纤维增强聚合物材料的应用已走向更富有想象力的结构的最前沿,这些结构具有非常优越的性能,如需要很少的维护和低

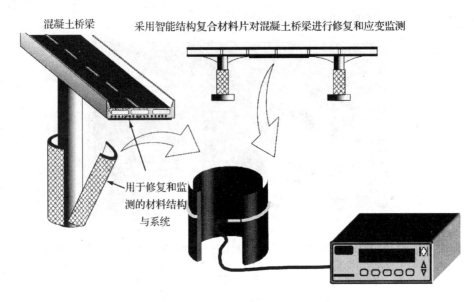

图 1.5 结构加固和监测系统

寿命成本等[44]。纤维增强聚合物材料在以下方面优于钢材：

① 高强度质量比；
② 高硬度质量比；
③ 较强的抗腐蚀性，如抗盐水；
④ 可适应复杂的形状；
⑤ 碳和芳族聚酰胺纤维增强聚合物具有优良的抗疲劳特性；
⑥ 免受电磁波干扰；
⑦ 低热膨胀轴向系数(特别是 CERP)。

然而，纤维增强聚合物材料也有其缺点：

① 高成本；
② 低弹性系数；
③ 低破坏应变和很多破坏模式；
④ 高轴向侧向强度比；
⑤ 长期强度低于短期强度；
⑥ 易受紫外线损伤。

纤维增强聚合物中三种主要的纤维为碳、芳族聚酰胺和玻璃。纤维的支撑基体通常是一些形式的热硬化环氧树脂。

显然，与传统材料相比，这些新材料可在更加广泛的范围内满足性能要求。然而这些材料的使用范围也面临着减小的趋势，因为很难将它们融入那些在破坏发生时可提供诉讼保护的设计规范中。随着经验的积累，为反映这些材料的应用，不久以后很有可能对设计规范进行修改。将这些具有创新性的结构与内嵌式光纤结构健康监测传感器结合起来，可弄清这些新材料的运行状况，有助于减少隐患，促进纤维增强聚合物在建筑工业中的广泛应用。

显然，很多重要的因素都促使光纤结构健康传感在今后 10 年的建筑工业中成为至关重要的新技术。有迹象表明，纤维增强聚合物材料将取代混凝土内嵌入的钢材，这种材料在修复和加固既存混凝土建筑中的应用也将快速增长[45,46]。

(3) 健康状况监测和无损伤评价

有时一些事故本身不会导致伤亡,但会削弱建筑物的强度,从而引发更加严重的事故。如果在这些建筑物的适当位置嵌入某种形式的健康监测系统,就很有可能避免这些严重事故的发生。

令人满意的结构健康监测系统应该能够识别危急状况,调整扫描频率和动态范围,对一些应该保存的数据和可以忽略的数据进行初步评价;同时,可将那些被视为相关的信息,如响应强度和形变模式,转化成视觉图形,这样工程师们即可很快作出评定。

持续不断的结构健康监测可提高建筑物的安全系数。通常的条件监测都是通过建筑物内的传感器集成器件进行的。最好的例子就是光纤智能螺栓。光纤的外径小(通常小于 $250~\mu m$),便于螺栓或其他元器件以一种不影响整体性和器件强度的方式埋入。这意味着埋入的器件可以作为建筑物的一个固定部分进行测试,这是任何传感应变计不可比拟的。图 1.6 给出的示例为一嵌有光纤传感器的螺栓。

光纤传感器也可设计成感应热和力学信息的传感器。此外,理论上光纤同时作为传感部件和感应信息传导通道的独一无二的特性,可使其获得长度方向上任意一点的应变和温度信息。此特性使一根光纤可对主要的高危电力传输线进行预警[47],也可探测出由于来自地面某点不可承受的移动而引起的输油管道上的过应力。一根贯穿于一座建筑物或建筑物群的光纤也可以对过热点的状况进行报警并提供该过热点的位置信息。这项技术也可在足够早的阶段获知火灾点,从而减少物资损害和人员伤亡。

图 1.6 嵌有光纤传感器的螺栓

一般而言,很多不同的领域可从以下 3 方面受益于集成结构健康监测:

① 改善性能;
② 降低成本;
③ 提高安全性。

实际上,可以预见 4 类测量技术将成为新的监测技术:

① 结构健康监测和损伤评价;
② 实验应力分析;
③ 周界安全的监测与预警;
④ 系统的设备运行状态报告和管理控制。

第①类应用包括对各种混凝土结构的倾斜和弯曲进行测量,如横梁、柱、拱和平板。在现场试验应力分析中,可对一些很难建模的复杂结构进行应力场的测量。通过对实际的应力场及倾斜与计算模型预测的结果进行比较,可确定更加准确的设计系数,从而使建筑物更加安全和经济。在第②类应用中,由于很难对复杂结构的应变场建立准确的模型,因此在实验应力分析领域,可以利用光纤白光干涉传感技术测量复杂结构的应变场,然后通过比较应变场和挠度的实际测量值以及模型计算值,确定更精确的设计参数,进而提高结构的安全性并降低建造成本。光纤白光干涉传感技术特别适合的第③类应用领域是目前市场需求日益凸显的周界安全的监护与预警。如国境边界线的入侵防护；围栏的悬挂式防卫；高速公路两侧以及飞机场周界的防护；核电站等重要区域的周边防护警戒。第④类应用包括桥梁上的交通流量或机场跑道使用次数的测量。这种监测系统可确定由桥上的大型或高速卡车或者机场上飞机着陆引起的频率和过载段的过载度。这些信息有助于评价由于这些事件引起的冲击，从而确定是否需要对建筑物进行修复和维护。

光纤结构健康监测在以下方面也很有优势：
① 评价承载历史；
② 估计性能损害的影响；
③ 评估修复和维护的有效性；
④ 检验相对设计预测的性能；
⑤ 报警异常状况和行为。

1.4 光纤白光干涉仪发展的简要回顾

白光干涉测量(有时称为低相干测量方法)在经典光学中已有详尽阐述[48]。它使用低相干、宽谱光源,例如超辐射半导体激光器(SLD)或发光二极管(LED)作为光源。所以这种传感方法通常被称为"白光"干涉测量方法。同所有的干涉原理一样,光程的改变可以通过观测干涉条纹来进行分析。

尽管早在1975年就有人提出了相干原理[49],并于1976年在光纤通信领域中实现了可能的传输方案[50],但其在光纤传感技术中的应用却首次报道于1983年[51]。第一个完整的基于白光干涉技术的位移传感系统是在1984年报道的[52]。此成果显示出白光干涉测量技术可以应用于任何可以转换成绝对位移的物理量的测量,并且具有很高的测量精度。1985—1989年期间,基于白光干涉原理的传感器被广泛应用于压力[53-55]、温度[56-59]和应变[60,61]测量的研究中。与此同时,根据白光干涉光学原理,发展了一种被称为光学低相干反射测量OLCR(Optical Low-Coherence Reflectometry)的技术,该技术用于测量光学波导装置尺寸和小型光学元件的缺陷评估中,其典型的分辨率在数十微米[62-64]。OLCR技术的快速、精确及无损伤测量等一系列优势,使得该技术成为一个十分活跃的研究领域。通过一系列研究和技术改进,发展了光强度噪声衰减技术[65]、扫描范围扩展延迟技术[66]和测量范围扩展技术[67]。

利用低相干技术的光纤传感器,其最基本的结构如图1.7所示。相对于传感干涉仪,串接的第二个问询干涉仪对于获得干涉条纹的信息来说是必需的。这个串接的结构将取决于处理干涉信号的方法;选用分光计还是第二干涉仪的结构,要取决于是频谱分析还是相位分析。

自1990年以来,光纤白光测量技术已持续发展,并逐渐形成了一个研究方向,众多研究者指明了这项技术的优点。白光干涉测量技术为绝对测量提供了更多的解决方案,而这些都是采用高性能相干光源的传统光纤干涉仪所无法解决的。近10余年来,在信号处理、传感器设计、传感器研制、传感器多路复用等方面,白光干涉测量技术得到了较大的发展。在信号处理方面,一些新方案的提出,提高了光纤白光干涉仪的性能,发展了高速机械扫描技术,扫描速度从21 m/s逐步提高到了176 m/s[68-70]。电子扫描技术相对于机械扫描方法的优点是更紧凑、精密与快捷,并且避免了使用任何移动装置[71-75]。光源合成方法是对光纤传感器信号处理的

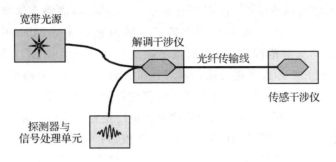

图 1.7 基于白光干涉式光纤传感器的基本构成

一大改进,显著提高了识别并确定干涉传递函数中心条纹位置的能力[76,77]。在此之后,其他研究人员的工作,又进一步发展了这项技术[78,79]。另一种改进对中心条纹识别精度的方法是使用多阶平方(multi-stage-squaring)信号处理方案[80]。

光纤白光干涉仪的另外一个优点就是可以很容易地实现多路复用。多个传感器在各自的相干长度内,只存在单一的光干涉信号,因而无需用更多的时间或者复杂的频率复用技术对信号进行处理。20 世纪最后 10 年的研究工作,主要集中在发展多路复用传感器结构,以增加应用领域对传感器数量与容量的需求。这些典型的白光干涉多路复用方案使用了分立的参考干涉仪,并进行时间延时,以匹配遥测传感干涉仪。传感干涉仪是完全无源的,而且用于解调的复用干涉信号对光纤连接导线中的任何相位或长度改变不敏感。在分布式传感器[81]概念的基础上,为了构成准分布式光纤白光干涉测量系统,研究者进行了许多探索和尝试。Gusmeroli 等人发展了低相干多路复用准分布偏振传感系统,用于结构监测[82];Lecot 所报道的实验系统中包含超过 100 个多路复用的温度传感器,用于核电站交流发电机定子发热量的监测[83];饶云江和 Jackson 所建立的通用系统是基于空间多路复用技术,最多可以连接 32 个传感器[84];Sorin 和 Baney 提出了一种新型的基于 Michelson 干涉仪和自相关器的干涉多路复用传感阵列方案[85];由 Inaudi 等人建立了一种并行多路复用方案[86]。此外,基于简单的光纤Michelson 干涉仪,分别使用光纤开关和 1×N 星形耦合器的串行和并行多路复用技术分别报道于参考文献[87]和[88]。参考文献[89]中又提出了一种光纤环形谐振腔方案。使用环形谐振腔的目的是取代参考文献[87]中价格昂贵的光纤开关。它的优点是大大降低了多路复用传感阵列的复杂性和成本。

随着光纤白光干涉传感技术的不断发展,该技术日趋完善,同时也发展了越来越多的应用。Inaudi 等人发展了低相干大尺度光纤结构传感器,在瑞士工业建筑业中被广泛使用[90],获得了几个微应变的分辨率,其测量范围超过几千个微应变。通过采用与通道截取光谱法相似的信号处理方法,绝对外部应力传感系统展示了低于 100 $\mu\varepsilon$ 的轴向应变分辨率[91]。参考文献[92-94]报道了基于白光干涉技术的光纤引伸计用于监测混凝土试样内部的温度和测量一维、二维应变。可以预期,这种基于白光干涉技术的绝对应变传感器将在智能结构和材料中起到越来越重要的作用[95]。

与国外开展的光纤白光干涉技术研究相比,国内开始于稍晚的 1992 年[96]。早期研究集中在光纤白光干涉仪构建和白光干涉原理在器件测量的应用方面,如上海大学的张靖华、王春华等人分别开展了利用白光干涉原理实现保偏光纤测量与连接对轴,以及光源功率谱对白光干涉测量的影响的研究[97];华中科技大学王奇、张志鹏等人于 1993 年报道了一种用多模光纤连接的双 F-P 干涉仪传感系统[98]，可用于温度和压力的测量；清华大学李雪松、廖延彪与中国计量科学院李天初等人于 1996 年合作报道了一种白光干涉型 Michelson 光纤扫描干涉仪[99]，可在 150 μm 的测量范围内，实现测量不确定度为 1.5 μm；浙江大学周柯江等人于 1997 年报道了利用白光干涉技术进行偏振模式分布的测量[100,101]；上海交通大学张美敦等人报道了光纤干涉仪的臂长差和基于白光光纤干涉仪的折射率测量方法[102,103]。

近年来，在传感与测量研究方面，国内的研究人员广泛地关注将白光干涉原理与光纤技术相结合的研究，发展了多种新型结构的光纤白光干涉仪、白光干涉信号解调方法、光纤白光传感器以及应用，实现各种物理量诸如：位移[104]、温度与应变[105]、压力[106]、折射率等的测量传感器及其应用的研究。上述研究主要集中在高等院校中，例如：天津大学的张以谟、刘铁根等人开展了数字化白光干涉扫描仪[107]及其信号处理[108]和包络提取[109]、保偏光纤分布式传感[110,111]、基于白光干涉原理的光学相干层析技术[112,113]等诸多方面的研究；重庆大学饶云江[114,115]和大连理工大学于清旭[116,117]等人分别发展了基于非本征 Fabry-Perot 腔的光纤白光传感器及其智能结构的应用；北京理工大学江毅等人发展的傅里叶变换波长扫描的光纤白光 Fabry-Perot 传感器及其信号解调方法[118,120]；电子科技大学周晓军[121,122]等人发展的基于白光干涉原理和保偏光纤的分布式传感器。哈尔滨工程大学则专注于光纤白光干涉传感技术的研究，发展了光纤白光干涉的理论分析方法，构造了多种新型结构的光纤白光干涉仪[123]，拓展了准分布线阵、矩阵和环形网络光纤传感器网络拓扑结构[124,125]，并发展了一系列对于混凝土内部进行应力、应变测量的方法[126,127]。

1.5 用于结构健康监测的白光干涉式光纤传感器的优点

光纤智能结构是指结构中集成了光纤传感器的系统。这种系统可通过光纤传感器实现应变监测。在需要时，也可以进行温度的测量。光纤传感器通常与结构兼容，嵌于结构内部，以便进行监测。有时也将传感器粘附于结构表面。

当长度为 L 的结构部件受到拉伸或者压缩应力作用时，它的形状在载荷的方向上延展或收缩一个长度 $\pm \Delta L$，这里"+"表示伸长、"−"表示缩短。我们定义这个构件的应变为

$$\varepsilon \equiv \pm \frac{\Delta L}{L} \tag{1.1}$$

因此，这个部件中的应变状态是拉伸还是压缩，完全取决于局域载荷状态。几乎所有的应变传感器实际上都是一个尺度较短的形变传感器。对于各向异性的非均匀材料，例如混凝土、纤维增强聚合物等，若基于各向异性进行测量，则微观应变场将发生很大变化。对于这些材料，传感器的尺度至少应为材料颗粒的 10 倍以上。如果需要得到宏观信息，则在混凝土中的尺度至少应为 100 mm。尺度短的应变传感器适合用于检测材料局域应变状态，并且应该放置在结构预期的高应变临界点处。而对于大型结构，例如悬拉桥，需要空间的稳定性，形变测量非常重要，并且要求传感器的标度应该在米的量级或更大。这里，结构失效临界点与局域状态相比要重要得多，所以局域应变测量就显得不十分重要。例如大地的运动导致的桥梁中部发生的塌陷，对于立交桥而言，当车辆经过时，将降低驾驶员与乘客的舒适程度。这个形变可以通过降低桥梁应变来改进结构安全性[86]。

在上述情况下,由于白光干涉光纤应变感应器具有传感器长度灵活可变、柔韧性好和结构简单等特点,对于形变测量特别适合。图1.8给出了一种典型的光纤白光干涉传感器,它由一段标准的单模光纤组成。L作为传感器的尺度,应变测量是通过直接测量这段光纤的伸长量ΔL实现的。

光纤白光干涉传感器的主要优点如下:
- 尺度小;
- 几何形状可变;
- 安全;
- 高灵敏度;
- 抗电磁场干扰;
- 与材料和结构兼容;
- 制作安装方便;
- 结构简单,成本低廉;
- 易于多路复用;
- 传感器长度可变,最短为厘米级,最长可达数十米或数百米。

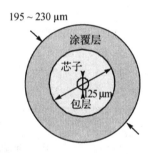
(a) 具有涂覆层的单模光纤传感器横截面

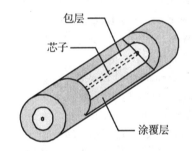
(b) 光纤芯子、包层及涂覆层剖视图

图1.8 光纤白光干涉传感器的结构

1.6 小 结

本章概述了用于智能结构和材料监测的光纤传感技术,阐述了对建筑结构进行监测的原因和将光纤传感器用做结构健康监测的理由。如我们所知,很多光纤传感器已经成功地应用到了智能结构监测领域,如光纤光栅已被用做小尺寸传感器。我们一直关注白光干涉式光纤传感器技术并论述了近20年来此类传感器的发展。由于白光干涉式光纤传感器在智能结构监测尤其是大型民用建筑物监测中独特的优点,在下面的章节中将进行一系列系统的研究。

参考文献

[1] Measures R M. Fiber optics in composite materials - materials with nerves of glass. International Conference of Optical Science and Engineering. The Hague, SPIE, 1990, 1267: 241-256.

[2] Coghan A. Smart ways to treat materials. New Scientist, 1992, 4: 27-29.

[3] Measures R M. Smart structures with nerves of glass. Prog. Aerospace Sci., 1989, 26: 289-351.

[4] Wada B K. Adaptive structures: an overview. J. Spacecraft,1990,27: 330-337.
[5] Butter C D,Hocker G P. Fiber optic strain gauge. Appl. Opt. ,1978,17: 2867-2869.
[6] Varnham M P,Barlow A J,Payne D N,et al. Polarimetric strain gauge using high birefringence fibers. Electron. Lett. ,1983,19: 699-700.
[7] Corke M,Kersey A D,Liu K,et al. Remote temperature sensing using polarization preserving. Electron. Lett. ,1984,20: 67-69.
[8] Valis T,Hogg D,Measures R M. Localized fiber optic strain sensors embedded in composite materials. SPIE 1170,Fiber Optic Smart Structures and Skins II,1989: 495-504.
[9] Valis T,Hogg D,Measures R M. Composite material embedded fiber optic Fabry – Perot rosette. SPIE 1370,Fiber Optic Smart Structures and Skins III,1990,154-161.
[10] Lee C E,Taylor H F. Interferometer fiber optic sensors using internal mirrors. Electron. Lett. ,1988,24: 193-194.
[11] Murphy K A,Gunther M F,Vengsarkar A M,et al. Quadrature phase-shifted,extrinsic Fabry – Perot optical fiber sensors. Optics Lett. ,1991,16: 273-275.
[12] Hill K O,Fujii Y,Johnson D C,et al. Photosensitivity in optical fiber waveguides: application to reflection filter fabrication. Appl. Phys. Lett. ,1978: 32: 647-649.
[13] Meltz G,Morey W W,Glam W H. Formation of Bragg grating in optical fibers by a transverse holographic method. Opt. Lett. ,1989,14: 823-825.
[14] Morey W W,Meltz G,Glenn W H. Fiber optic Bragg grating sensors. SPIE 1169,Fiber Optic & Laser Sensors VII,1989: 98-107.
[15] Dong L,Archambault J L,Reekie L,et al. Single pulse Bragg grating written during fiber drawing. Electron. Lett. ,1993,29: 1577-1578.
[16] Dong L,Archambault J L,Reekie L,et al. Bragg grating in Ce^{3+}-doped fibers written by a single excimer pulse. Optics Lett. ,1993,18: 861-863.
[17] Askins C G,Putnam M A,Williams G M,et al. Stepped – wavelength optical – fiber Bragg grating arrays fabricated in line on a draw tower. Opt. Lett. ,1994,19: 147-149.
[18] Friebele E J,Askins C G,Putnam M A,et al. Fabrication and application of low – cost optical fiber sensor array for industrial and commercial applications. SPIE,1995,2447,305-311.
[19] Hill K O,Malo B,Bilodeau F,et al. Bragg grating fabricated in monomode photosensitive optical fiber by UV exposure through a phase mask. Appl. Phys. Lett. ,1993,62: 1035-1037.
[20] Measures R M. Smart structures,a revolution in civil engineering,Keynote Address,Advanced Composite Materials in Bridges and Structures. Neale K W,Labossiere P,et al. The Canadian Society for Civil Engineers,Montreal,1992: 31-59.
[21] Sirkis J S,Haslach H W. Full phase – strain relation forstructurally embedded interferometric optical fiber sensors. SPIE 1370,Fiber Optic Smart Structures and Skins III,San Jose,1990: 2248-259.
[22] Hale K F,Hockenhall B S,Christodoulou G. The application of optical fibers as witness devices for the detection of elastic strain and cracking,National Maritime Inst. Report,NM1R72m,T-R-8006,1980.
[23] Crane R M,Gagorik J. Fiber optic for a damage assessment system for fiber reinforced plastic composite structures. Quantitative NDT,1984,28: 1419-1430.
[24] Measures R M,Glossop N D,Lymer J,et al. Structurally integrated fiber optic damage assessment systems for composite materials. Appl. Optics. ,1989,28: 2626-2633.
[25] Glossop N,Dubois S,Tsaw W,et al. Optical fiber damage detection for an aircraft composite leading edge. Composites 1990,21: 71-80.

[26] LeBlanc M, Measures R M. Impact damage assessment in composite materials with embedded fiber optic sensors. J. Composite Engineering,1992,2: 573-596.

[27] Kersey A D. Multiplexing techniques for fiber-optic sensors. in Optical Fiber Sensors, Vol. 4. Dakin J, Cushaw B, Eds.. Artech House,1997: 369-407.

[28] Kersey A D. Optical Fiber Sensors. in Optical Measurement Techniques and Applications. Rastogi, P K, Eds.. Artech House, Boston,1997: 217-254.

[29] Jackson D A, Lobo R, Reekie L, et al. Simple multiplexing scheme for a fiber – optic grating sensor network. Optics Letters,1993,18: 1192-1194.

[30] Volanthen M, Geiger H, Cole M J, et al. Measurement of arbitrary strain profiles within fiber gratings, Electron. Lett.,1996,32: 1028-1029.

[31] Volanthen M, Geiger H, Cole M J, et al. Low coherence technique to characterize reflectivity and time delay as a function of wavelength within a long fiber grating. Electron. Lett.,1996,32: 757-758.

[32] Volanthen M, Geiger H, Xu M G, et al. Simutaneous monitoring of multiple fiber grating with a single acousto-optic tunable filter. Electron. Lett.,1996,32: 1228-1229.

[33] Measures R M, Ohn M M, Huang S Y, et al. Tunable laser demodulation of various fiber Bragg grating sensing modalities. Smart Materials and Structures,1998,7: 237-247.

[34] Udd, E. 1st Fiber Optic Smart Structures and Skins Conference. Boston, SPIE,986,1988.

[35] Ahmad A, Crowson A, Rogers C A, et al. US – Japan Workshop on Smart/Intelligent Materials and Systems. Technomic Publishing,1990.

[36] Michie W C, Thursby G, Johnstone W, et al. Optical techniques for determination of the state of cure of epoxy – resin-based systems. Fiber Optic Smart Structures & Skins V, Boston, SPIE,1798,1992.

[37] Sansonetti P, Guerin J J, Viton D, et al. Unidirectional glass reinforced plastic composite monitoring with white light quasi-distributed polarimetric sensing network. 1st European Conference on Smart Structures and Materials, Glasgow,1992: 77-80.

[38] Lecot C, Lequime M, Vanotti P, et al. An introduction to the BRITE – EURAM II Osmos Project. SPIE, 2075B-43, Boston,1993: 7-10.

[39] Measures R M, Alavie A T, Maaskant R, et al. A structurally integrated Bragg grating laser sensing system for a carbon fiber prestressed concrete highway bridge. Smart Materials & Structures,1995,4: 20-30.

[40] Maaskant R, Alavie T, Measures R M, et al. Fiber optic Bragg grating sensor network installed in a concrete road bridge. SPIE,2191,1994: 457-465.

[41] Ansari F. Fiber Optic Sensors for Construction Materials and Bridges. Technomic Publishing,1998.

[42] Housner G W, Masri S F, Soong T T. Recent development in active structural control research in the Usa. 1st Europe Conference on Smart Structures and Materials, Glasgow, SPIE,1777,1992: 201-206.

[43] Aktan A E, Helmicki A J, Hunt V J. Instumentation and intelligence issues in bridge health monitoring. SPIE,2446,1995: 106-115.

[44] Rizkalla S, Shehata E, Abdelrahman A, et al. Headingley smart bridge: a new generation of civil engineering structures. US – Canada – Europe Workshop on Bridge Engineering, July, Zurich, Switzerland,1997.

[45] Bonacci J F. Strength, failure mode and deformability of concrete beams strengthened externally with advanced composites. in Advanced Composite Materials in Bridge & Structures. EI – Badry M M., The Canadian Society of Civil Engineers,1996: 419-426.

[46] Alexander J, Cheng R. Field application and studies of using CFRP sheets to strengthen concrete bridge girders. in Advanced Composite Materials in Bridge & Structures, EI-Badry M M., The Canadian Society

of Civil Engineers,1996: 465-472.
[47] Ogawa Y, Iwasaki J, Nakamura K. A multiplexing load monitoring system of power trasmission lines using fiber Bragg grating. 12th Optical Fiber Sensors Conference, October 26-28, Williamsburg, 1997.
[48] Born M, Wolf E. Principle of Optics, 6th ed. New York: Pergamon, 1986.
[49] Delisle C, Cielo P. Application de la modulation spectrale a la transmission de l'information. Can. J. Phys. , 1975, 53: 1047-1053.
[50] Delisle C, Cielo P. Multiplexing in optical communications by interferometry with a large path-length difference in white light. Can. J. Phys. , 1976, 54: 2322-2331.
[51] Al-Chalabi S A, Chlshaw B, David D E N. Partially coherent sources in interferometric sensors. Proc. 1st International Conference on Optical Fiber sensors, London, 1983: 132-135.
[52] Bosselmann T, Ulrich R. High-accuracy position-sensing with fiber-coupled white-light interferometers. Proc. 2nd International Conference on Optical Fiber Sensors, Berlin: VBE, 1984: 361-364.
[53] Boheim G. Fiber-linked interferometric pressure sensor. Rev. Sci. Instrum. , 1987, 58: 1655-1659.
[54] Velluet M T, Graindorge P, Arditty H J. Fiber optic pressure sensor using white-light interferometry. Proc. SPIE, 1987, 838: 78-83.
[55] Trouchet D, Laloux B, Graindorge P. Prototype industrial multi-parameter FO sensor using white light interferometry. Proc. 6th International Conference on Optical Fiber Sensors, Paris, 1989: 227-233.
[56] Boheim G. Fiber optic thermometer using semiconductor etalon sensor. Electron. Lett. , 1986, 22: 238-239.
[57] Harl J C, Saaski E W, Mitchell G L. Fiber optic temperature sensor using spectral modulation. Proc. SPIE, 1987, 838: 257-261.
[58] Kersey A D, Dandridge A. Dual-wavelength approach to interferometric sensing. Proc. SPIE, 1987, 798: 176-181.
[59] Farahi F, Newson T P, Jones J D C, et al. Coherence multiplexing of remote fiber Fabry-Perot sensing system. Opt. Commun. , 1988, 65: 319-321.
[60] Gusmeroli V, Vavassori P, Martinelli M. A coherence-multiplexed quasi-distributed polarimetric sensor suitable for structural monitoring. Proc. 6th International Conference on Optical Fiber Sensors, Paris, 1989: 513-518.
[61] Kotrotsios G, Parriaux. White light interferometry for distributed sensing on dual mode fibers monitoring. Proc. 6th International Conference on Optical Fiber Sensors, Paris, 1989: 568-574.
[62] Takada K, Yokohama I, Chida K, et al. New measurement system for fault location in optical waveguide devices based on an interferometric technique. Appl. Opt. , 1987, 26: 1603-1606.
[63] Youngquist R C, Carr S, Davies D N. Optical coherence domain reflectometry: a new optical evaluation technique. Opt. Lett. , 1987, 12: 158-160.
[64] Danielson B L, Whittenberg C D. Guided-wave reflectometry with micrometer resolution. Appl. Opt. , 1987, 26: 2836-2842.
[65] Sorin W V, Baney D M. A simple intensity noise reduction technique for optical low-coherence reflectometry. IEEE Photonics Technology Letters, 1992, 4: 1404-1406.
[66] Baney D M, Sorin W V. Extended-range optical low-coherence reflectometry using a recirculating delay technique. IEEE Photonics Technology Letters, 1993, 5: 1109-1112.
[67] Baney D M, Sorin W V. Optical low coherence reflectometry with range extension>150 m. Electronics Letters, 1995, 31: 1775-1776.
[68] Ballif J, Gianotti R, Walti R, et al. Rapid and scalable scans at 21 m/s in optical low-coherence reflecto-

metry. Opt. Lett. ,1997,22: 757-759.
- [69] Lindgren F,Gianotti R,Walti R,et al. 78 dB shot – noise limited optical low – coherence reflectometry at 42 m/s scan speed. IEEE Photonics Letters,1997,9: 1613-1615.
- [70] Szydlo J,Bleuler H,Walti R,et al. High – speed measurements in optical low – coherence reflectometry. Meas. Sci. Technol. ,1998,9: 1159-1162.
- [71] Kock A, Ulrich R. Displacement sensor with electronically scanned white – light interferometer. Proc. SPIE,1267,Fiber Optic Sensors IV,1990: 128-133.
- [72] Chen S,Meggitt B T,Rogers A J. Electronically scanned white – light interferometry with enhanced dynamic range. Electron. Lett. ,1990,26: 1663-1665.
- [73] Chen S,Meggitt B T,Rogers A J. An electronically scanned white – light Young's interferometer. Optics Lett. ,1991,16: 761-763.
- [74] Chen S,Palmer A W,Grattan K T V,et al. Study of electronically scanned optical fiber Fizeau interferometer. Electron. Lett. ,1991,27: 1032-1034.
- [75] Chen S,Grattan K T V,Palmer A W,et al. Digital processing techniques for electronically scanned optical fiber white light interferometry. Appl. Opt. ,1992,31: 6003-6010.
- [76] Chen S,Grattan K T V,Meggitt B T,et al. Instantaneous fringe – order identification using dual broad source with wildly spaced wavelengths. Electron. Lett. ,1993,29: 334-335.
- [77] Rao Y J, Ning Y N,Jackson D A. Synthesized source for white – light sensing systems. Opt. Lett. , 1993,18: 462-464.
- [78] Wang D N,Ning Y N,Grattan K T V,et al. Three – wavelength combination source for white – light interferometry. IEEE Photonol. Technol. Lett. ,1993,5: 1350-1352.
- [79] Yuan L B. White light interferometric fiber – optic strain sensor with three – peak – wavelength broadband LED source. Appl. Opt. ,1997,36: 6246-6250.
- [80] Wang Q,Ning Y N,Palmer A W,et al. Central fringe identification in a white light interferometer using a multi – stage – squaring signal processing scheme. Opt. ,Commun. ,1995,117: 241-244.
- [81] Brooks J L,Wentworth R H,Youngquist R C,et al. Coherence multiplexing of fiber – optic interferometric sensors. J. Lightwave Technology,1985,LT-3: 1062-1072.
- [82] Gsmeroli V,Vavassori P,Martinelli M. A coherence – multiplexed quasi – distributed polarimetric sensor suitable for structure monitoring. Proc. Phys. ,1989,44: 513.
- [83] Lecot C,Guerin J J,Lequime M. White light fiber optic sensor network for the thermal monitoring of the stator in a nuclear power plant alternator sensors. Proc. 9th International Conference on Optical Fiber Sensors,Florence,Italy,1993: 271-274.
- [84] Rao Y J,Jackson D A. A prototype multiplexing system for use with a large number of fiber – optic – based extrinsic Fabry – Perot sensors exploiting low coherence interrogation. Proc. SPIE, 1995, 2507: 90-98.
- [85] Sorin W V,Baney D M. Multiplexed sensing using optical low – coherence reflectometry. IEEE Photonics Technology Letters,1995,7: 917-919.
- [86] Inaudi D,Vurpillot S,Loret S. In – line coherence multiplexing of displacement sensors. a fiber optic extensometer,SPIE,1996,2718: 251-257.
- [87] Yuan L B,Ansari F. White light interferometric fiber optic distribution strain sensing system. Sensors and Actuators: A. Physical,1997,63: 177-181.
- [88] Yuan L B,Zhou L M. $1 \times N$ star coupler as distributed fiber optic strain sensor using in white light interferometer. Applied Optics,1998,37: 4168-4172.

[89] Yuan L B,Zhou L M,Jin W. Quasi-distributed strain sensing with white-light interferometry: a novel approach. Optics Letters,2000,25: 1074-1076.

[90] Inaudi D,Elamari A,Pflug L,et al. Low-coherence deformation sensors for monitoring of civil-engineering structures. Sensors and Actuators A,1994,44: 125-130.

[91] Bhatia V,Murphy K A,Claus R O,et al. Optical fiber based absolute extrinsic Fabry-Perot interferometric sensing system. Meas. Sci. Technol.,1996,7: 58-61.

[92] Yuan L B,Zhou L M,Wu J S. Fiber-optic temperature Sensor with duplex michleson interferometric technique. Sensors and Actuators: A,Physical,2000,86: 2-7.

[93] Yuan L B,Zhou L M,Jin W. Recent progress of white light interferometric fiber optic strain sensing techniques. Review of Scientific Instruments,2000,71: 4648-4654.

[94] Yuan L B,Li Q B,Liang Y J,et al. Fiber optic 2-D strain sensor for concrete specimen. Sensors and Actuators A,2001,94: 25-31.

[95] Udd E. Fiber Optic Smart Structures. New York: Wiley,1995.

[96] 张靖华,王春华,黄肇明. 白光干涉在保偏光纤测量与对轴中的应用. 光学学报,1994,14(12):1308-1311.

[97] 张靖华,王春华. 光源功率谱对白光干涉测量的影响. 光学技术,1997,5:30-35.

[98] 王奇,张志鹏,李天应. 用光纤连接的双F-P干涉仪传感系统. 华中理工大学学报,1993,21(5):143-146.

[99] 李雪松,廖延彪,李天初,等. 白光干涉型Michelson光纤扫描干涉仪. 计量学报,1996,17(4):241-245.

[100] 王涛,周柯江,叶炜,等. 光纤偏振态模式分布的干涉测量方法. 光学学报,1997,17(6):737-740.

[101] 周柯江,王涛. 光纤白光干涉仪的研究. 激光与红外,1997,27(4):242-244.

[102] 李毛和,张美敦. 光纤干涉仪臂差的测量. 光子学报,1999,28(8):740-743.

[103] 李毛和,张美敦. 用光纤迈克尔逊干涉仪测量折射率. 光学学报,2000,20(16):1294-1296.

[104] 李力,王春华,黄肇明. 全光纤低相干光纤位移传感技术. 光学学报,1997,17(2):1265-1269.

[105] 苑立波,温度和应变对光纤折射率的影响. 光学学报,1997,17(12):1714-1717.

[106] 张旨遥,周晓军. 白光干涉分布式光纤压力传感器实验研究. 中国电子科学研究院学报,2006,1(4):364-368.

[107] 张以谟,井文才,张红霞,等. 数字化白光扫描干涉仪的研究. 光学精密工程,2004,12(6):560-565.

[108] 井文才,李强,任莉,等. 小波变换在白光干涉数据处理中的应用. 光电子·激光,2005,16(2):195-198.

[109] 张红霞,张以谟,井文才,等. 偏振耦合测试仪中白光干涉包络的提取. 光电子·激光,2007,18(4):450-453.

[110] Tang Feng, Wang Xiangzhao, Zhang Yimo, et al. Distributed measurement of birefringence dispersion in polarization-maintainging fibers. Optics Letters,2006,31(23):3411-3413.

[111] Tang Feng, Wang Xiangzhao, Zhang Yimo, et al. Characterization of birefringence dispersion in polarization-maintainging fibers by use of white-light interferometry. Applied Optics, 2007, 46(19): 4073-4080.

[112] Meng Zhuo,X Steve Yao,Yao Hui,et al. Measurement of the refractive index of human teeth by optical coherence tomography. Journal of Biomedical Opitcs,2009,14(3):034010-1-034010-4.

[113] 孟卓,姚晓天,兰寿锋,等. 全光纤口腔OCT系统偏振波动自动消除方法研究. 光电子·激光,2009,20(1):133-136.

[114] 杨晓辰,饶云江,朱涛,等. 全内反射型光子晶体光纤横向负荷及扭曲特性研究. 光子学报,2008,37(2):292-297.

[115] Yun Jiang Rao, David A Jackson. Recent progress in fibre optic low-coherence interferometry. Meas. Sci. Technol,1996,7:981-999.

[116] 荆振国,于清旭,张桂菊,等. 一种新的白光光纤传感系统波长解调方法. 光学学报,2005,25(10):1347-1351.

[117] 荆振国. 白光非本征法布里-珀罗干涉光纤传感器及其应用研究. 大连:大连理工大学,2006.

[118] Yi Jiang. Wavelength scanning white-light interferometry with a 3×3 coupler based interferometer. Opt. Lett., 2008, 33(16):1869-1871.

[119] Yi Jiang. Fourier transform white-light interferometry for the measurement of fiber optic extrinsic Fabry-Perot interferometric sensors. IEEE Photon. Technol. Lett.,2008, 30(2):75-77.

[120] Jiang Y, Tang C J. Fourier transform white-light interferometry based spatial frequency division multiplexing of extrinsic Fabry-Peort interferometric sensors. Review of Scientific Instruments, 2008, 79:106105.

[121] 周晓军,龚俊杰,刘永智,等. 白光干涉偏振模耦合分布式光纤传感器分析. 光学学报,2004,24(10).

[122] 周晓军,杜东,龚俊杰. 偏振模耦合分布式光纤传感器空间分辨率研究. 物理学报,2005,54(5):2106-2110.

[123] Yuan Libo, Zhou Limin, Jin Wei et al. Low-coherence fiber optic sensors ring-network based on a Mach-Zehnder interrogator. Optics Letters,2002,27(11):894-896.

[124] Yuan Libo, Yang Jun. Schemes of 3×3 star coupler based fiber-optic multiplexing sensors array. Optics Letters, 2005,30(9):961-963.

[125] Yuan Libo, Yang Jun. Two-loop based low-coherence multiplexing fiber optic sensors network with Michelson optical path demodulator. Optics Letters,2005,30(6):601-603.

[126] Libo Yuan, Limin Zhou, Wei Jin. Recent progress of white light interferometric fiber optic strain sensing techniques. Review of Scientific Instruments,2000,71(12):4648-4654.

[127] Yuan Libo, Li Qingbin, Liang Yijun, et al. Fiber optic 2-D strain sensor for concrete specimen. Sensors and Actuators A,2001,94:25-31.

第 2 章 光纤白光干涉应变与温度的测量方法

2.1 引 言

本章主要讨论的是应变与温度的测量。由于任何应变的测量都无法避免温度变化带来的干扰,所以在实际应用中,通常要在测量应变的同时监测被测结构的温度变化。考虑热膨胀效应和温度对光纤折射率的影响后,便可得到纯机械应变。因此,温度补偿技术是本章的一个重要组成部分。另外,为使问题简化,在光纤应变测量中通常假设应变场是完全轴向分布的,也就是说,应变仅存在于沿着光纤的方向。

事实上,光纤本身所感知的应变与基体结构的应变相关,但二者不完全一致。本节主要讨论应变从基体到光纤的传导机制,通过监测光纤中传输的光信号的变化来获得外部的应变和温度信息。对传感系统进行标定时,在基体结构上施加一个已知的温度和应变。这个应变场通过某些边界层传输到光纤,具体的传输机理将在第 3 章和第 5 章中介绍。光纤因此而产生的相关参数(例如光程差)的变化结果通过干涉解调单元(例如 Michelson 或者 Mach-Zehnder 干涉仪)的机械位移而解调出来。通过标定实验得到的系统参数,可以在使一个未知应变施加于基体结构上时,使系统以一个对应的信号作为输出,其数值大小对应于测量的基体结构中的应变。

2.2 光纤应变与温度传感基本方程

白光光纤传感器的基本参数是传感部分的光程。在均匀条件下,光程可以表示为

$$S = nL \tag{2.1}$$

式中,n 是光纤纤芯的有效折射率,L 是光纤传感器的长度。

一般地,光程是外加应力 σ 和温度 T 的函数,可以表示成

$$S = S(\sigma, T) \tag{2.2}$$

光程的变化产生的增量可表示为

$$dS = \left(\frac{\partial S}{\partial \sigma}\right)_T d\sigma + \left(\frac{\partial S}{\partial T}\right)_\sigma dT \tag{2.3}$$

式中,$d\sigma$ 和 dT 分别是局部应变和温度的变化量,$(\partial S/\partial \sigma)_T$ 和 $(\partial S/\partial T)_\sigma$ 分别是 S 对 σ 和 T 的导数。

由式(2.1)中给出的光程,对于 σ 和 T 的变化,光程改变可以进一步展开为[1]

$$dS = \left[n\left(\frac{\partial L}{\partial \sigma}\right)_T + L\left(\frac{\partial n}{\partial \sigma}\right)_T\right]d\sigma + \left[n\left(\frac{\partial L}{\partial T}\right)_\sigma + L\left(\frac{\partial n}{\partial T}\right)_\sigma\right]dT \tag{2.4}$$

将式(2.4)稍加改写,得到如下形式:

$$dS = nL\left\{\left[\left(\frac{\partial \varepsilon}{\partial \sigma}\right)_T + \frac{1}{n}\left(\frac{\partial n}{\partial \varepsilon}\right)_T\left(\frac{\partial \varepsilon}{\partial \sigma}\right)_T\right]d\sigma + \left[\left(\frac{\partial \varepsilon}{\partial T}\right)_\sigma + \frac{1}{n}\left(\frac{\partial n}{\partial T}\right)_\sigma\right]dT\right\} \tag{2.5}$$

引入杨氏模量 E_g 和热膨胀系数 α_g,则式(2.5)转化为

$$dS = nL\left\{\left(1+\frac{1}{n}\left[\frac{\partial n}{\partial \varepsilon}\right]_T\right)\frac{d\sigma}{E_g} + \left(\alpha_g + \frac{1}{n}\left[\frac{\partial n}{\partial T}\right]_\sigma\right)dT\right\} \quad (2.6)$$

考虑到 $S=nL$ 和胡克定律 $d\varepsilon=d\sigma/E_g$，式(2.6)可以简化为

$$\frac{dS}{S} = (1+C_\varepsilon)d\varepsilon + (\alpha_g + C_T)dT \quad (2.7)$$

式中，应变系数 C_ε 和温度系数 C_T 分别定义为

$$C_\varepsilon = \frac{1}{n}\left(\frac{\partial n}{\partial \varepsilon}\right)_T \quad (2.8)$$

$$C_T = \frac{1}{n}\left(\frac{\partial n}{\partial T}\right)_\sigma \quad (2.9)$$

对于标准的 SMF-28 型光纤，其应变系数 C_ε 和温度系数 C_T 对于工作在波长为 1 300 nm 的光源而言，分别为 $-0.133\,2\times10^{-6}/\mu\varepsilon$ 和 $0.762\times10^{-5}/°C$，在 1 550 nm 处，分别为 $-0.164\,9\times10^{-6}\,\mu m$ 和 $0.811\times10^{-5}/°C^{[2]}$。光纤的热膨胀系数为 $5.5\times10^{-7}/°C$。

下面这个公式是很有用的：

$$\left(\frac{\partial n}{\partial \varepsilon}\right)_T d\varepsilon = dn \quad (2.10)$$

式中，dn 是由于机械应变 $d\varepsilon$ 引起的光纤折射率的改变量。根据光弹效应理论，由于光线性极化出现在 i 方向的折射率的变化量 dn_i 与应力场 $\varepsilon_j(j=1,\cdots,6$，其中 $j=1,\cdots,3$ 分别表示沿 z、x 和 y 方向的主应变，$j=4,\cdots,6$ 分别表示三个切向应变)的关系可以表示为[3]

$$dn_i = -\frac{n^3}{2}p_{ij}\varepsilon_j \quad (2.11)$$

式中，p_{ij} 是光弹系数，用下标 1 表示沿着光纤的轴向 z，下标 2 和 3 分别表示处于光纤横截面内的两个正交方向 x 和 y，如图 2.1 所示。

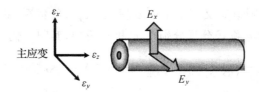

图 2.1 光纤应变、光弹系数和相对折射率的关系示意图

因此，光纤传感器测量的温度和应变变化对在光纤中传输光特性的影响，可以由下列基本关系给出，即

$$\left(\frac{dS}{S}\right)_i = (\varepsilon_z - \varepsilon_{z0}) - \frac{n^2}{2}p_{ij}\varepsilon_j + (\alpha_g + C_T)dT \quad (2.12)$$

上述等式用于描述光纤归一化的传感器光程变化量。在一般情况下，沿光纤轴向的参考应变 ε_{z0} 可以取为零，且不考虑温度变化即 $dT=0$，因此，在恒温的条件下，得到

$$\left(\frac{dS}{S}\right)_i = \varepsilon_z - \frac{n^2}{2}p_{ij}\varepsilon_j \quad (2.13)$$

在均匀各向同性介质中，光弹张量只依赖于两个独立的参数，即光弹系数 p_{11} 和 p_{12}，可以表示如下：

$$\boldsymbol{p}_{ij} = \begin{bmatrix} p_{11} & p_{12} & p_{12} & 0 & 0 & 0 \\ p_{12} & p_{11} & p_{12} & 0 & 0 & 0 \\ p_{12} & p_{12} & p_{11} & 0 & 0 & 0 \\ 0 & 0 & 0 & p_{44} & 0 & 0 \\ 0 & 0 & 0 & 0 & p_{44} & 0 \\ 0 & 0 & 0 & 0 & 0 & p_{44} \end{bmatrix} \quad (2.14)$$

式中

$$p_{44} = (p_{11} - p_{12})/2 \quad (2.15)$$

如果假设应变场是纯粹轴向应变,也就是说,只存在于沿着光纤的方向,则可以给出

$$\boldsymbol{\varepsilon}_i = \begin{bmatrix} \varepsilon_z \\ -\nu\varepsilon_z \\ -\nu\varepsilon_z \\ 0 \\ 0 \\ 0 \end{bmatrix} \quad (2.16)$$

式中,ν 是光纤的泊松比。这种简化源于 Butter 和 Hocker 的早期论文[4],后来的研究者在光纤应变测量中继续沿用这个简化的表达式。然而在实际应用中,这个假设只适用于表面粘贴或者埋入内部的传感器,以及具有轴对称性的平面载荷情况[5]。

根据 Butter 和 Hocker 的假设,将式(2.14)和式(2.16)代入式(2.13),在恒温、光纤均匀、各向同性且仅存在轴向应变的条件下,可以得到光纤应变与光程的关系:

$$\left(\frac{\mathrm{d}S}{S}\right)_z = \varepsilon_z - \frac{n^2}{2}[p_{12} - \nu(p_{11} + p_{12})]\varepsilon_z \quad (2.17)$$

对于更为一般的应变场(定义三个主应变$\{\varepsilon_z, \varepsilon_x, \varepsilon_y\}$)的情况,我们将假设 ε_z 为光纤轴向的应变;对于光矢量中的电场 E 分量分别在 x 和 y 方向,其归一化光程变化量可分别表示为

$$\left(\frac{\mathrm{d}S}{S}\right)_x = \varepsilon_z - \frac{n^2}{2}[\varepsilon_x p_{11} + (\varepsilon_z + \varepsilon_y)p_{12}] \quad (2.18)$$

和

$$\left(\frac{\mathrm{d}S}{S}\right)_y = \varepsilon_z - \frac{n^2}{2}[\varepsilon_y p_{11} + (\varepsilon_z + \varepsilon_x)p_{12}] \quad (2.19)$$

2.3 光纤白光干涉仪工作原理

自从 1880 年发明干涉仪之后,Michelson 干涉仪一直被用来测量微小的空间位移。常用的实验室测量位移的方法有条纹计数法或白光条纹零光程法[6]。使用单色相干光源干涉仪进行绝对位移测量所存在的主要困难是,仅能实现对应为 2π 弧度相位范围内光程差的测量,超过此范围,将对应一个周期性的输出信号。为了解决这个问题,人们提出了光纤白光 Michelson 干涉仪[7]并用于温度和绝对位移的测量[8,9]。在白光干涉仪中,可以精确地确定干涉条纹信号中主干涉中央条纹的位置[10]。

光纤白光 Michelson 干涉仪的结构如图 2.2 所示。该干涉仪中,作为参考臂和测量的两

臂通过使用一个 3 dB 的耦合器对光进行了分路和合路,同时利用一个扫描镜来改变干涉仪两臂的光程差(OPD)。当干涉仪两臂之间的光程差小于光源的相干长度时,就会产生一个白光干涉图样。干涉图样的中央条纹位于干涉条纹的中心且具有振幅极大值,它对应于干涉仪两臂的光程绝对相等。部分相干传输函数可以用描述光源光谱特性的自相关函数进行表示。

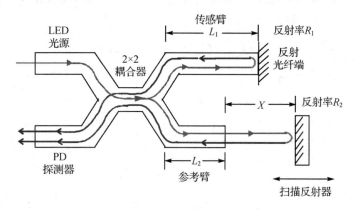

图 2.2　光纤白光 Michelson 干涉仪

对于 LED 光源,光谱的强度分布可以用一个高斯函数[11]来描述,如图 2.3 所示。

$$G(k) = G_0 \frac{L_c}{\sqrt{2\pi}\xi} \exp\left[-\frac{L_c^2(k-k_0)^2}{2\xi^2}\right] \quad (2.20)$$

式中,$k_0 = \frac{2\pi}{\lambda_0}$;$\lambda_0$ 是光谱的中心波长;G_0 是光谱在 $\lambda = \lambda_0$ 处的强度值;ξ 是 LED 光源的光谱系数;L_c 是光源的相干长度,由下式给出,即

$$L_c = \frac{\lambda_0^2}{\Delta \lambda} \quad (2.21)$$

式中,$\Delta\lambda$ 是光源半谱宽度(FWHM),如图 2.3 所示。表 2.1 给出了典型的 1 300 nm 波长 LED 光源的各参数值。

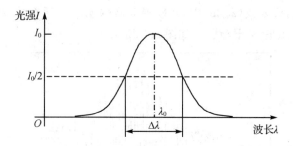

图 2.3　低相干光源的高斯光谱分布

表 2.1　LED 光源的相关参数

项 目	中心波长	光谱宽度	相干长度	光谱系数	相对强度系数
符 号	λ_0	$\Delta\lambda$	L_c	ξ	G_0
取 值	1 310 nm	35 nm	49 μm	2.8	0.37 μW/μm

考虑谱密度为 $G(k)$ 的单色光分量,这里 k 为波数,光纤白光 Michelson 干涉仪的输出光

强与光程差 x 的函数可以写成

$$G(k,x) = \alpha R_1 G_1(k) + \alpha R_2 G_2(k) + 2\alpha \sqrt{R_1 G_1(k) R_2 G_2(k)} \cos(kx) \tag{2.22}$$

式中, α 是 2×2 光纤耦合器的插入损耗系数, 定义为 $\alpha=$ 输出总光强/输入总光强; R_1 是传感臂光纤端面的反射率; R_2 是补偿臂反射镜的反射率。$G_1(k)$ 和 $G_2(k)$ 分别是传感臂和补偿臂的耦合强度。对于 3 dB 光纤耦合器, 有

$$G_1(k) = G_2(k) = \frac{1}{2}\alpha \cdot G(k) \tag{2.23}$$

假设 $R_1 = R_2 = R$, 那么式(2.22)变为

$$G(k,x) = \alpha^2 R G(k)[1 + \cos(kx)] \tag{2.24}$$

将式(2.20)代入式(2.24)中, 并且在 $-\infty \sim +\infty$ 区间对整个光谱积分, 可以得到

$$\begin{aligned}
I(x) &= \int_{-\infty}^{+\infty} G(k,x)\mathrm{d}k = \\
&\int_{-\infty}^{+\infty} G_0 \frac{L_c}{\sqrt{2\pi}\xi} \exp\left[-\frac{L_c^2(k-k_0)^2}{2\xi^2}\right]\{\alpha^2 R[1+\cos(kx)]\}\mathrm{d}k = \\
&\alpha^2 R G_0 \frac{L_c}{\sqrt{2\pi}\xi} \int_{-\infty}^{+\infty} \exp\left[-\frac{L_c^2(k-k_0)^2}{2\xi^2}\right][1+\cos(kx)]\mathrm{d}x
\end{aligned} \tag{2.25}$$

令 $k' = k - k_0$, 整理式(2.25), 变为

$$\begin{aligned}
I(x) &= \alpha^2 R G_0 \frac{L_c}{\sqrt{2\pi}\xi} \int_{-\infty}^{+\infty} \exp\left(-\frac{L_c^2}{2\xi^2}k'^2\right)\{1+\cos[(k'+k_0)x]\}\mathrm{d}k' = \\
&\alpha^2 R G_0 \frac{L_c}{\sqrt{2\pi}\xi} \int_{-\infty}^{+\infty} \exp\left(-\frac{L_c^2}{2\xi^2}k'^2\right)[1+\cos(k'x)\cos(k_0 x) - \sin(k'x)\sin(k_0 x)]\mathrm{d}k' = \\
&\alpha^2 R G_0 \left[1 + \exp\left(-\frac{\xi^2}{2L_c^2}x^2\right)\cos\left(\frac{2\pi}{\lambda_0}x\right)\right]
\end{aligned} \tag{2.26}$$

将表 2.1 中的数据代入式(2.26)中, 并取耦合器的插入损耗系数 $\alpha=0.95$ 和反射率 $R=91\%$, 计算得到的归一化白光干涉图样如图 2.4 所示。

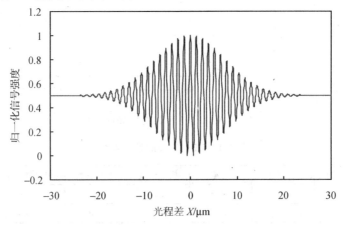

式(2.26) 的数值模拟结果

图 2.4 中心波长为 1 310 nm 的 LED 光源光纤白光干涉仪的干涉图

光纤白光干涉技术作为一种有效的方法,可以对应变和温度导致的光程变化进行测量。考虑图 2.2 所示的系统,构成传感臂光纤的光程长度是 $S=2nL_1$;参考臂由长度略短于传感光纤的参考光纤 L_2 和参考光纤端面与扫描镜形成的空气间隙 X 组成。因此参考臂的总光程为 $2nL_2+2X$。

通过调节扫描镜的位置,可以使传感臂和参考臂的光程相匹配,即满足

$$2nL_1 = 2nL_2 + 2X \tag{2.27}$$

在该位置附近,出现与图 2.4 类似的白光干涉图样。其中,零级条纹近似在干涉条纹图样的中央,具有最大的振幅,对应于两臂光程完全相等处。当传感臂的光程在应变或者周围环境温度改变的作用下发生变化时,这一光程变化量 $\Delta S=\Delta(nL_1)$ 可以通过测量反射镜位置的改变量 ΔX 获得。而反射镜位置的改变量 ΔX 对应的是零级中央条纹位置的改变量,如图 2.5 所示。

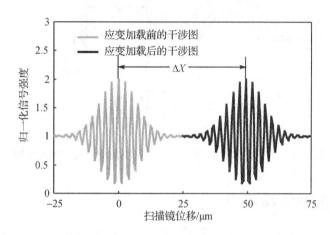

图 2.5 光纤传感器长度变化对应的白光干涉图位置的移动

扫描镜位移对应传感器光程长度的变化,即

$$\Delta S = \Delta X \pm \delta X \tag{2.28}$$

式中,δX 为测量误差。

传感臂连续形变可以通过反复连续测量并记录的方法实现自动测量。因此,可通过这种简单、直接的测量方法实现对应变或者温度的跟踪监测。

2.4 应变和温度测量技术

在实际应用中,光纤白光 Michelson 干涉仪的结构与图 2.2 所示的结构略有不同。如图 2.6 所示,在传感器的前后两个端面上,各自产生一个反射信号。其中一个信号来自于传感器前端面的部分反射光,而通过该端面的透射光经过长度为 L_0 的传感器;在传感器的后端面发生反射,形成第二个反射信号。当参考臂的反射器进行扫描时,会得到两组干涉条纹。前后两次获得干涉条纹时反射镜的位置差($X=X_2-X_1$)对应两组干涉条纹的中央条纹间距:

$$X = X_2 - X_1 = nL_0 \tag{2.29}$$

当有负载作用于传感器时,白光干涉中心条纹的位置将发生移动。式(2.29)变为

$$X' = X'_2 - X'_1 = (nL_0)' \tag{2.30}$$

式中,"'"表示载荷施加后的值。

定义：
$$\Delta S \equiv X' - X \tag{2.31}$$

那么利用式(2.29)和式(2.30),可以得到
$$\Delta S = (nL_0)' - (nL_0) = \Delta(nL_0) = n\Delta L_0 + L_0 \Delta n \tag{2.32}$$

式中,ΔL_0 和 Δn 表示由被测量(例如温度 T 或者应变 ε)导致的光纤传感器长度和折射率的变化。

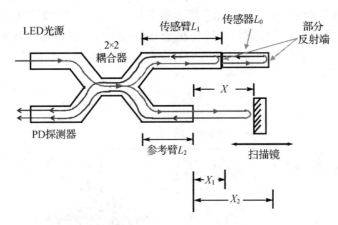

图 2.6 基于光纤白光 Michelson 干涉仪的光纤传感测量系统

2.4.1 应变测量原理

当只在传感器上施加轴向应变 ε_z 时,ΔL_0 可以表示为
$$\Delta L_0 = L_0 \varepsilon_z \tag{2.33}$$

折射率的变化可以表示为[4](参见式(2.11))
$$\Delta n = -\frac{1}{2}n^3[(1-\nu)p_{12} - \nu p_{11}]\varepsilon_z \tag{2.34}$$

将式(2.33)、式(2.34)代入式(2.32),则
$$\Delta S = \left\{ nL_0\varepsilon_z - \frac{1}{2}n^3[(1-\nu)p_{12} - \nu p_{11}]L_0\varepsilon_z \right\} = \\ \left\{ n - \frac{1}{2}n^3[(1-\nu)p_{12} - \nu p_{11}] \right\}L_0\varepsilon_z = \\ n_{\text{equivalent}}L_0\varepsilon_z \tag{2.35}$$

式中,$n_{\text{equivalent}} = n\left\{1 - \frac{1}{2}n^2[(1-\nu)p_{12} - \nu p_{11}]\right\}$ 表示光纤的等效折射率。对于硅基材料,在波长 $\lambda = 1\ 300$ nm 处,参数 $n = 1.46$、$\nu = 0.25$、$p_{11} = 0.12$、$p_{12} = 0.27$[3]。利用这些数据可计算得到等效折射率 $n_{\text{equivalent}} = 1.19$。因此,作用在光纤上的应变可以由下式给出,即
$$\varepsilon_z = \frac{\Delta S}{n_{\text{equivalent}}L_0} \tag{2.36}$$

2.4.2 温度测量原理

当环境温度从 T_0 变化到 T 时,式(2.32)中的 ΔL_0 和 Δn 可表示为

$$\Delta L_0 = L_0(T_0)(T-T_0)\alpha_T \tag{2.37}$$

$$\Delta n = n(\lambda,T_0)(T-T_0)C_T \tag{2.38}$$

将 $n=n(\lambda,T_0)$、$L_0=L_0(T_0)$ 以及式(2.37)和式(2.38)代入式(2.32),得到

$$\Delta S = L_0(T_0)n(\lambda,T_0)(\alpha_T+C_T)(T-T_0) \tag{2.39}$$

或

$$T-T_0 = \frac{\Delta S}{L(T_0)n(\lambda,T_0)(\alpha_T+C_T)} \tag{2.40}$$

重写式(2.40),得到

$$\Delta S = S_T(T-T_0) \tag{2.41}$$

式中

$$S_T = \Im L_0(T_0) \tag{2.42}$$

表示传感长度为 L_0 的光纤白光干涉传感器的灵敏度,$\Im$ 是灵敏度系数。对于标准单模通信光纤,根据参考文献[12],在波长 $\lambda=1\,310$ nm 处,$n_0=1.468\,1$,$\alpha_T=5.5\times10^{-7}/℃$,$C_T=0.762\times10^{-5}/℃$;在 $\lambda=1\,550$ nm 处,$n_0=1.467\,5$,$\alpha_T=5.5\times10^{-7}/℃$,$C_T=0.811\times10^{-5}/℃$。利用这些数据,可以得到单位长度的光纤在 $1\,310$ nm 和 $1\,550$ nm 处,其温度传感器的灵敏度系数 $\Im$ 分别为 $11.99\,\mu m/(m\cdot℃)$ 和 $12.71\,\mu m/(m\cdot℃)$。

2.5 热表观应变与温度补偿技术

热表观应变对于应变测量来讲是一个共性的问题,传统的应变片必须进行温度补偿,以克服测量过程中温度的波动。因此,对于光纤应变测量系统,同样需要温度补偿技术。

为了更好地理解热表观应变,下面考察光纤被粘贴在参考温度为 T_0 的基体结构上的情况。如果该结构对于外部机械载荷是自由的,当经历了一个小的温度波动 ΔT 时,由于光纤与结构基体材料的热膨胀系数的不一致,在光纤中会产生一个附加应变。这个热致轴向应变可以表示为

$$\Delta\sigma = E_g(\alpha_m-\alpha_g)\Delta T \tag{2.43}$$

式中,E_g 为光纤的杨氏模量,α_m 和 α_g 分别是基体材料和光纤的热膨胀系数。将应力增量表达式(2.43)代入式(2.7),可以得到

$$\frac{\Delta S}{S} = (1+C_\varepsilon)(\alpha_m-\alpha_g)\Delta T + (\alpha_g+C_T)\Delta T =$$
$$[\alpha_m+C_T+(\alpha_m-\alpha_g)C_\varepsilon]\Delta T \tag{2.44}$$

从式(2.44)中可以发现,即使基体材料与光纤的热膨胀系数一致(即 $\alpha_m=\alpha_g$),由于温度系数 C_T 的数量级比基体材料热膨胀系数 α_m 大,因此仍然存在平均温度表观应变的问题。

常用的一种处理表观应变的方法是在应变的测试中独立进行温度的测量,然后对所测的应变加以修正。当应力诱导产生应变时,对于光纤传感器,得到更加完整的表达式

$$\frac{\Delta S}{S} = (1+C_\varepsilon)\Delta\varepsilon + [\alpha_m + C_T + (\alpha_m - \alpha_g)C_\varepsilon]\Delta T \tag{2.45}$$

上式可以写成更紧凑的形式：

$$\frac{\Delta S}{S} = A\Delta\varepsilon + B\Delta T \tag{2.46}$$

式中

$$\left.\begin{aligned} A &= (1+C_\varepsilon) \\ B &= [\alpha_m + C_T + (\alpha_m - \alpha_g)C_\varepsilon] \end{aligned}\right\} \tag{2.47}$$

如果设计并安装一个只对温度响应的传统传感器或光纤传感器，对温度进行独立测量，那么式(2.46)中温度改变一项就是已知的，只有应变是未知的。

另外一种方案是用两种方法同时进行测量，每个测量结果都与温度和应变有关。可以通过这两项测量来确定未知的应变和温度。通常，可以用矩阵的形式来表示：

$$\begin{bmatrix} M_1 \\ M_2 \end{bmatrix} = \begin{bmatrix} A & B \\ C & D \end{bmatrix} \begin{bmatrix} \Delta\varepsilon \\ \Delta T \end{bmatrix} \tag{2.48}$$

将矩阵转置，可以得到 $\Delta\varepsilon$ 和 ΔT：

$$\begin{bmatrix} \Delta\varepsilon \\ \Delta T \end{bmatrix} = \begin{bmatrix} A & B \\ C & D \end{bmatrix}^{-1} \begin{bmatrix} M_1 \\ M_2 \end{bmatrix} \tag{2.49}$$

因此，可以求得应变和温度：

$$\Delta\varepsilon = \frac{\begin{vmatrix} M_1 & B \\ M_2 & D \end{vmatrix}}{\|\Re\|} \tag{2.50}$$

$$\Delta T = \frac{\begin{vmatrix} A & M_1 \\ C & M_2 \end{vmatrix}}{\|\Re\|} \tag{2.51}$$

式中，行列式

$$\|\Re\| \equiv \begin{vmatrix} A & B \\ C & D \end{vmatrix} = AD - CB \tag{2.52}$$

必须为非零值。事实上，对于两次独立的测量，温度和应变系数的差异越大，这种转置运算越精确。如果式(2.51)中 $\Re$ 行列式是病态行列式[13]，那么两次独立测量中的微小误差 δM_1 和 δM_2 在求解式(2.53)和式(2.54)时也会转变为一个很大的误差。同样，注意到温度误差 $\delta\varepsilon$ 和应变误差 δT，与光程变化测量误差之间的关系是一致的。可以通过式(2.52)，对于 δM_1 和 δM_2 这一对等式进行变换得到[14]

$$|\delta\varepsilon| = \frac{D|\delta M_1| + B|\delta M_2|}{|AD - CB|} \tag{2.53}$$

$$|\delta T| = \frac{C|\delta M_1| + A|\delta M_2|}{|AD - CB|} \tag{2.54}$$

上式清楚地显示，需要确保不同系数测量具有较大差异才能确保式(2.52)非病态。对于差异较小的情况，在测量中会出现较大的误差。

对于光纤白光干涉传感器，可采用两个独立的传感器对温度和应变进行测量，一个传感器埋入基体材料内部，另一个传感器只用于对应变传感器附近的温度测量，于是有

$$\left.\begin{aligned}\frac{\Delta S_1}{S_1} &= (1+C_\varepsilon)\Delta\varepsilon + [\alpha_m + C_T + (\alpha_m - \alpha_g)C_\varepsilon]\Delta T \\ \frac{\Delta S_2}{S_2} &= (\alpha_g + C_T)\Delta T\end{aligned}\right\} \tag{2.55}$$

这里

$$\left.\begin{aligned}A &= 1 + C_\varepsilon \\ B &= [\alpha_m + C_T + (\alpha_m - \alpha_g)C_\varepsilon] \\ C &= 0 \\ D &= \alpha_g + C_T\end{aligned}\right\} \tag{2.56}$$

因此,可得到应变和温度的变化量:

$$\left.\begin{aligned}\Delta\varepsilon &= \frac{\dfrac{\Delta S_1}{S_1}(\alpha_g + C_T) - \dfrac{\Delta S_2}{S_2}[\alpha_m + C_T + (\alpha_m - \alpha_g)C_\varepsilon]}{(1+C_\varepsilon)(\alpha_g + C_T)} \\ \Delta T &= \frac{\dfrac{\Delta S_2}{S_2}}{\alpha_g + C_T}\end{aligned}\right\} \tag{2.57}$$

上述讨论的一个重要假设是,在载荷应变或者温度变化中应变系数和温度系数恒定且不相关。对于引入的非线性交叉项的情况,这个假设是无效的,并且会给解读传感器输出的信号带来更大的困难。非线性的出现,是由于在式(2.32)的原始泰勒展开式中,只考虑了线性因子。对于 $\Delta\varepsilon$ 和 ΔT 数值较大的情况,这可能是无法接受的。我们需要考虑展开式中的高阶项,高阶项是应变和温度的交叉敏感项,由此产生的应变和温度交叉系数 $C_{\varepsilon,T}$ 和 $\Delta\varepsilon$ 与 ΔT 的变化量是

$$\frac{\Delta S}{S} = (1+C_\varepsilon)\Delta\varepsilon + [\alpha_m + C_T + (\alpha_m - \alpha_g)C_\varepsilon]\Delta T + C_{\varepsilon,T}\Delta\varepsilon\Delta T \tag{2.58}$$

式中,交叉系数的值为 $C_{\varepsilon,T} \sim 10^{-8}\ \text{rad}\,^\circ\text{C}^{-1}\mu\varepsilon^{-1}\text{m}^{-1}$[15]。

上述结果表明,对于自由光纤,除了较大的应变和温度漂移的情况之外,其他情况下该交叉项可以忽略[13,15]。但是,同样可以看到,交叉系数与光纤的长度成正比,长的光纤传感器比短的光纤传感器更容易受应变和温度变化的影响。

2.6 小　结

本章主要介绍了光纤白光干涉传感原理,描述了光纤中光程的变化和被测参数(如:应变和温度)之间的关系,并讨论了光纤白光干涉传感系统中温度表观应变和温度补偿技术。

参考文献

[1] Measures R M. Smart composite structures with embedded sensors. J. Composites Eng., 1992, 2: 597-618.
[2] Yuan L B. Effect of temperature and strain on fiber optic refractive index. Acta Optica Sinca, 1997, 17: 1713-1717.
[3] Nye S F. Physical Properties of Crystals. Oxford Press, London, 1954: 235-259.
[4] Butter C D, Hocker G P. Fiber optic strain gauge. Applied Optics, 1978, 17: 2867-2869.

[5] Sirkis J S. A unified approach to phase-strain-temperature models for smart structure interferometric optical fiber sensors: Part I—development. Opt. Engineering,1993,32: 752-763.

[6] Born M,Worlf E. PRINCIPLES OF OPTICS. 4th ed. Pergamon Pr. ,Oxford,1970.

[7] Beheim G. Fiber-optic thermometer using semiconductor etalon. Electron. Lett. ,1986,22: 238-239.

[8] Gerges A S,Farahi F,Newson T P,et al. Fiber-optic interferometric sensor utilizing low coherence length source-resolution enhancement. Electron. Lett. ,1988,24: 472-474.

[9] Li T,Wang A,Murphy K,et al. White-light scanning fiber Michelson interferometer for absolute position-distance measurement. Opt. Lett. ,1995,20: 785-787.

[10] Gerges A S,Newson T P,Jackson D A. Coherence tuned fiber optic sensing system,with self-initialization,Based on multimode laser diode. Appl. Opt. ,1990,29: 4473-4480.

[11] Yuan L B. White light interferometric fiber-optic strain sensor with three-peak-wavelength broadband LED source. Appl. Opt. ,1997,36: 6246-6250.

[12] Yuan L B. Optical path automatic compensation low-coherence interferometric fiber optic temperature sensor. Optics & Laser Technology,1998,30: 33-38.

[13] Vengsarkar A M,Michie W C,Jankovic L,et al. Fiber optic sensor for simultaneous measurement of strain and temperature. SPIE,1367,Fiber Optic and Lasers VIII,1990: 249-260.

[14] Michie W C,Culshaw B,Thursby G,et al. Optical sensors for temperature and strain measurement. SPIE,1996,2718: 134-146.

[15] Farahi F,Webb D J,Jones J D C,et al. Simultaneous measurement of temperature and strain: cross-sensitivity considerations. J. Lightwave Tech. ,1990,8: 138-142.

第3章 埋入式光纤传感器的设计、集成与安装

3.1 引　言

无论是在建筑结构施工期还是在它的使用过程中,发展用于混凝土工程结构的在线健康监测光纤传感器都是一个持续性的目标。大多数研究工作主要集中在研究埋入建筑结构内部的传感器方案上。我们在文献中经常能够见到对埋入式传感器性能的详细介绍,但是却很少有文献介绍获得埋入式光纤传感器的实际方法[1]。基于以上原因,我们需要研制用于混凝土建筑结构中的实用的预埋基光纤传感器。预埋基传感器的性能取决于基体材料与光纤之间的粘接特性[2]。通常,基体的应变是通过预埋基耦合到光纤传感器中的,所以预埋基是所有功能型结构传感器的重要组成部分。一般在光纤与预埋基结构之间有一层保护层,这层保护层会对传感器的使用寿命和性能产生影响,同时也会影响应变在被测结构与光纤之间的耦合。因此,必须对预埋基的结构设计、光纤传感头的制作以及光纤传感器的安装与集成的整个过程进行充分考虑。

本章内容包括用于混凝土结构的预埋金属基、环氧基和混凝土基光纤白光干涉传感器。其中金属基和环氧基传感器的形状设计为纺锤形,而混凝土基传感器设计成简单的圆柱形或长方体。这三种预埋棒的制作过程分别在 3.2～3.4 节进行详细的介绍。第 3.5 节讨论预埋基光纤传感器在建筑结构中的安装问题。

3.2 预埋金属基封装结构传感器

3.2.1 金属封装结构设计

通常,预埋基(PEB)光纤传感器的首要设计目标是满足标准混凝土结构的要求。第二个目标是设计一种可用于 PEB 传感器的进/出接口,并设计接口的保护装置以减小接合处光缆受到的意外损坏。此外,还要考虑如何设计 PEB 的形状才能使基体所受应变有效地传递给光纤传感器。

图 3.1 所示为一种特殊设计的钢管,利用这种钢管可以方便地对光纤白光干涉应变传感器进行封装。预埋金属基光纤传感器主要由材质均匀的钢管构成,钢管的两端做成如图 3.1 所示的形状,便于预埋棒的安装和固定。钢管的内径为 $1\sim 2$ mm,对应变响应的有效长度既可短至几厘米,也可长至几米。刚性传感器与相对较软的输入/输出光缆的连接部分用应变释放橡胶锥加以保护。

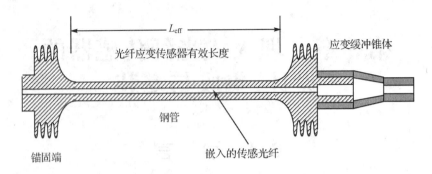

图 3.1　预埋金属基光纤白光干涉应变传感器结构的剖面图

3.2.2　用于形变测量的光纤制备

PEB 传感器中用于形变测量的标准单模光纤如图 3.2 所示。预埋金属基封装结构传感器的输入/输出连接结构如图 3.3 所示。

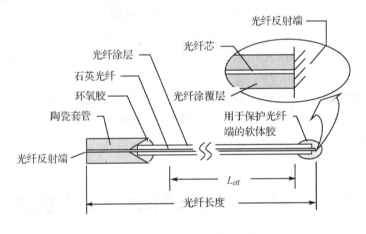

图 3.2　光纤形变计的剖面图

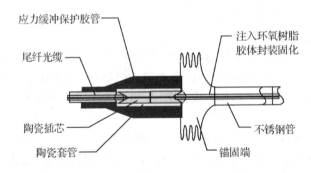

图 3.3　预埋金属基封装结构传感器的输入/输出连接结构

光纤的一端用切割刀切好后镀上一层铝膜,这样做的目的是在 1 310 nm 或 1 550 nm 波长处形成反射率为 87 %～91 %的反射镜;光纤的另一端插入陶瓷插芯固定后,对光纤端面进行研磨抛光,然后镀制金属反射膜,使其反射率达到 25 %～32 %。最后将两端处理好的传感光纤插入钢管,插入过程中要注意对光纤端面加以保护。穿过钢管后,对光纤的高反射率端用较软的粘合剂进行保护,而低反射率端通过陶瓷插芯与输入/输出光纤相连(见图3.3)。在均匀钢管中的光纤长度(有效作用长度)要小于总的光纤长度,如图3.2所示。

3.2.3 传感器集成

PEB传感器的集成过程如下:

① 用丙酮或乙醇清洗设计好的钢管的中心孔,然后将光纤形变计插入该中心孔。

② 从中心孔的一侧注入环氧树脂,并使其从中心孔的另一侧流出,这样可以确保中心孔中没有残余气泡。24小时后环氧树脂固化,光纤形变计便与钢管粘结在一起。

③ 钢管与外部传输光缆的连接。在实际应用中,需要利用外部光纤将光信号输入钢管中的传感光纤并将传感光纤中的光信号输出。当传输光纤和传感光纤的纤芯精确对准时,光信号便可以从一根光纤注入到另一根光纤中,如图3.3所示。在实际设计中,分别用两个相同的商用陶瓷插芯将传输光纤的一端和传感光纤的低反射率端固定,然后将两个插芯插入陶瓷套管,从而可以保证两根光纤纤芯的对准精度。最后,用环氧树脂对固定好的陶瓷插芯和陶瓷套管进行封装。

④ 如图3.3所示,在封装好的陶瓷套管外面安装一个锥形减压橡胶护套,用来保护光纤光缆与钢管连接处的光纤,以避免剧烈弯曲对光纤产生的破坏。

制作好的预埋金属基封装结构光纤传感器的图片如图3.4所示。对于恶劣的混凝土建筑环境,该预埋金属基传感器的强度足以满足实际工程的需要。

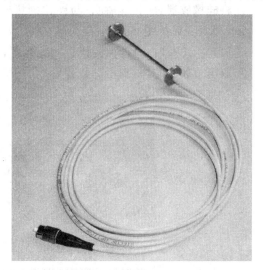

图3.4 预埋金属基封装结构光纤传感器的图片

3.3 预埋环氧基封装结构传感器

3.3.1 传感器设计

将预埋环氧基封装结构(PEEB)传感器设计为圆柱体形状,整个柱体两端的直径略大,具体形状如图3.5所示。这种结构使基体材料与PEEB传感器之间具有良好的机械结合性。PEEB光纤白光干涉传感器的典型尺寸为直径3~5 mm,长度80~100 mm。PEEB传感器与环氧基之间的直接作用长度为L,称为有效作用长度,或有效应变长度,如图3.5所示。

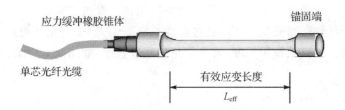

图 3.5　预埋环氧基封装结构传感器的结构设计

3.3.2　硅橡胶模型的制备

为了制作上述设计的 PEEB 传感器，首先需要制作如图 3.6 所示的与环氧基尺寸相同的铝棒，用来作为硅橡胶模具腔。硅橡胶模具腔的制作过程如下：

① 将硅橡胶混合剂（硅树脂）与硬化剂按照 100∶23 的质量比进行混合。将金属模芯放在一个长模具壳体的中心，然后向壳体中注入液态硅橡胶混合剂，直至将金属模芯完全没过。

② 放置约 1 小时，待硅橡胶混合物完全固化后，用切割刀将硅橡胶对称地从中间切开。

③ 取出金属模芯，得到由硅橡胶形成的模具腔，如图 3.7 所示。

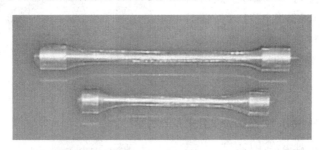

图 3.6　制作环氧基传感器模具腔的铝棒

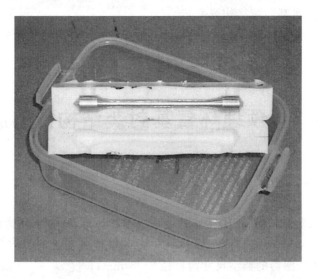

图 3.7　用硅橡胶制成的环氧基封装结构传感器的模具

3.3.3 预埋环氧基传感器的制备

通常 PEEB 传感器中的形变计为一段裸光纤,如图 3.2 和图 3.5 所示。光纤形变计的一端为自由端,另一端作为传感器的信号输出端与外部的传输光纤相连。将裸光纤形变计埋入环氧基之前,先在模具的上下两侧分别制作进料口和出料口,用于环氧树脂的注入和流出。然后,在其中半个硅橡胶模具的两端分别开一个槽,用于安放裸光纤形变计。将裸光纤形变计放入模具腔后,利用棉线将光纤形变计拉直,并将光纤的两端固定在模具外侧。将两部分模具合起来后重新放入模具壳体中。准备好液态环氧树脂后放置 5~10 分钟,使其中的空气泡充分释放后,再将环氧树脂注入硅橡胶模具腔中,直至环氧树脂从模具的出料口流出。将整个充满环氧树脂溶液的模具放入真空泵之内,抽出腔体内的气泡,然后放置 24 小时使环氧树脂固化。最后,小心地将模具的两部分分开,取出制备好的 PEEB 传感器,如图 3.8 所示。

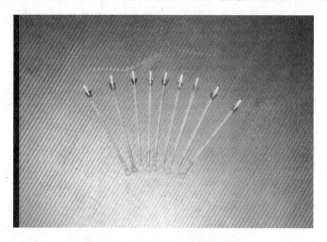

图 3.8 PEEB 光纤传感器探头

同样,制备好的 PEEB 传感器也需要与外部的传输光纤相连接,以实现传感器中光信号的输入与输出。传感光纤与传输光纤的连接同预埋金属基封装结构传感器的连接过程相似。这里,连接部分用一小段热缩管来保护,连接好的传感器如图 3.9 所示。

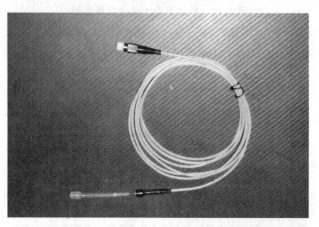

图 3.9 带尾纤的预埋环氧基封装结构传感器

3.4 预埋混凝土基传感器

对于已经建好的混凝土建筑结构来说,可以将光纤传感器直接粘附在混凝土表面。而对于在建的混凝土结构,通常需要对光纤传感器进行一定的保护而不是直接将传感器埋入混凝土结构中。

由于实际的混凝土结构非常容易对埋入其中的光纤造成损坏,因此需要发展光纤预埋混凝土基传感器及其埋入方法。我们设计的预埋光纤混凝土基传感器如图3.10所示,它包括光纤传感单元、输入/输出的连接部分和典型的基体形状。

PECB传感器的基本形状为如图3.10(a)所示的矩形或圆柱形。这种矩形或圆柱形的基体表面比较光滑,为了改善PECB传感器与混凝土材料之间的稳固性,可以进一步将传感器外形设计成如图3.10(b)所示的瓦楞状。矩形PECB传感器的典型尺寸为25.4 mm×25.4 mm×304.8 mm;圆柱形PECB传感器的尺寸为ϕ25.4 mm×304.8 mm。

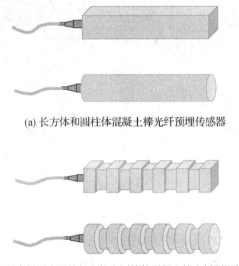

(a) 长方体和圆柱体混凝土棒光纤预埋传感器

(b) 具有锚固表层的长方体和圆柱体混凝土棒光纤预埋传感器

图3.10 预埋混凝土基光纤传感器

与3.2节和3.3节讨论的其他两种预埋式传感器类似,实际的PECB传感器的输入/输出光纤与传感光纤之间也是通过商用的陶瓷插芯连接在一起的。其连接结构示意图如图3.11

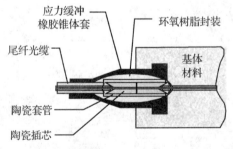

图3.11 PECB传感器与输入/输出光纤之间的连接示意图

所示,两个陶瓷插芯分别从两侧插入陶瓷套管内,因此可以保证两根光纤纤芯的对准精度。调整好陶瓷插芯的位置后,在陶瓷插芯周围涂上一层环氧树脂,可以起到固定和防水的作用。最后,用一段应力释放锥形套管对连接部分加以保护。

3.5 预埋土体传感器

土石坝以其显著的经济性和对地质条件良好的适应性,成为当今世界建造数量最多的坝型,同时也是历史最为悠久的坝型,在我国也是如此。截至目前,中国已建成土石坝 20 000 余座,占世界土石坝总数的 60% 左右。但从整体来看,由于其结构类型多样,材料的力学性质复杂,荷载的类型、组合及其施加方式的多样性和随机性,使得安全监控比混凝土坝更加复杂,造成土石坝监测技术手段相对落后。而滑坡是另外一种常见的自然灾害,常常造成巨大的经济损失和人员伤亡。我国幅员辽阔,拥有陆疆国土边境 1.8×10^4 km,国土边境周界安全监测需求日益紧迫。因此,将光纤监测技术引入土体形变的监测具有非常重要的意义。

如图 3.12 所示的白光干涉传感器,涂覆层是不可去除的,原因是裸光纤在外界环境(湿度和载荷)的作用下,会使表面微裂纹得到扩展,承受应力降低,在外界载荷的作用下而断裂,导致寿命的大大降低。有时,在传感器的外侧,还要增加一些其他材料的包层结构,目的是解决光纤与基体材料力学相容与耦连问题。

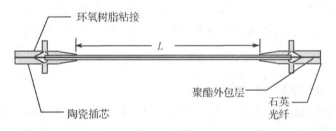

图 3.12 增加聚酯外包层的光纤形变传感器结构示意图

由于光纤涂覆层不可去除,并且它是一种低模量的材料(与光纤相差 2~3 个数量级),所以外加包层——缓冲层的模量数值大小的选择至关重要。在此,我们选择模量介于光纤与包层之间的聚酯材料(杨氏模量 1.2×10^9 Pa),且聚酯材料的模量远大于涂覆层材料,并使传感器的直径 r 远小于传感器长度 L(即满足小半径近似 $L \gg r$ 的条件)。外缓冲层的引入,在各个界面相互作用完全的条件下,仅改变了相关传递参量,并没有改变如图 3.12 所示的力学传递性能[3]。

这表明,在如图 3.12 所示的白光干涉传感器的结构基础上扩展一些外部外包层结构是可行的。光纤形变传感器的结构基本如图 3.13 所示。图 3.12 中光纤形变传感器由一段增加了聚酯外包层,并在两端加装了陶瓷插芯的标准单模光纤构成,L 为光纤形变传感器的有效长度;两端采用了陶瓷插芯,并对其采用抛光工艺,保证了传感器端面平整、光滑,菲涅尔反射信号达到一定的强度(至少应为 1%)。另外,陶瓷插芯还可以保证光纤传感器与测试光缆(尾纤)的低损耗连接(典型的插入损耗为 0.5 dB)。聚酯外包层的增加,也相当于在传感器外又增加了一个保护层,提高了传感器的机械强度和抗腐蚀能力,使寿命得以延长。增加聚酯外包层后,有效长度为 L 的光纤传感器的外径(直径)达到了 900 μm,而传感器长度 L 通常选择在

100 mm 以上。此种结构的传感器对于混凝土基、环氧基等材料都是有效的。

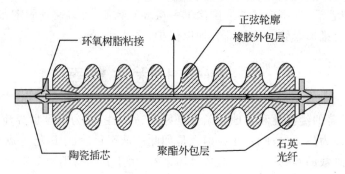

图 3.13 增加正弦轮廓的橡胶外包层的光纤形变传感器结构示意图

对于另外一些小模量、大形变的基体材料,例如土体,即使加入了缓冲层,基体材料与传感器的力学性能依旧差异较大,相互作用过程中,界面常常会产生开脱现象。因此,需要增加传感器与基体材料接触界面的相互作用力。为此,对图 3.12 所示的传感器的结构再次加以扩展,在传感器的外侧,又增加了一种正弦轮廓的外包层结构,光纤形变传感器变为如图 3.13 所示的结构。图中,引入正弦外轮廓结构的目的是增加传感器与基体材料作用时的摩擦力,减小产生滑脱的可能性,使相互作用更加完全,以此来进一步改善传感器与基体的相容性。

传感器第二缓冲层的具体结构形状是:以石英光纤的中轴线为 x 轴,光纤径向为 y 轴,传感器的中心点为坐标原点 O,建立平面直角坐标系 xOy,则正弦轮廓线可以用下式描述,即

$$y = 6.5 + 1.5\cos\left(\frac{25}{2\pi} \cdot x\right) \tag{3.1}$$

式中,x、y 为正弦轮廓的坐标,单位为 mm。

光纤传感器的外轮廓正弦曲线的周期为 25 mm,其波峰直径为 8 mm,波谷直径为 5 mm。传感器的有效长度可以根据基体材料的尺度要求在几十厘米至几米间选取。

上述传感器构成了一种三包层结构(内包层光纤涂覆层、第一外包层聚酯材料包层、第二外包层正弦轮廓橡胶包层)的光纤形变传感器。

通常白光干涉传感器的制作方法是根据实际测试环境的要求,截取一段长度适中的光纤,一般短则十几厘米,长则数米;两侧加装陶瓷插芯,并使用环氧树脂粘接;然后对插芯进行抛光处理,以获得平整、光滑的端面,保证其反射率至少在 1 % 以上。上述方法中,抛光工艺费时、费力,而且光纤端面的反射率通常有大有小,一致性较难保证,尤其是在传感器多路复用时,影响较为明显。

我们通过反复实验,在传感器的制备过程中,逐渐摸索出了一套采用切割工艺替代抛光工艺的光纤形变传感器的制备方法。由于切割工艺获得的是光纤自然的解理面,因而使传感器反射率的一致性得到极大的改善;又由于切割方法的简单快速,因而使光纤传感器更适合于批量生产。

采用上述制作方法批量制作的光纤形变传感器如图 3.14 所示。

封装的目的是使得系统与传感器实现低损耗的连接,完成问询过程。封装质量直接决定传感器反射信号的强度。封装的有效性是由菲涅耳反射率和信号光传输信号二者共同表征的,即在保证菲涅耳反射信号具有一定强度(至少 1 % 反射率)的前提下,尽量减小信号光插入

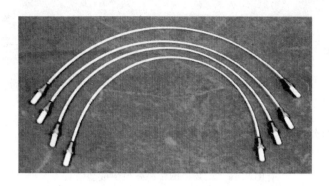

图 3.14 采用切割工艺批量制作的光纤形变传感器

损耗。菲涅耳反射率与插入损耗二者的联系建立在连接端面的间隙上,并且插入损耗对端面间隙非常敏感,随着间隙的增加,插入损耗迅速上升;反射率也同样受到间隙的影响,间隙过小,将导致反射信号不足。所以,连接封装是一个调节传感器端面间隙的过程,如图 3.15 所示。此外,封装还需要密封和加固的过程,这是为了防止间隙内进入水汽使光纤信号反射率下降或者由于载荷过大而拉脱,这些都会导致传感器失效。

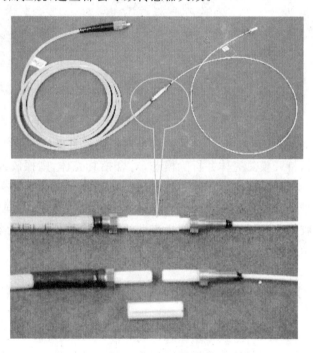

图 3.15 光纤形变传感器封装结构示意图

三包层光纤形变传感器的各层结构中,第一聚酯包层可以借助于光缆结构成型,而第二外橡胶包层需要自行设计模具成型。光纤形变传感器对于成型模具的要求是:正弦外轮廓畸变小,成型过程简单,脱模容易,并且可反复使用。为此,我们设计了橡胶外包层的成型模具,如图 3.16 和图 3.17 所示。

模具由铜制模芯、橡胶成型体和模具壳体三部分构成。铜制模芯的外轮廓即是橡胶外包层的成型形状。模具的使用过程分两个步骤:① 采用硅橡胶借助于模芯和模具壳体制作橡

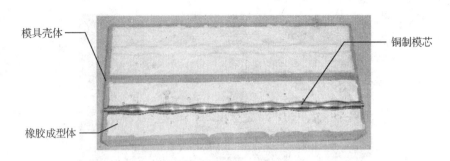

图 3.16　正弦轮廓橡胶外包层成型模具

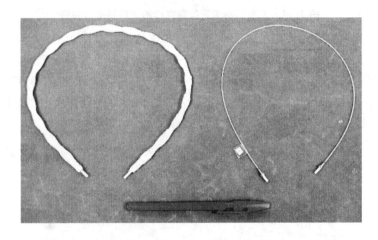

图 3.17　正弦轮廓橡胶外包层成型前后的光纤形变传感器比较

胶成型体。将模芯放入模具壳体中,并注入橡胶材料填满模具壳体中的空隙,然后将模具壳体对合。待橡胶固化后,打开模具壳体并拆除模芯,对合模具壳体,则橡胶成型体的中间空隙就是正弦轮廓形状。② 利用带有模具壳体的橡胶成型体制作传感器第二包层。在橡胶成型体表面涂抹脱模剂,将带聚酯外包层的光纤传感器放入橡胶成型体中,并向空隙处注入硅橡胶,对合模具壳体,待橡胶固化后拆模。通过倒模来获得第二橡胶外包层结构。成型的光纤形变传感器如图 3.17 所示。

3.6　将传感器安装于结构中的相关问题

在光纤传感器的安装过程中,首先要避免由外界因素(如光纤曲率半径小于 3 cm 或光纤某一点受到高强度的压力)引起的传输损耗。将光纤放入抗压护套中可以起到一定程度的保护作用,这种带有抗压护套的光纤通常称为光纤光缆。如图 3.18 所示为一种金属蛇皮管铠装后的加强光纤光缆。这种设计可以很好地保护结构内部的光纤。

许多学者在研究中已经证明,可以将光纤传感器集成并埋入各种不同结构的复合材料或混凝土中。如图 3.19 所示的光纤光缆被直接埋入复合材料或混凝土结构中,并且从结构中延伸出来作为输入/输出端。这种结构的输入/输出连接处只用单芯光缆护套进行保护,它只能应用在实验室的工作环境下,并不适合在环境恶劣的现场应用。对于现场应用,则需要用加强构件或抗压套管对光纤光缆进行保护,以保证光纤与复合材料或混凝土外部接合部位的工作强度。

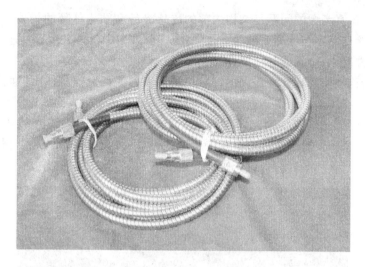

图 3.18 用抗压套管保护的光纤

在实验室中,利用光纤光缆作为外部的尾纤可以有效地改进埋入式光纤传感器的连接性能,如图 3.19 所示。对于从混凝土试样延伸出来的光纤光缆,选择合适的长度后,将光纤端做成 FC/PC 型的连接头。带尾纤的埋入混凝土梁中的光纤传感器的内部结构示意图如图 3.20 所示。

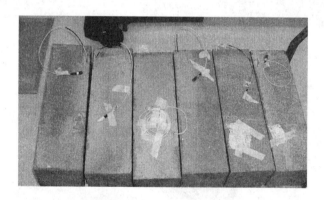

图 3.19 在混凝土试样中埋入带尾纤的光纤传感器

图 3.20 带尾纤的集成传感器的混凝土结构

另一个需要认真考虑的问题是结构内部的传感光纤和结构外部的传输光纤的连接问题。目前,有多种连接传感器与检测系统的方法[4],在实际应用中具体采用哪种连接方法要根据被监测结构材料(混凝土、金属或其他复合材料)的情况来决定。在众多的连接方法中,最简单的是直接用标准的连接头和套管来连接尾纤与检测系统的光纤,这也是光纤通信领域中常见的连接方式。此外,在实际应用中一般还要将连接部件安装在结构表面靠近尾纤出口处[5]。

有一种连接传感光纤与传输光纤的方法是将裸光纤端插入陶瓷光纤插芯后进行连接。图 3.21 所示的预埋环氧基光纤白光干涉传感器就可以直接利用这种方法与外部传输光纤进行连接。另外,将光纤形变计埋入智能螺栓中也能够实现光纤之间的连接,如图 3.22 所示。

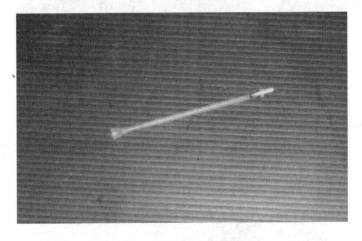

图 3.21 预埋环氧基传感头

图 3.22 安装在应变传感螺栓中作为外部连接元件的光纤陶瓷插芯连接

此外,还可以将预埋环氧基传感器探头直接集成在各种结构中。对于这些集成的预埋式光纤传感器,提高对准效率的最简单方法是把传感光纤的一端插入高精确度的陶瓷插芯并固定好后,与外部传输光纤的陶瓷插芯同时从两端插入与陶瓷插芯配套的陶瓷套管内。这种利用标准的陶瓷套管进行光纤对准的方法,可以极大地减小光纤倾斜的可能性,从而降低光信号在此处的连接损耗。另外,圆形陶瓷插芯和套管相互之间可以任意旋转,从而减小光纤与套管之间微小的偏心所引起的损耗。光纤的连接是通过将两根光纤端面匹配对接实现的。如图 3.23 所示,光纤连接由三个基本部分组成:两个用于固定和保护光纤的陶瓷插芯、用于对准两个陶瓷插芯的陶瓷弹簧套管以及对准完成后对陶瓷插芯和套管进行固定的装置。

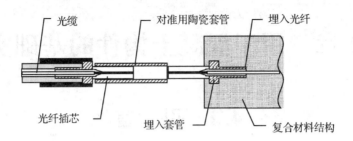

图 3.23 作为外部连接元件的埋入式光纤陶瓷插芯

3.7 小　结

本章主要讨论了光纤传感器在复合材料或混凝土结构中的集成与安装问题。我们设计了用于混凝土结构的预埋式金属基、环氧基和混凝土基光纤白光干涉传感器。从上述讨论中可以看出这种预埋式光纤白光干涉传感器可以满足结构传感领域的要求,并且在此基础上可以发展用于实际工程建筑中的长光纤结构传感系统。

参考文献

[1] Ansari F, Maji A, Leung C. Intelligent Civil Engineering Materials and Structures. ASCE-SP, New York,1997.
[2] Yuan L B, Zhou L M. Sensitivity coefficient evaluation of an embedded fiber-optic strain sensor. Sensors and Actuators A,1998,69: 5-11.
[3] Yuan L B, Jin W, Zhou L M, et al. The temperature characteristic of fiber-optic pre-embedded concrete bar sensor. Sensors and Actuators A,2001,93: 206-213.
[4] William B, S Jr, Jeffery R L. Methods of fiber optic ingress/egress for smart structures. Ed., by Udd E. Fiber Optic Smart Structures, John Wiley & Sons, Inc., New York,1995: 121-142.
[5] Kang H K, Park J W, Ryu C Y, et al. Development of fiber optic ingress/egress methods for smart composite structures. Smart Materials and Structures,2000,9: 149-159.

第4章 用于混凝土构件的基础实验

4.1 引言

本章主要研究基于 Michelson 白光干涉仪的光纤引伸计用于混凝土构件的测试。4.2 节介绍光纤引伸计的结构及其工作原理；之后各节分别讨论光纤引伸计的一系列实验，其中主要包括安装在混凝土试件表面或埋入混凝土内部的光纤传感器的应变测量、温度测量以及混凝土梁的裂纹尖端张开位移测量。

4.2 光纤白光干涉引伸计

4.2.1 系统结构

光纤引伸计的系统构成如图 4.1 所示。该系统本质上是一个改进的光纤 Michelson 干涉仪，干涉仪的传感臂和参考臂分别与一个 2×2 方向耦合器的两臂相连。传感臂由一根输入/输出光纤和两反射面之间的传感光纤组成(见图 4.1)；参考臂则由一个光纤耦合环、一个准直透镜和一个扫描反射镜组成。光纤耦合环可以产生多光程的参考信号，用来匹配传感臂中两个反射面所产生的信号。Michelson 干涉仪的宽谱光源为发光二极管(LED)，干涉仪的传感信号经光电探测器(PD)采集后送给计算机，进行进一步的信号处理。调节扫描反射镜的位置，当参考信号的光程分别与传感臂两个反射镜反射信号的光程相匹配时，在探测端会接收到两个干涉信号(条纹)。这两个干涉信号所对应的扫描镜位置的差正好等于传感器的长度。因此，可以通过扫描镜的位置获得由应变引起的传感光纤的长度变化。

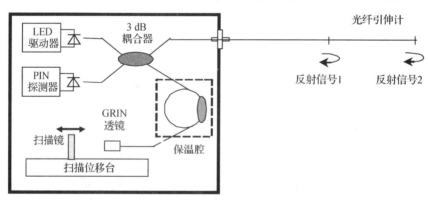

图 4.1 光纤引伸计的系统构成

该光纤引伸计系统与第 2 章中介绍的方案不同。在第 2 章介绍的结构中，光纤传感器的长度受到位移台的扫描距离限制，即 $L_0 < X_{max}/n$ (L_0 为传感器长度，X_{max} 为位移台的最大扫描

距离)。由于反射信号在长距离的空间光路中传输会产生很大的损耗,因此要想让反射镜具有很长的扫描距离是不现实的,所以第 2 章中介绍的传感器的长度不可能很长。而在如图 4.2 所示的结构中,通过选择合适长度的光纤环,可以使光纤传感器的长度达到几米、几十米甚至更长;与此同时,扫描镜的扫描距离可以缩短为几毫米。这种引入光纤耦合环的结构可以提高系统的频率响应,并降低系统的损耗。如果将光纤环放在热隔离腔中,则可以减小环长 L 随环境温度变化所导致的测量误差。

利用光纤干涉系统可以实现对光纤传感器长度 L_0 的高精度绝对测量,因此可以用于检测由应变或温度引起的形变。由于应变或温度的测量灵敏度取决于传感光纤的长度,所以可以通过增加传感光纤的长度来提高测量灵敏度。传感光纤越长,测量灵敏度和分辨率越高。但是系统的最高分辨率最终是受移动位移台的分辨率和中央干涉条纹的识别分辨率限制的,因此,在引伸计系统中采用了高分辨率的步进电机驱动位移台(每步间隔为 0.5 μm),即分辨率为 $\pm 0.5\ \mu m$。另外,中央条纹的重复识别要小于 ± 1 个条纹,对于 1 300 nm 光源来说相当于 0.7 μm[1]。

4.2.2 光程分析方法

如图 4.2(a)所示,一束光沿传感臂 L_S 传输,到达两个反射面后发生反射,两路反射光的光程分别为 $2L_S n$ 与 $2L_S n + 2L_0 n$,其中 n 为光纤导模的有效折射率。参考臂中传输的光经过光纤耦合环和梯度折射率(GRIN)准直透镜后被安装在扫描位移台上的反射镜反射,反射光沿相同的光路传输并返回到光电探测端。设不包括光纤耦合器环的参考臂长度为 L_R,耦合器环的长度为 L。通过合理选择耦合环长 L,可以得到与传感信号的光程相匹配的多参考光束:

$$2L_R n + iLn + 2X \tag{4.1}$$

式中,$i=0, 1, 2, \cdots$,是光在光纤环中传输的圈数,X 是 GRIN 透镜与反射镜之间的间距。如果选择合适的 L_R 和 L,使它们分别略小于 L_S 和 L_0,那么可以通过小范围调节反射镜的位置(即 X 值),使参考信号与传感信号的光程相匹配,便会在光电检测端得到白光干涉信号。由于传感信号包括两个反射信号,因此在系统的输出端会产生两个干涉条纹。其中第一个干涉条纹对应于传感臂第一个反射面反射的信号与参考臂中不经过光纤环的反射信号(式(4.1)中 $i=0$)的光程相匹配时的干涉。位于干涉条纹中心的中央条纹,振幅最大,对应传感信号和参考信号的光程精确匹配。设此时反射镜的位置为 $X=X_1$,那么有

$$2L_S n = 2L_R n + 2X_1 \tag{4.2}$$

类似的,第二个干涉条纹对应于传感臂第二个反射面反射的信号与参考臂中经过光纤环的反射信号(式(4.1)中 $i=1$)的光程相匹配时的干涉。设此时反射镜的位置调整为 $X=X_2$,则精确的光程匹配条件为

$$2L_S n + 2L_0 n = 2L_R n + 2Ln + 2X_2 \tag{4.3}$$

将式(4.2)与式(4.3)相减,得到

$$nL_0 - nL = X_2 - X_1 = Y \tag{4.4}$$

式中,Y 为参考信号分别与传感臂两个反射信号的光程相匹配时,扫描反射镜的两个位置之间的距离。可以看出,传感臂两路反射光经过相同的输入/输出光纤,即 Y 与输入/输出光纤的长度无关,所以这种差动式测量方法可以消除环境变化对传输光纤的影响。这一点对于传感

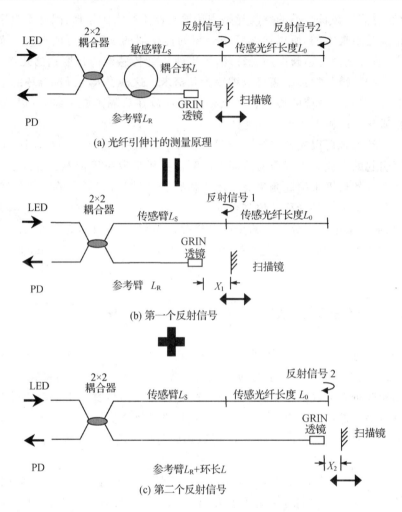

图 4.2　光纤引伸计的测量原理和光程匹配

器的远程问询非常重要,在遥测传感系统中,可以选择任意长度的传输光纤而不会引起系统性能的下降。如果将光纤环进行隔离保护,使其不受应变和温度的影响,那么光纤环的光程 L 可以看做常数,因此通过测量 X 的值就可以获得任何传感光纤的光程(nL_0)的变化。如果传感光纤的长度 L_0 近似与耦合环长 L 相等,那么两个白光干涉条纹之间的距离 $|X_2-X_1|$ 会很小。因此,短距离扫描位移台便可满足传感系统的要求,从而可以降低系统的传输损耗。另外,与传统的长扫描距离白光干涉系统相比,短距离扫描还可以提高系统的响应速率。只要保证参考臂中的光纤环长与传感光纤的长度近似相等,那么传感系统中的传感光纤就可以任意长而不需要增加扫描范围。

通常情况下 Y 约为几十毫米。利用公式 $f=V/Y$ 可以计算出系统的响应频率,其中 V 是扫描反射镜的移动速度。在实验中,将扫描镜的移动速度设置为 10 mm/s,那么计算得到的响应时间在几百毫秒至 1 秒的范围内。可以通过提高位移台的移动速度或减小扫描距离 Y 来减少系统的响应时间。

4.2.3 信号强度计算方法

在4.2.1小节中已经介绍了利用白光干涉条纹的中央条纹来确定扫描镜位置的方法。我们知道,干涉条纹的峰值取决于从传感臂和参考臂反射回的信号强度。本小节主要介绍干涉条纹的峰值强度与系统参数之间的关系。

1. 传感臂的反射信号

设耦合入光纤的光强为 I_0,且耦合器的分光比为 50:50,那么进入传感臂的光强可表示为 $I_0\alpha_\delta/2$。式中 α_δ 表示耦合器的插入损耗,定义为 $\alpha_\delta = 10^{-\delta/10}$,其中 δ 为以 dB 形式表示的耦合器的插入损耗。因此探测器接收到的传感臂反射信号的光强可表示为

$$\left.\begin{array}{l} I_{D(1)} = I_0 \alpha_\delta^2 R_g/4 \\ I_{D(2)} = I_0 \alpha_\delta^2 (1-R_g)^2 R_g/4 \end{array}\right\} \qquad (4.5)$$

式中,$I_{D(1)}$ 表示传感光纤第一个端面(近端)的反射光强,$I_{D(2)}$ 表示传感光纤第二个端面(远端)的反射光强(见图4.3)。为了计算方便,假设两个端面的反射率相同,都为 R_g。在垂直端面入射的情况下,经过抛光的理想光纤端面的反射率为

$$R_g = \left(\frac{n-1}{n+1}\right)^2 \qquad (4.6)$$

实际上,由于连接部分存在一定的损耗,所以探测器接收到的光强小于式(4.5)所给出的光强。一般,典型的光纤连接头的损耗为 0.3 dB。

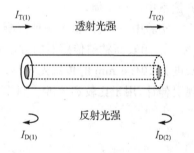

图 4.3 传感光纤的透射和反射

2. 参考臂的反射信号

当满足式(4.2)的光程匹配条件时,参考光路的反射光强可表示为

$$I'_{D(1)} = I_0 \alpha_\delta^4 \eta(X_1) R_m/16 \qquad (4.7)$$

式中,R_m 为扫描镜的反射率,$\eta(X_1)$ 为 GRIN 透镜准直系统的损耗,可表示为[2]

$$\eta(X_1) = \frac{\Gamma}{(1+\zeta X_1^{3/2})^2} \qquad (4.8)$$

式中,Γ 是无量纲的常数,ζ 的量纲为[长度]$^{-3/2}$。

类似的,当满足式(4.3)中的光程匹配条件时,参考光路的反射光强可表示为

$$I'_{D(2)} = 3 I_0 \alpha_\delta^6 \eta(X_2) R_m/64 \qquad (4.9)$$

3. 干涉条纹的峰值

第一组干涉条纹是由满足式(4.2)条件的传感臂和参考臂的反射光互相干涉产生的。干涉条纹的峰值强度为

$$2\sqrt{I_D(1) I'_{D(1)}} = \frac{I_0 \alpha_\delta^3}{4} \sqrt{\eta(X_1) R_g R_m} \qquad (4.10)$$

第二组干涉条纹是由满足式(4.3)条件的传感臂和参考臂的反射光互相干涉产生的。干涉图样的峰值强度为

$$2\sqrt{I_{D(2)} I'_{D(2)}} = \frac{I_0 a_\delta^4}{8} \sqrt{3\eta(X_2) R_g R_m} \tag{4.11}$$

在实际应用中,为了清晰准确地识别干涉条纹,需要保证干涉条纹的峰值强度远高于系统的本底噪声。

4.3 应变测量的基础实验

4.3.1 混凝土试件的准备

为了研究光纤引伸计对应变的响应特性,实验中用不同的方法制备了多种光纤混凝土试件。其中包括在制备混凝土时直接将传感光纤埋入混凝土内部,或者将传感光纤粘贴在制备好的混凝土试件表面的方法。混凝土试件由水泥、水、沙子和骨料按照 1∶0.5∶1.767∶1.593 的质量比组成。水泥的型号为 600♯ 或 400♯,使用筛子获得骨料颗粒的直径小于 9.5 mm。将混凝土混合物分别浇铸到尺寸为 100 mm×100 mm×300 mm 和 150 mm×150 mm×150 mm 的金属模具中。通常,应提前一段时间制备混凝土试件,然后将制备好的试件放到养护室中养护 4 周。

实验中,一共制备了 4 种混凝土试件:

① 用表面粘贴传感器的方法制备混凝土挤压测试的试件。如图 4.4 所示,用环氧树脂将长度为 104.6 mm 的传感光纤粘贴在干净的混凝土试件表面,并在传感光纤附近固定一个常规引伸计,用于比较和校准。制作混凝土试件所用的水泥型号为 600♯。

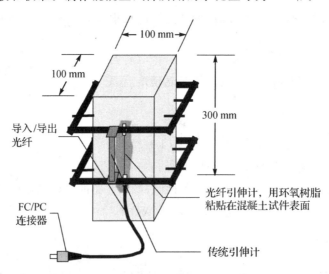

图 4.4　粘贴在混凝土试件表面的光纤引伸计

② 用表面粘贴传感器的方法制备混凝土劈拉测试的试件。制作方法与第①种试件相同,在试件表面粘贴一根长为 103.8 mm 的传感光纤,同时,固定一个常规引伸计作为对比。制作

混凝土试件所用的水泥型号也为600#。

③ 用内部埋入传感器的方法制备混凝土挤压测试的试件,如图4.5和图4.6所示。我们一共制备了4个这种类型的混凝土试件,其中前2个用的是400#水泥,后2个用的是600#水泥。埋在这4个试件内部的传感光纤长度分别为104.32 mm、102.51 mm、103.64 mm和106.12 mm。

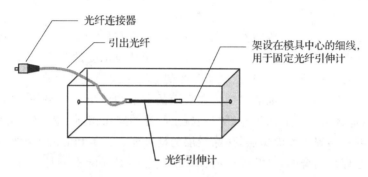

图4.5 利用细线在混凝土模具的中间埋入光纤引伸计的示意图

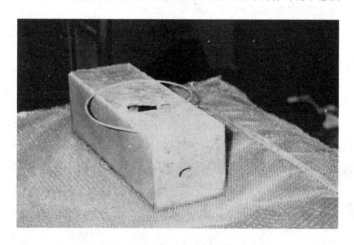

图4.6 埋入混凝土试件内部的光纤引伸计

④ 立方体结构的混凝土试件。如图4.7所示,通过在试件内部埋入两个互相垂直的光纤引伸计,对混凝土进行二维的挤压测试。混凝土试件的尺寸为150 mm×150 mm×150 mm。

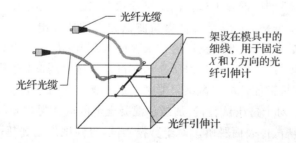

图4.7 在立体混凝土模具中间埋入二维光纤引伸计的示意图

在制备埋入传感器的混凝土试件时,首先在模具中心安装一根细线,利用该细线将带有聚合物保护层的传感光纤固定在金属模具的中间(如图4.5和图4.7所示),然后再将混凝土混合物注入模具。对于上述的每种试件,光纤引伸计的尾纤都由带有 3 mm 直径保护套的光纤光缆构成。另外,作为输入/输出光纤,需要将光纤引伸计尾纤端面做成连接头的形式,并对端面抛光,以提高光的耦合效率。

4.3.2 应变传递过程

回顾第 2 章中的讨论,光纤传感器的形变与式(2.28)中的反射镜位移 ΔX 有关,因此可以通过测量 ΔX 来获得光纤的形变量。但是需要注意,光纤所承受的应变或形变与混凝土所受的应变或形变并不一定相同。光纤和混凝土所受的应变之间的关系取决于基体材料与光纤之间的结合特性,关于这方面更详细的讨论将在后面的章节中给出。如果基体材料与石英光纤之间的结合理想,那么可以近似认为光纤与混凝土所受的应变相同。然而在实际应用中,石英光纤外面通常会有一层聚合物涂覆层,该涂覆层的硬度要比石英和混凝土小得多。因此,即使基体与光纤之间是理想结合的,光纤外面的保护层仍然会对光纤引伸计的性能产生影响。显然,光纤所受的应力永远要比混凝土所受的实际应力小。

混凝土的形变与光纤的形变之间的关系可以表示为

$$\Delta L_{concrete} = \frac{\Delta L_0}{\alpha} \tag{4.12}$$

也可以用应变的形式表示为

$$\varepsilon_{concrete} = \frac{\varepsilon_{fiber}}{\alpha} \tag{4.13}$$

式中,α 是常数,与光纤和基体材料之间的结合特性有关。对于不同的结合条件,通常需要对应变计进行标定以确定 α 的值。在下一节的讨论中,对于长约 100 mm 的光纤引伸计,在用环氧树脂粘贴在试件表面的情况下,α 值为 0.758;而在埋入试件内部的情况下,α 值为 0.556。

4.3.3 表贴光纤引伸计测量方法

如图 4.4 所示,用环氧树脂将长度为 104.6 mm 的光纤引伸计粘贴在清洁的混凝土试件表面的中间位置。挤压与劈拉试验的主要区别在于混凝土试件的安装方式不同。实验中所用的测试仪器是 Instron 8505 拉伸强度试验机,如图 4.8 所示。挤压测试后混凝土试件的照片如图 4.9 所示。劈拉测试时,混凝土试件的安装示意图如图 4.10 所示。

图 4.11 和图 4.12 分别为挤压测试和劈拉测试的引伸计输出结果。图中,光纤引伸计的数据是用应变传递系数 $\alpha=0.758$ 校正后的结果。可以看出,光纤引伸计的测试结果与常规引伸计的测试结果符合得较好;而且无论对于挤压测试还是劈拉测试,使用相同的应变传递系数修正后,其结果都与常规引伸计的测试结果非常接近。这表明对于表面粘贴的光纤传感器,其传递系数均为 0.758。对于挤压试验,当加载在混凝土上的应变超过 6 000 $\mu\varepsilon$ 时,环氧树脂粘贴的光纤引伸计就会从试件表面脱落。对于劈拉测试,直到试件受到超过 8 000 $\mu\varepsilon$ 时,光纤引伸计才脱落。

第 4 章 用于混凝土构件的基础实验　　49

图 4.8　Instron 8505 拉伸强度试验机

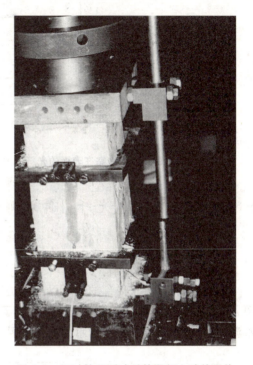

图 4.9　经过挤压测试后的混凝土试件照片

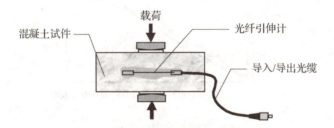

图 4.10　用于劈拉测试的表面粘贴式混凝土试件安装示意图

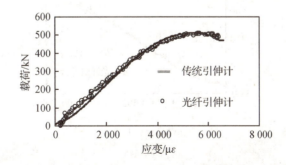

图 4.11　粘贴在表面的光纤引伸计和常规引伸计的混凝土挤压试验结果

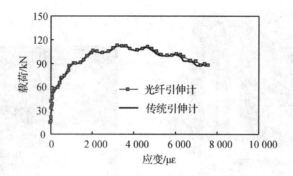

图 4.12 粘贴在表面的光纤引伸计和常规引伸计的混凝土劈拉试验结果

4.3.4 埋入式光纤引伸计测量方法

1. 一维应变测量

前面提到,混凝土内部的光纤引伸计是通过位于模具两侧中心的细线固定的。我们对如图 4.6 所示的内部埋入式混凝土试件进行了测试。图 4.13 所示为低强度混凝土试件(400♯水泥)的测试结果,图 4.14 所示为高强度混凝土试件(600♯水泥)的测试结果。

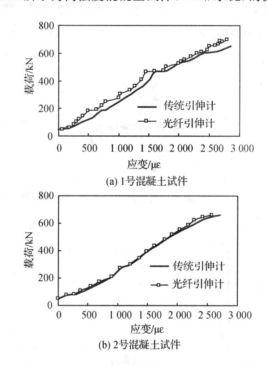

图 4.13 埋入式光纤引伸计和常规引伸计的混凝土挤压试验结果(400♯水泥)

在内部埋入式混凝土试件的测试中,我们将两个相同的常规引伸计分别粘贴在混凝土试件相互平行的一对表面上,并使它们与试件内部的光纤引伸计平行。以这两个常规引伸计测

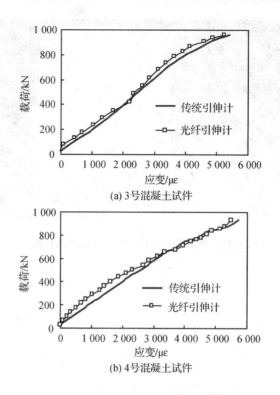

图 4.14　埋入式光纤引伸计和常规引伸计的混凝土挤压试验结果(600♯水泥)

试结果的平均值作为常规引伸计的测试数据。将这些数据乘以应变传递系数 0.556 后,可以很好地与光纤引伸计的测试结果相符合。对于试验中采用的所有 4 个混凝土试件,测试结果都符合得很好,因而表明埋入式的光纤引伸计的传递系数为 0.556。

2. 二维应变测量

对于埋入式二维光纤引伸计,两段相互垂直的传感光纤的长度分别为 $L_x=103.22$ mm 和 $L_y=114.48$ mm。按照如图 4.7 所示的方法,用位于金属模具中心相互垂直的两根细线,分别将两个光纤引伸计固定在立方体模具的中心。每个引伸计的尾纤端都做成 FC 型的连接头,并对光纤端面研磨抛光以降低光信号的传输损耗。最后,同时沿 y 轴方向(主轴)与 x 轴方向(垂直轴)对立方体混凝土试件进行挤压。

图 4.15 为二维测试后受损的立方体混凝土试件的照片。在测试过程中,沿混凝土试件 x 方向和 y 方向上加载的应变比为 $\varepsilon_y:\varepsilon_x=2:1$,应变加载的示意图如图 4.16 所示。图 4.17 为光纤引伸计测得的 y 方向和 x 方向的应变。从图中可以看出,x 方向与 y 方向的应变比为 1∶1.907,这与加载条件 $\varepsilon_y:\varepsilon_x=2:1$ 相符合。光纤引伸计与常规引伸计测试结果的比较如图 4.18 所示,其中常规引伸计的数据是粘贴在试件表面的两个引伸计测量数据的平均值。结果表明,由光纤传感器和常规引伸计测得的应变具有很好的一致性。

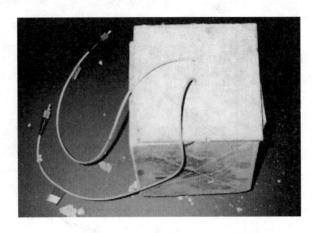

图 4.15 测试后受损的立方体混凝土试件照片

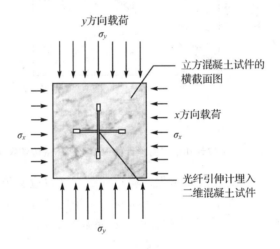

图 4.16 混凝土试件的二维加载示意图

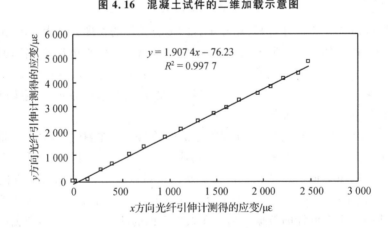

图 4.17 光纤引伸计测得的 y 方向与 x 方向的应变

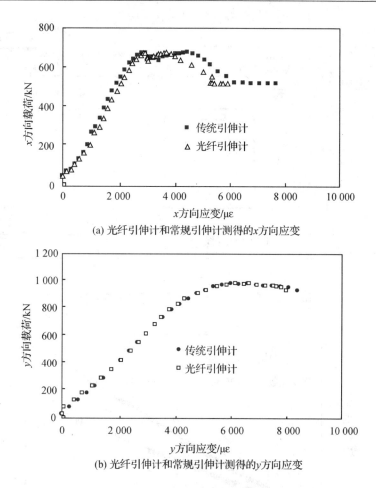

图 4.18　光纤引伸计和常规引伸计的二维应变测试结果

4.4　温度测量

为了研究光纤引伸计的温度测量特性,我们对使用了一系列长有效长度的传感器进行了光纤白光干涉引伸计的温度特性研究,获得了传感器有效长度与温度灵敏度之间的关系。

实验中,将长度为 L 的参考光纤耦合环盘绕起来并放置在温度 $T_0=(38.5\pm0.1)$ ℃的恒温箱中,然后将光纤引伸计盘绕后放在温变试验箱中加热。在光纤引伸计附近放置一个热电偶,用于独立监测引伸计附近的温度(见图 4.19)。当光纤引伸计被加热或冷却时,传感臂的光程会发生变化,因此扫描反射镜的位置也随之改变。如图 4.20 所示为干涉仪扫描反射镜的位移与温度变化之间的关系,其中传感光纤的长度分别为 587 mm 和 925 mm,光源的输出波长为 1 300 nm。从图中可以看出,在 38.5～80 ℃区间,扫描反射镜的位移与温度之间的关系呈线性分布。

图 4.21 为光纤引伸计的灵敏度与传感光纤长度之间的关系。根据式(2.41)可知,传感器的灵敏度随着传感光纤长度的增加而线性增加,这与图 4.21 中的测量结果是一致的。另外,系统的测量分辨率也与传感光纤的长度密切相关。通常情况下,用标准偏差来评估传感系统

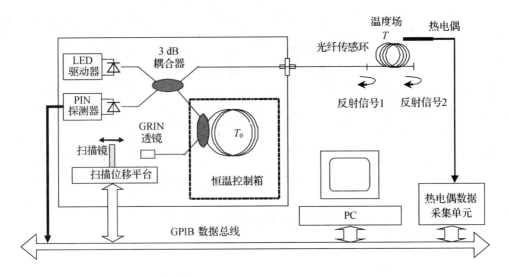

图 4.19 白光 Michelson 干涉光纤温度测量系统

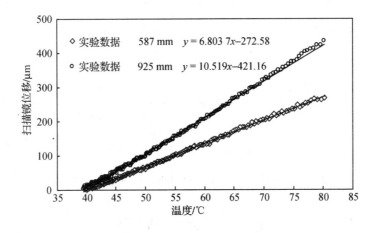

图 4.20 扫描反射镜的位移与不同长度传感光纤的温度之间的关系

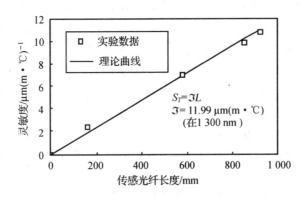

图 4.21 光纤引伸计灵敏度与传感光纤长度之间的关系

的分辨率。对于长度为 587 mm 的传感光纤(见图 4.20),测量得到的系统灵敏度为 $\Im L = 6.8~\mu m/℃$,而计算的标准偏差为 $E_S = 3.09~\mu m$,因此系统的分辨率为

$$\chi = \frac{2E_S}{\Im L} = 0.91~℃ \tag{4.14}$$

如果传感光纤的长度增加至 925 mm,则灵敏度可以提高为 $\Im L = 10.497~\mu m/℃$,对应的系统分辨率可以达到 $\chi = 0.68~℃$,如图 4.22 所示。图 4.23 给出了系统分辨率与光纤传感器有效长度的实验关系曲线。从图中可以看出,可以通过增加传感光纤的长度来提高光纤引伸计的分辨率。

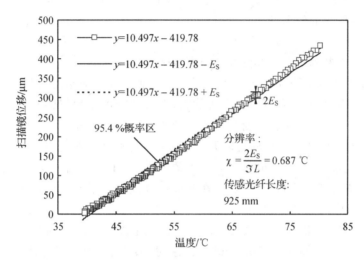

图 4.22 长度为 925 mm 的光纤温度传感器的分辨率

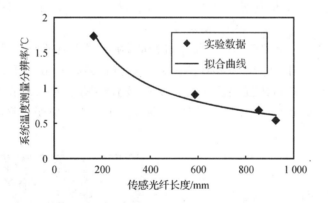

图 4.23 分辨率与光纤传感器标称长度之间的关系

4.5 CTOD 测量

结构的裂纹是直接影响结构设计和建筑结构使用寿命的重要因素。人们提出了多种断裂力学模型,试图解释混凝土结构中断裂的非线性特性[3]。一般认为混凝土断裂的非线性特性与裂纹尖端的微裂纹区(断裂过程区)有关[4]。目前,大多数断裂分析模型采用与裂纹张开位移有关的破坏带或裂纹闭合压力带来描述断裂过程区。这些分析模型的准确性主要依赖于峰

后应力位移关系的选择。其中裂纹尖端张开位移 CTOD(Crack Tip Opening Displacement)是决定断裂特性的一个非常重要的参数。例如,我们通常认为当裂纹张开位移 COD(Crack Opening Displacement)超过极限值时,就会发生裂纹扩展或断裂。因此,研究者利用 LVDT(Linear Variable Displacement Transducer)位移计或裂隙引伸计来测量带缺口或微裂纹的试件的裂纹张开位移。

显然,以这种方式测得的裂纹张开位移要大于实际的裂纹尖端张开位移。这是由于与 CTOD 相比,COD 表示距离中轴较远处的位移;而且 COD 的大小通常表示的是裂纹的整体张开位移,而不是针对水泥基复合材料中形成过程区的形变。基于以上原因,人们尝试利用激光散斑干涉法测量结构表面的形变来获得 CTOD[5]。这些研究揭示了在裂纹尖端存在局域微裂纹,而张开位移与该区域的微裂纹之间的相关特性需要进一步加以研究。所以,需要发展一种适用于埋入混凝土内部测量微裂纹的高灵敏度传感器。

这里,主要研究作为 CTOD 传感器埋入式光纤引伸计在水泥基复合材料的断裂力学研究中的应用。光纤具有尺寸小、可任意分布等优点,而且其既可作为传感器,又可作为信号传输的媒质。光纤的这些特性对于监测材料形变的埋入式光纤传感器来说是非常重要的。另外,用于混凝土的 CTOD 传感器还要满足以下要求:具有足够高的形变测量灵敏度;在兼顾传感器的复杂性、仪器化和实用性的同时,具有合理的成本;在工程应用中易于安装。在设计光纤引伸计的过程中,综合考虑了以上因素,并在单边切口混凝土梁的三点弯曲条件下,对光纤引伸计在 CTOD 测量中的灵敏度和分辨率进行了实验分析。

实验中,制作混凝土梁的水泥、沙子、骨料和水的质量比为 1∶2.43∶2.74∶0.46。其中水泥为符合 ASTM C150 标准的 Portland Ⅰ♯水泥,河沙用 8♯筛子筛选,粗骨料用 4♯筛子筛选。将搅拌好的混凝土浇铸到有机玻璃模具中,并将光纤引伸计(一段抻直的带有聚合物涂覆层的单模光纤)埋在距离模具切口顶端约 1 mm 处,如图 4.24 所示。测试前,将试件放在养护室中养护约 4 周。

三点弯曲测试是在一个闭环测试系统中进行的,在测试中通过控制裂纹的生长,使 COD 的生长速率为常数。利用 LVDT 位移计测量 COD 的值,同时利用光纤引伸计监测 CTOD。实验中,共制作了 4 个相同的混凝土试件。实验装置结构图和实物图分别如图 4.24 和图 4.25 所示。图 4.26 为实验测试结果,图中的曲线给出了光纤应变计测得的 CTOD 与载荷之间的关系。

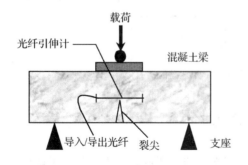

图 4.24　埋入式光纤引伸计的混凝土梁三点弯曲测试

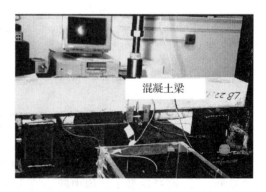

图 4.25　CTOD 测试实验系统的装置照片

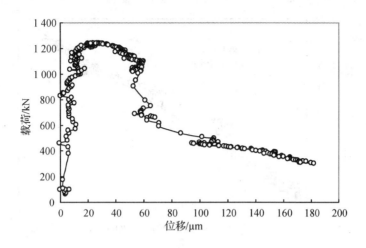

图 4.26　埋入式光纤引伸计测得的 CTOD 与载荷之间的关系

由 LVDT 位移计和光纤引伸计测得的 COD、CTOD 与混凝土试件载荷之间的关系如图 4.27 所示。从图中可以看出，无论是 COD 还是 CTOD，它们与时间的关系都是非线性的。另外，图 4.28 给出了 CTOD 与 COD 之间的关系，可以看出 CTOD 与 COD 之间整体关系是近似线性的，但是曲线的中间部分（CTOD 的 60~120 μm 处）是非线性的。这说明在混凝土梁失效早期，裂纹尖端和裂纹开口处的发展是不同的。因此，认为 COD 和 CTOD 之间是线性关系的断裂模型是不完全准确的。在图 4.27 中，为了便于比较，分别给出了加载与 COD 和 CTOD 之间的关系。从图中可以看出，COD 的值比 CTOD 大得多，这主要是由于相对 CTOD，COD 的测量点离中性轴更远（约 90 mm）。大多数断裂模型在建模时采用的是临界 COD 值。在这些模型中，CTOD 的值是根据线性关系从 COD 的测量值推导得到的。因此，可以利用图 4.28 所示的曲线来检验这些模型的有效性。

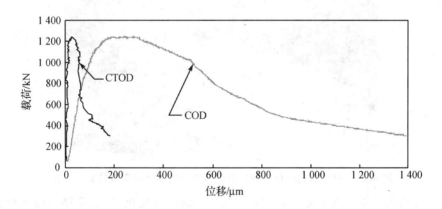

图 4.27　典型混凝土梁的 COD、CTOD 与加载的测试结果

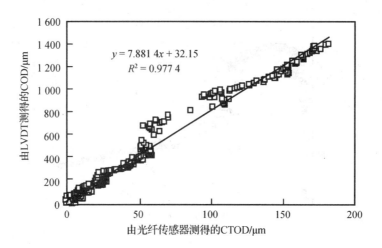

图 4.28　CTOD 与 COD 之间的线性关系

4.6　温度与 CTOD 两用测量方法

前面已经讨论了光纤引伸计对应变和温度的测量能力。实际上,埋入结构内部的光纤引伸计具有双重应用的潜力。同一个传感系统,可以用于监测在建筑过程中和整个使用寿命内结构的状态。埋入的光纤引伸计,既可以用来测量新浇铸的混凝土早期的温度(见图 4.29),也可以用来长期监测混凝土微裂纹的张开位移或应变。

图 4.29　用埋入式光纤引伸计监测新浇铸混凝土梁温度的实验设备

利用上面的光纤传感系统测量了新浇铸混凝土的温度变化,根据测得的温度数据可以计算得到混凝土的成熟度。在将长度为 172 mm 的光纤引伸计埋入新浇铸混凝土内部后,对混凝土进行了 24 小时的温度监测。为了评估光纤引伸计的性能,我们同时在光纤引伸计附近埋入一个热电偶对温度进行独立的测量。光纤引伸计与热电偶 24 小时的测量结果如图 4.30 所示。

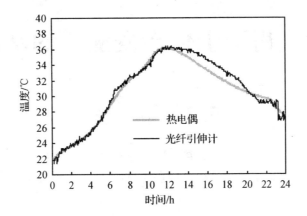

图 4.30 两种方法得到的新浇铸混凝土的 24 小时温度测量结果

4.7 小 结

本章,我们发展了可埋入混凝土基复合材料内部的白光光纤引伸计,用于测量混凝土内部的应变或裂纹尖端张开位移。利用长度为 100 mm 的光纤传感器,制备了表面粘贴式和内部埋入式两种混凝土试件,并对这些混凝土试件进行了实验研究。实验结果表明,光纤传感器不仅可以测量一维应变,而且也可以在二维方向上测量应变。在将光纤引伸计作为位移传感器用于测量混凝土梁的 CTOD 的实验中,传感器测得的数据表明,CTOD 要比用传统方法测得的 COD 小很多,且 CTOD 与 COD 之间近似为线性关系。最后,证明了光纤引伸计既能监测混凝土的温度,又能测量混凝土内部的 CTOD 和应变。

参考文献

[1] Li T C, Wang A B, Murphy K, et al. White light scanning fiber Michelson interfereometer for absolute position - distance measurement. Opt. Lett. ,1994,20,7: 785-787.
[2] Yuan L B, Zhou L M. 1×N star coupler as distributed fiber optic strain sensor using in white light interferometer. Applied Optics,1998,37(6):4168-4172.
[3] Jenq Y S, Shah S P. Nonlinear fracture parameters for cement based composites: theory and experiments. In Proc. Applications of Fracture Mechanics to Cementitious Composites, Martinus Nijhoff Publishers, Dorgrecht,1985:319-359.
[4] Ansari F. Mechanism of microcrack formation in concrete. ACI Mater. J. ,1989,86(5):459-464.
[5] Ansari F. Stress/strain response of microcracked concrete in direct tension. ACI Mater.,J. ,1987,84(6): 481-490.

第5章 用于土体形变测量的基础实验

5.1 引 言

本章利用光纤白光干涉测量技术和特殊设计的土力学传感器,在外部载荷作用下,对土体坝段和边坡模型的变形进行了实验研究,目的是检验土力学传感器及其测量方法的有效性,为传感器的进一步实用化奠定基础。

5.2 土力学传感器的标定

用于标定埋入土体内部的形变传感器的试件结构如图5.1所示。它具有多层的外包层结构,目的是增加传感器与土体相互作用时的摩擦力,减小产生滑脱的可能性,使相互作用更加完全,改善传感器与土体的相容性。由于土力学传感器受外界因素影响十分显著,因此使用前需要对传感器进行标定,通过标定试验结果,得到土体形变量与土力学传感器形变量的相互对应关系。

图5.1 加载后埋有土力学传感器的标定试样

标定试样的制备过程如下:① 将粘土加水饱和,覆盖塑料薄膜,备用;② 在 300 mm(长)×150 mm(宽)×150 mm(高)的有机玻璃模具中内衬塑料薄膜;③ 将饱和土分两次装载到模具中,其间,将长度为 500 mm 的土力学光纤传感器埋入距离标定试样底面高 75 mm 的平面(300 mm×150 mm)中央,即传感器的标定长度为 300 mm;④ 捣匀,夯实;⑤ 脱模后,用塑料膜包裹,静置48小时备用。

5.2.1 标定试验装置

实验中将具有正弦外包层结构的土力学光纤传感器埋入土体内部,并施加外载荷,通过土体外部的形变量和光纤传感器形变量的对比,得到形变传递系数。实验装置如图5.2所示,标定装置由光纤应变测试系统、计算机、数字示波器、外部形变测量装置等几部分组成。外部形变测量装置用于对土体外变形的测量,其测量分辨率为 10 μm。

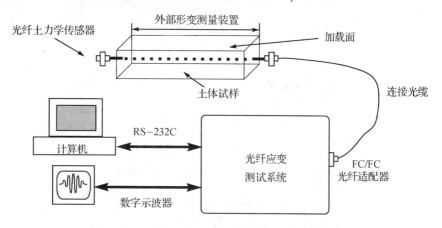

图 5.2 土力学传感器标定的实验装置

5.2.2 实验结果

标定试验的载荷施加面为 300 mm×150 mm,以堆加标准砝码为荷载,载荷增加量为每次 1 kg,外部形变测量装置用于记录土体试样的外部变形。

光纤应变测量系统记录光纤土力学传感器的伸长,其测试结果如图 5.3~图 5.5 所示。

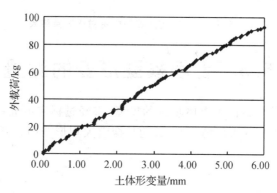

图 5.3 外部载荷作用下土体的形变

图 5.3 为土体随外部载荷的形变测试曲线,图 5.4 为埋入的光纤传感器随外部载荷的形变测试曲线,图 5.5 为标定对比试验结果。根据实验结果,可得到以下结论:① 由图 5.3 可知,在外载荷的作用下,土体的外部形变基本上是线性的。② 由图 5.4 可知,光纤土力学传感器的形变与土体形变大体趋势一致,但是在外载荷施加到 94 kg 时,出现突变点,开始进入塑性区,而图 5.3 中的实验数据并未体现出来。原因是图 5.3 测量的是外部平均形变,而图 5.4 测量的是内部形变,这也显示出内部和外部测量的细微差别。③ 由图 5.5 可知,光纤土力学传感器可以较好地反映土体的形变,其形变传递系数为 0.311(1/3.212),即土体形变量为 1,光纤传感器的形变量为 0.311。

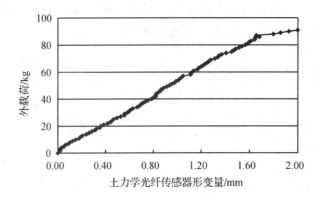

图 5.4　埋入的光纤传感器随外部载荷的形变

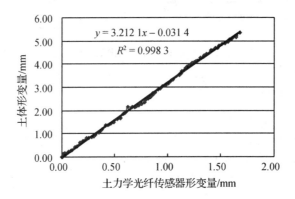

图 5.5　土力学传感器的标定对比试验结果

5.3　土坝模型形变的测量

在实验中,我们设计并制作了土体坝段的模型,将经过标定的光纤土力学传感器埋入内部,研究在外部载荷的作用下大坝的形变,目的是探索大坝形变的光纤监测方法,为土石坝的健康监测奠定基础。

5.3.1　土坝模型

实验室中制作的土体坝段模型为等腰梯形,宽度为 400 mm,高度为 300 mm,上边宽为 200 mm,下边宽为 800 mm,腰角为 45°,如图 5.6 所示。模型的制作材料选用与标定试样具有相同性质的粘土。在模型不同的深度共埋设 3 个土力学传感器。距顶面 100 mm 处对称埋设 2 个传感器,分别编号为 1# 和 2#;在 50 mm 处埋设 3# 传感器。土体坝段安放在 1 000 mm(长)×400 mm(宽)×500 mm(高)的有机玻璃箱体内,箱体的中央采用钢梁加固,目的是约束模型厚度方向的形变,如图 5.7 所示。图 5.8 为埋入光纤传感器的模型侧面示意图。

第 5 章　用于土体形变测量的基础实验

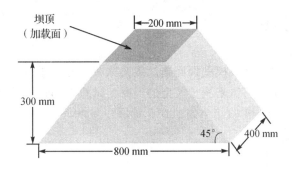

图 5.6　土体坝段模型

图 5.7　埋入光纤土力学传感器实验的土体坝段模型

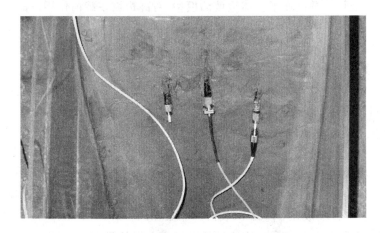

图 5.8　埋入光纤传感器的模型侧面

5.3.2 实验结果

土坝形变试验是通过在坝段模型顶面施加载荷来模拟土坝的受力情况,通过埋设于模型不同深度中的光纤土力学传感器来测量模型的形变。试验中,同样采用堆加标准砝码的方式,载荷的增加量为每次 2 kg。实验结果如图 5.9 所示。

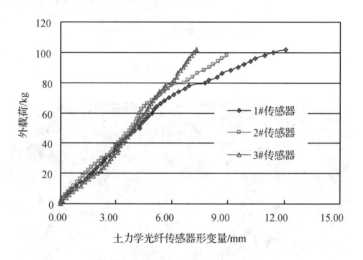

图 5.9 埋入坝段模型中的光纤传感器形变测量实验结果

5.4 边坡模型形变的监测

实验中,我们还设计并制作了土体边坡的模型,对高边坡在载荷作用下的形变进行了实验研究。

5.4.1 高边坡模型

实验室中制作的高边坡模型的外形为直角梯形,宽度为 400 mm,高度为 400 mm,上边宽为 150 mm,下边宽为 550 mm,腰角为 60°。高边坡可分为上下两个部分,分别由基座和滑坡体构成,二者之间构成滑动面,滑动面与底面的夹角为 30°。模型的制作材料选用与标定试样和坝段模型具有相同性质的粘土。在边坡不同的深度分别埋设 2 个土力学传感器,距底面 120 mm 处设 1#传感器,在 220 mm 处设 2#传感器,要求传感器穿越基座与滑坡体形成的滑坡面。模型同样安放在 300 mm(长)×400 mm(宽)×500 mm(高)的有机玻璃箱体内,箱体的中央采用钢梁加固,目的是约束边坡模型宽度方向的形变,如图 5.10 所示。图 5.11 是边坡养护时的情形。

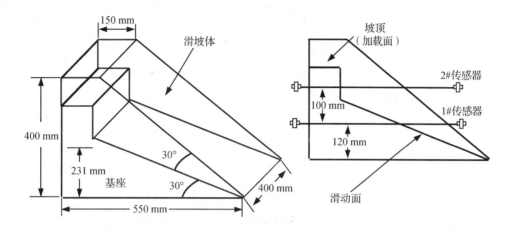

图 5.10 边坡模型的外形尺寸以及传感器埋入位置示意图

图 5.11 埋入土力学传感器的边坡模型实物

5.4.2 实验结果

边坡模型的加载面为坡顶面。试验过程中,首先使滑坡模型的底面与水平面具有一个 10°的夹角,目的是在施加外载荷的时候,增加滑坡体与基座产生相对的滑动趋势,获得较大的滑动位移。

试验中,同样采用堆加标准砝码的方式施加载荷,增加量每次 2 kg。与坝段类似,同样是通过施加荷载来模拟边坡的受力情况,通过埋设于内部不同深度中的光纤土力学传感器来测量边坡的形变。试验结果如图 5.12 所示。

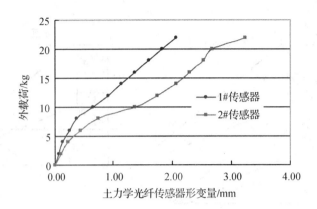

图 5.12　埋入边坡中的光纤传感器形变测量实验结果

5.5　小　结

本章首先对埋入土体内部的三包层光纤土力学传感器进行了标定实验,实验结果表明,传感器能够较好地反映土体形变,埋入式测量方式更加灵敏,较外部测量方式更具优势;标定得到的形变传递系数为 3.212;设计并制作了土体坝段和高边坡的模型,将经过标定的光纤土力学传感器埋设于模型内部,利用光纤白光干涉测量技术,对外部载荷作用下不同结构的土体模型进行了实验研究,对其变形量进行了测量。

第6章 光纤传感器和基体材料的相互作用

6.1 引 言

本章介绍用于复合材料和民用建筑应变和温度监测的白光干涉传感系统中带有保护涂覆层的光纤传感器。光纤可以在器件制作过程中嵌入结构体中或粘合到待测物体的表面。光纤传感器监测结构材料中应变分布的能力,主要取决于待测材料和光纤之间的结合特性。从结构体传递到光纤传感器的应变,使在光纤中传输的光信号发生变化。这种信号的转换使我们得以实现应变测量。然而,基于输出光信号直接得到的信号并不能完全表征在结构内产生的应变。不能忽视光纤(纤芯和包层)和涂覆层的存在。光纤中的应变转换特性取决于光纤保护涂覆层的机械特性、石英光纤和与结构体相接触的有效长度。大多数情况下,保护涂覆层的弹性模量远远小于石英光纤的弹性模量。因此,结构所承受的应变并没有完全传递到光纤。如图 6.1 所示,一部分应变在保护涂覆层中以表面切变的形式损失掉了。图 6.2 给出了低硬度聚合物涂覆层的显微图片,这里将带有聚合物涂覆层的商用标准化光纤埋入到了复合材料之中(如黑色的圆形所示)。

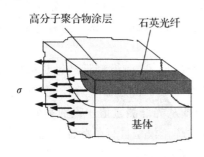
(a) 应力/应变均匀地并行加载在基体和光纤上的情况

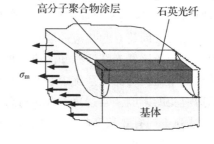
(b) 应力/应变均匀地仅加载在基体上的情况

图 6.1 平行于施加应变的光纤模型

在理想情况下,如果没有保护涂覆层并且基体材料和光纤之间的结合非常完美,则光纤中的应变将等效于结构材料中的应变[1-3]。然而,由于光纤极易损坏,所以使用裸纤是不切实际的,因为光纤长度方向上轻微的弯曲和卷绕引起的应变都很容易使光纤折断。涂覆层通过吸收一部分施加于光纤的机械能量起到了缓冲作用,从而可使光纤免于断裂。很多涂覆层材料都可用做光纤的保护层。使用最广泛的涂覆层材料包括很多聚合物、硅和塑胶。这些材料的弹性模量均明显小于石英光纤的弹性模量。因此,结构的应变并不能完全传送到光纤中。部分应变在硬度较小的涂覆层损失掉了,结果仅有一小部分纯粹的结构应变传递到了光纤中。因此,需要解决光纤感知了哪部分结构的应变,有多少应变被涂覆层以界面切变的形式吸收了,以及光纤中的扰动光信号是以何种方式与所要考察的结构材料中的实际应变相联系起来的等问题。

参考文献[4-8]对埋入各向同性材料并承受轴向对称载荷的带有涂覆层的光纤传感器的

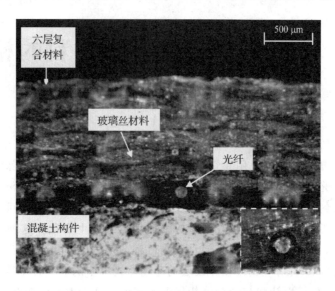

图 6.2 埋入复合材料中的带有涂覆层的光纤纤芯横截面显微图片

作用效果进行了论述。这些研究者提出了有关远场应变和传感器应变的模型闭合解。参考文献[9-11]对横向非轴对称载荷条件进行了研究。Pak 对纵向切变在带有涂覆层的传感器中的应变分布进行了研究讨论[12]。然而,一些研究由于仅简单考虑了裸纤的情况(无涂覆层)[1]、实际应用的模型比较复杂[12-14]或未作适当的假设和近似[15],其应用具有一定的局限性。因此,将传感器应用到实际测量之前需要通过拉压试件方式进行标定测试。这种方式可在传感器输出和所加应变之间建立起相应的联系。

这里给出了用于诠释光纤所感知的应变值的力学模型。这一模型已经过足够的简化,因此可用于结构健康监测的测试系统中。在分析中,我们考虑了传感器有效长度和通过涂覆层传递的界面剪应变的影响。通过理论分析可将结构应变从光纤测量值中识别和分离出来。实验中,采用一系列不同有效长度的光纤进行反复测试对理论模型进行了验证。

6.2 应变传递函数

对埋入基体材料的传感光纤施加与之平行的载荷时,作如下假设后可以用如图 6.3 所示的简化模型进行研究。光纤的一部分埋入基体材料中并承受如图 6.1 所示的应变。光纤各层的尺寸关系及系统坐标如图 6.3 所示,图中 r_a 和 r_b 分别为石英光纤和涂覆层的半径,径向和轴向距离分别为 u 和 w。假定轴对称基体承受均匀的轴向应变 σ_m。建立模型时所作的基本简化假设如下[16-19]:

① 所涉及的所有材料包括光纤芯、包层和涂覆层都表现为线性弹性。这一假设对于那些表现为非线性弹性的材料不完全准确。

② 所有界面都结合得足够理想,包括基体材料与涂覆层的界面以及涂覆层和石英光纤之间的界面。在建立控制方程时,这一假设忽略了沿界面方向可能存在的局部缺陷。

③ 纤芯和包层具有相同的机械特性,为简化起见,将其统称为光纤。它们的光学性质是不同的,即纤芯的折射率 n_1 大于包层的折射率 n_2。

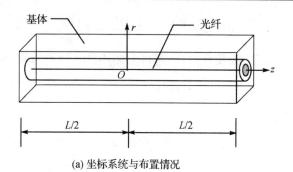

(a) 坐标系统与布置情况

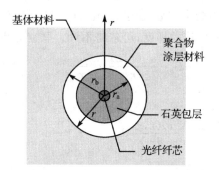

(b) 埋入基体材料的光纤及其横截面图

图 6.3 光纤各层的尺寸关系及系统坐标

对于如图 6.4(a) 和图 6.4(b) 所示的光纤和光纤涂覆层的自由体受力示意图,可建立如下力平衡关系:

$$\pi r_a^2 (\sigma_g + d\sigma_g) + 2\pi r_a dz = \pi r_a^2 \sigma_g \tag{6.1}$$

式中,τ_g 表示纤芯与涂覆层界面间的切应变,σ_g 表示施加于光纤横截面的法向应变。方程(6.1)可改写为

$$\frac{d\sigma_g}{dz} = -\frac{2}{r_a}\tau_g \tag{6.2}$$

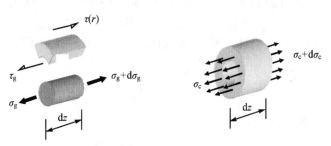

(a) 石英光纤受力情况及其力平衡图 (b) 光纤涂层受力平衡图

图 6.4 光纤和光纤涂覆层的自由体受力示意图

同理,光纤涂覆层的自由体受力示意图可用于建立涂覆层各部分的力平衡关系:

$$\pi(r^2 - r_g^2)(\sigma_c + d\sigma_c) + 2\pi r\tau(r)dz = \pi(r^2 - r_g^2)\sigma_c + 2\pi r\tau_g dz \tag{6.3}$$

式中,$\tau(r)$ 为距离光纤中心 r 处的涂覆层材料的切应变,σ_c 表示涂覆层横截面的轴向应变。方程(6.3)可写成下列形式:

$$\tau(r) = \frac{r_a}{r}\tau_g - \frac{1}{2}\left(\frac{r^2 - r_a^2}{r}\right)\frac{d\sigma_c}{dz} \tag{6.4}$$

方程(6.4)右边的第二项很小,为简化分析,可以忽略不计。因此方程(6.4)可改写为

$$\tau(r) = \frac{r_a}{r}\tau_g \tag{6.5}$$

涂覆层材料的本构关系可写为

$$\tau(r) = G_p\left[\frac{\partial w_c(r,z)}{\partial r} + \frac{\partial u_c(r,z)}{\partial z}\right] \tag{6.6}$$

式中,G_p 为涂覆层材料的切变模量,$w_c(r,z)$ 和 $u_c(r,z)$ 分别为涂覆层的轴向和径向位移。众所周知,径向位移大多是由泊松效应(Poisson's effect)引起的并且小于轴向位移。因此,方程(6.6)的第二项可以看做径向位移的梯度,可忽略不计。联立方程(6.5)和方程(6.6)可得

$$G_p\frac{\partial w_c(r,z)}{\partial r} = \frac{r_a}{r}\tau_g \tag{6.7}$$

方程(6.7)可改写为积分形式

$$G_p\int_{r_a}^{r_b}\frac{\partial w_c(r,z)}{\partial r}dr = r_a\tau_g\int_{r_a}^{r_b}\frac{1}{r}dr \tag{6.8}$$

方程(6.8)的积分结果为

$$G_p[w_c(r_b,z) - w_c(r_a,z)] = r_a\tau_g\ln(r_b/r_a) \tag{6.9}$$

方程(6.9)对 z 微分可得

$$G_p\left[\frac{\partial w_c(r_b,z)}{\partial z} - \frac{\partial w_c(r_a,z)}{\partial z}\right] = r_a\frac{d\tau_g}{dz}\ln\left(\frac{r_b}{r_a}\right) \tag{6.10}$$

为保证光纤和涂覆层间以及涂覆层和基体材料间位移的兼容性,需要满足 $w_g(r_a,z) = w_c(r_a,z) = w(r_a,z)$ 和 $w_c(r_b,z) = w(r_b,z)$。基于这些兼容关系,方程(6.10)可用基体材料和光纤的应变表示为

$$\varepsilon_m - \varepsilon_g = \frac{r_a}{G_p}\ln\left(\frac{r_b}{r_a}\right)\frac{d\tau_g}{dz} \tag{6.11}$$

式中,ε_m 和 ε_g 分别为基体材料和光纤中的应变。光纤的本构关系遵从胡克定律,可表示为

$$\varepsilon_g = \sigma_g/E_g \tag{6.12}$$

式中,E_g 为光纤材料的杨氏模量。因此,方程(6.11)可以改写成如下形式:

$$\varepsilon_m E_g - \sigma_g = \frac{r_a}{G_p}E_g\ln\left(\frac{r_b}{r_a}\right)\frac{d\tau_g}{dz} \tag{6.13}$$

将方程(6.2)代入方程(6.13)可得

$$\varepsilon_m E_g - \sigma_g = -\frac{r_a^2}{2G_p}E_g\ln\left(\frac{r_b}{r_a}\right)\frac{d^2\sigma_g}{dz^2} \tag{6.14}$$

方程(6.14)可改写为下面的微分形式:

$$\frac{d^2\sigma_g}{dz^2} - k^2\sigma_g = -k^2 E_g\varepsilon_m \tag{6.15}$$

式中,k^2 为表征材料特性和光纤尺寸关系的常数,且

$$k^2 = \frac{2G_p}{r_g^2 E_g\ln(r_m/r_g)} \tag{6.16}$$

方程(6.15)的解为

$$\sigma_g = C_1 \sinh(kz) + C_2 \cosh(kz) + E_g \varepsilon_m \tag{6.17}$$

式中,积分常数 C_1 和 C_2 由边界条件决定。

$$\left. \begin{array}{l} \sigma_g \big|_{z=0} = E_g \varepsilon_m \\ \sigma_g \big|_{z=L/2} = 0 \end{array} \right\} \tag{6.18}$$

参照图 6.3 所示的坐标系统可知,边界条件表明,在轴对称(传感器的中部)条件下,光纤中的应变与基体材料的应变相等并逐渐减小到 0。因此,将这些边界条件代入方程(6.17),可求得 C_1 和 C_2 为

$$C_1 = -\frac{E_g \varepsilon_m}{\sinh\left(\frac{kL}{2}\right)}, \qquad C_2 = 0 \tag{6.19}$$

将 C_1 和 C_2 代入方程(6.17)可得到描述光纤轴向应变的函数:

$$\sigma_g = E_g \varepsilon_m \left[1 - \frac{\sinh(kz)}{\sinh\left(\frac{kL}{2}\right)} \right] \qquad \left(0 \leqslant z \leqslant \frac{L}{2} \right) \tag{6.20}$$

$$\varepsilon_g = \varepsilon_m \left[1 - \frac{\sinh(kz)}{\sinh\left(\frac{kL}{2}\right)} \right] \qquad \left(0 \leqslant z \leqslant \frac{L}{2} \right) \tag{6.21}$$

将方程(6.20)代入方程(6.2)可以得到光纤和涂覆层间的切向应变分布

$$\tau_g = \frac{r_a E_g \varepsilon_m k}{2} \frac{\cosh(kz)}{\sinh\left(\frac{kL}{2}\right)} \qquad \left(0 \leqslant z \leqslant \frac{L}{2} \right) \tag{6.22}$$

并且,将方程(6.22)代入方程(6.5)可得到切向应变在涂覆层的分布

$$\tau(r) = \frac{r_a^2 E_g \varepsilon_m k}{2r} \frac{\cosh(kz)}{\sinh\left(\frac{kL}{2}\right)} \qquad \left(0 \leqslant z \leqslant \frac{L}{2} \right) \tag{6.23}$$

与之对称的另一半光纤($-L/2 \leqslant z \leqslant 0$)中的应变分布可用相似的关系表示为

$$\sigma_g = E_g \varepsilon_m \left[1 + \frac{\sinh(kz)}{\sinh\left(\frac{kL}{2}\right)} \right] \qquad \left(-\frac{L}{2} \leqslant z \leqslant 0 \right) \tag{6.24}$$

$$\tau_g = -\frac{r_a E_g \varepsilon_m k}{2} \frac{\cosh(kz)}{\sinh\left(\frac{kL}{2}\right)} \qquad \left(-\frac{L}{2} \leqslant z \leqslant 0 \right) \tag{6.25}$$

$$\tau(r) = -\frac{r_a^2 E_g \varepsilon_m k}{2r} \frac{\cosh(kz)}{\sinh\left(\frac{kL}{2}\right)} \qquad \left(-\frac{L}{2} \leqslant z \leqslant 0 \right) \tag{6.26}$$

根据方程(6.22)和方程(6.21)与表 6.1 给出的数据,对不同长度的光纤 $L/2 = 100$ mm、200 mm 和 300 mm 可计算出如图 6.5 和图 6.6 所示的切向应变 τ_g 和法向应变 ε_g。图 6.5 和图 6.6 分别给出了光纤与涂覆层间界面的切向应变分布和沿光纤长度方向上的轴向应变分布,反映了埋入光纤的有效长度对应变传递特性的影响。

表 6.1 有关材料特性的数据

材料参数	符号	数值	单位
光纤材料的杨氏模量	E_g	7.2×10^{10}	Pa
主体材料(环氧树脂)的杨氏模量	E_m	2.5×10^9	Pa
聚合物涂覆层材料的杨氏模量	E_p	8.5×10^5	Pa
聚合物涂覆层材料的泊松比(Poison's ratio)	ν_p	0.49	
聚合物涂覆层材料的切变模量	G_p	2.7×10^5	Pa
埋入基体的光纤长度	L_0	0~300	mm
聚合物包层半径	r_m	115	μm
光纤半径	r_g	62.5	μm
参数	k	0.056 1	mm^{-1}
参数	β	0.001	mm^{-1}

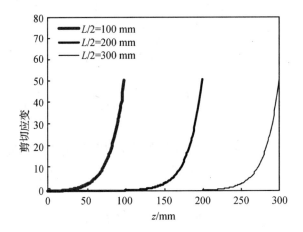

图 6.5 光纤长为 $L/2=100$ mm、200 mm 和 300 mm 时光纤与涂覆层表面间的切向应变分布

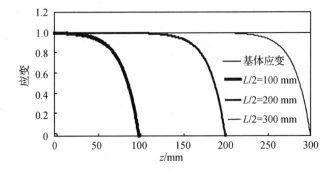

图 6.6 沿埋入光纤的应变分布与施加于主体材料上的均匀应变的比较

6.3 主体材料中的线性应变分布

下面讨论埋入承受线性分布轴向应变基体中的光纤传感器的应变响应情况。图 6.7(a)

和图 6.7(b)给出了主体材料中线性增加和减小的应变分布情况。图 6.8(a)和图 6.8(b)给出了光纤长度为$L/2$时的分析模型。所加应变为σ_m时,线性分布于主体材料的应变可表示为

$$\varepsilon_m(z) = \varepsilon_0(1 \pm \beta z), \qquad 0 \leqslant z \leqslant L/2 \tag{6.27}$$

式中,β为常数,ε_0为主体材料中$z=0$处的法向应变。

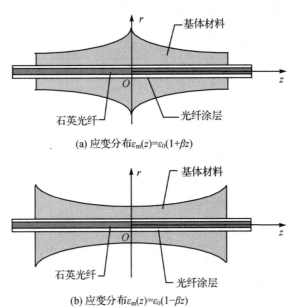

(a) 应变分布$\varepsilon_m(z)=\varepsilon_0(1+\beta z)$

(b) 应变分布$\varepsilon_m(z)=\varepsilon_0(1-\beta z)$

图 6.7 埋入线性应变基体材料的光纤传感器

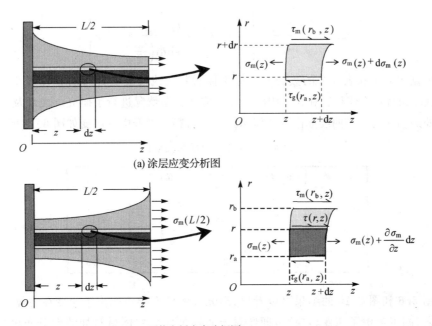

(a) 涂层应变分析图

(b) 石英光纤应变分析图

图 6.8 光纤所受的张力和表面切变应变

采用与前面所讨论的均匀应变分析类似的方法,可得线性应变分布的力学方程

$$\frac{d^2 \sigma_g}{dz^2} - k^2 \sigma_g = -k^2 E_g \varepsilon_0 (1 \pm \beta z) \tag{6.28}$$

边界条件为

$$\left. \begin{array}{l} \sigma_g |_{z=0} = E_g \varepsilon_0 (1 \pm \beta z) \\ \sigma_g |_{z=L/2} = 0 \end{array} \right\} \tag{6.29}$$

方程(6.28)的解为

$$\sigma_g = C_1' e^{-kz} + C_2' e^{kz} + E_g \varepsilon_0 (1 \mp \beta z) \tag{6.30}$$

式中,C_1' 和 C_2' 由边界条件决定,即

$$C_1' = \frac{2 E_g \varepsilon_0 \left(1 \pm \beta \frac{L}{2}\right)}{\sinh\left(\frac{kL}{2}\right)}, \quad C_2' = -\frac{2 E_g \varepsilon_0 \left(1 \pm \beta \frac{L}{2}\right)}{\sinh\left(\frac{kL}{2}\right)} \tag{6.31}$$

光纤中的应变与应变分布可表示为

$$\sigma_g(z) = E_g \varepsilon_0 \left[(1 \mp \beta z) - \left(1 \mp \beta \frac{L}{2}\right) \frac{\sinh(kz)}{\sinh\left(\frac{kL}{2}\right)} \right] \tag{6.32}$$

$$\varepsilon_g(z) = \varepsilon_0 \left[(1 \mp \beta z) - \left(1 \mp \beta \frac{L}{2}\right) \frac{\sinh(kz)}{\sinh\left(\frac{kL}{2}\right)} \right] \tag{6.33}$$

$$\tau_g(z) = \frac{r_a E_g \varepsilon_0}{2} \left[\left(1 \mp \beta \frac{L}{2}\right) \frac{k \cosh(kz)}{\sinh\left(\frac{kL}{2}\right)} \pm \beta \right] \tag{6.34}$$

我们依据表6.1和表6.2的数据及表征主体材料上线性应变分布的方程(6.27)、方程(6.32)和方程(6.34),对主体材料和光纤中的应变与应变分布情况进行了研究。光纤及聚合物涂覆层间界面处的切应变分布曲线如图6.9所示。主体材料和光纤中的应变如图6.10所示。

表6.2 用于计算的相关数据

参数	单位	条件1	条件2	条件3
$L/2$	mm	100	200	300
r_m	μm	115	165	215
k	mm^{-1}	0.056 1	0.044 5	0.039 4
Δt	μm	52.5	102.5	152.5

比较图6.6和图6.10的结果可以看出,沿光纤的应变响应取决于应变在主体材料上的分布。换言之,如果考虑了切变转换区,即便对于非均匀应变主体材料如线性分布的情况,光纤传感器也可提供基体的形变信息。

如果在主体材料上施加线性应变,则可以给出如图6.11和图6.12所示的主体材料和光纤的应变特性。图6.11为光纤和聚合物涂覆层间界面的切应变分布,图6.12为主体材料和

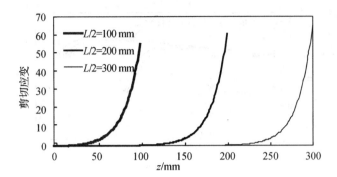

图 6.9 光纤长度分别为 $L/2=100$ mm、200 mm 和 300 mm 时的光纤和聚合物涂覆层间界面的切应变分布曲线

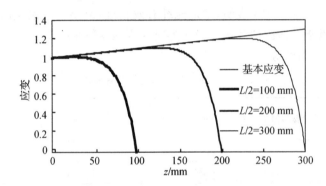

图 6.10 光纤的应变分布曲线和施加于主体材料的均匀应变的比较

光纤中的应变分布。计算时涂覆层厚度从 52.5 μm 变化到 152.5 μm，光纤长度从 100 mm 增至 300 mm。由图可知，对于不同的光纤长度，切应变随涂覆层厚度的增加而减小；光纤中的应变随涂覆层厚度的减小而增加。

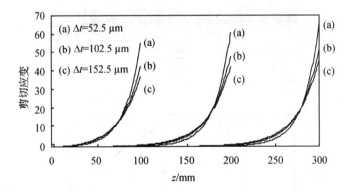

图 6.11 光纤长度为 $L/2=100$ mm、200 mm 和 300 mm，涂覆层厚度为 $r_m-r_g=\Delta t=52.5$ μm、102.5 μm 和 152.5 μm 时，光纤与聚合物涂覆层间界面的切应变分布曲线

为评价与基体应变相匹配的光纤应变的响应，有效的光纤应变匹配长度定义为光纤与基体的应变比大于 90% 时埋入的光纤长度。埋入基体的有效光纤长度如表 6.3 所列。有效长

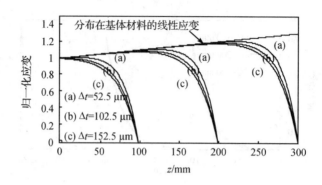

图 6.12 光纤中的应变和主体材料中的线性应变的比较

度值是基于图 6.13 计算的。图 6.14 给出了有效光纤长度与埋入的光纤总长之比、涂覆层厚度和光纤有效长度的关系。结果表明，增加光纤有效长度、减小光纤涂覆层的厚度，应变场在光纤中的分布更接近于基体中的分布。当作为应变传感器的光纤设定在"有效长度"的范围内时，可以很好地与基体内的应变分布匹配。

表 6.3 埋入基体的有效光纤长度

涂覆层厚度/μm	有效长度/mm		
	$L_1/2=100$	$L_2/2=200$	$L_3/2=300$
52.5	58.3	158.5	258.8
102.5	48.4	148.6	248.9
152.5	42.0	142.1	242.2

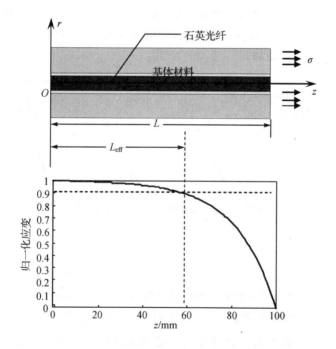

图 6.13 埋入的光纤有效长度的定义

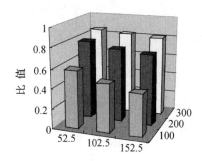

图 6.14 有效光纤长度与埋入的光纤总长之比及涂覆层厚度与光纤标度的关系

6.4 温度影响与表观应变

如图 6.3 那样将光纤传感器埋入复合材料内时,热表观应变与边界条件和主体材料的机械特性之间具有较强的依赖关系。

在除了因主体材料和光纤热膨胀系数的不同而引起的附加应变外不施加任何载荷时,光路增加量的变化与局部应变 $d\sigma(z,T)_g$ 和温度的增量 dT 变化密切相关[20]。

$$dS = 2nL\left\{\left[1+\frac{1}{n}\left(\frac{\partial n}{\partial \varepsilon}\right)_T\right]\frac{d\sigma(z,T)_g}{E_g}+\left[\frac{1}{n}\left(\frac{\partial n}{\partial T}\right)_\sigma+\alpha_g\right]dT\right\} \tag{6.35}$$

根据 $C_\varepsilon = \frac{1}{n}\left(\frac{\partial n}{\partial \varepsilon}\right)_T, C_T = \frac{1}{n}\left(\frac{\partial n}{\partial T}\right)_\sigma$ 和 $\sigma_g(z,T) = E_g\varepsilon_g(z,T)$,方程(6.35)可变为

$$dS = nL[(1+C_\varepsilon)d\varepsilon(z,T)_g + (C_T+\alpha_g)dT] \tag{6.36}$$

式中,波长为 1 330 nm 时 SMF-28 单模光纤的折射率的应变系数 C_ε 和温度系数 C_T 分别为 $-0.133\,2\times10^{-6}/\mu\varepsilon$ 和 $0.762\times10^{-5}/℃$[21]。光纤的热膨胀系数为 $\alpha_g = 5.5\times10^{-7}/℃$。

因此,埋入的光纤长度为 L 时可推导出光程总增量为

$$\Delta S = nL\left[(1+C_\varepsilon)\int_{-L/2}^{L/2}d\varepsilon_g(z,T) + (C_T+\alpha_g)(T-T_0)\right] \tag{6.37}$$

方程(6.37)中,埋入光纤的温度变化引发应变与基体材料、光纤涂覆层和光纤的机械特性有关,可由下列分析得出。

基体材料的热应变可表示为

$$\varepsilon_m(z,T) = \alpha_m(T-T_0) \tag{6.38}$$

式中,α_m 为基体材料的热膨胀系数。

将方程(6.38)和方程(6.12)代入方程(6.15)可得

$$\frac{d^2\varepsilon_g(z,T)}{dz^2} - k^2\varepsilon_g(z,T) = -k^2\alpha_m(T-T_0) \tag{6.39}$$

方程(6.39)的边界条件可写为

$$\left.\begin{array}{l}\varepsilon_g(z,T)|_{z=0} = (\alpha_m-\alpha_g)(T-T_0)\\ \varepsilon_g(z,T)|_{z=L/2} = 0\end{array}\right\} \tag{6.40}$$

因此可得到方程(6.39)的解为

$$\varepsilon_g(z,T) = (\alpha_m - \alpha_g)\left[1 - \frac{\sinh(kz)}{\sinh\left(\frac{kL}{2}\right)}\right](T-T_0) \quad \left(0 \leqslant z \leqslant \frac{L}{2}\right) \quad (6.41)$$

沿光纤分布的应变可表示为

$$\sigma_g(z,T) = E_g(\alpha_m - \alpha_g)\left[1 - \frac{\sinh(kz)}{\sinh\left(\frac{kL}{2}\right)}\right](T-T_0) \quad \left(0 \leqslant z \leqslant \frac{L}{2}\right) \quad (6.42)$$

将方程(6.42)代入方程(6.37),可得到温度变化引发的光程变化为

$$\Delta S = nL\left[(1+C_\varepsilon)\int_{-L/2}^{L/2} d\varepsilon_g(z,T) + (C_T + \alpha_g)(T-T_0)\right] =$$

$$nL\left\{(1+C_\varepsilon)(\alpha_m - \alpha_g)\left[\frac{\sinh(kL)}{\cosh(kL)}\right](T-T_0) + (C_T + \alpha_g)(T-T_0)\right\} \quad (6.43)$$

6.5 实验评估方法

通过对埋入了光纤的环氧基测试试件在负载条件下施加轴向应变,我们对理论模型进行了实验评估;同时,利用埋入了光纤的混凝土基试件对温度变化引发的表观应变也进行了评价。

6.5.1 埋入环氧基体材料中的光纤的应变响应

在实验中,我们利用 Michelson 白光干涉仪测量了埋入环氧基体中的光纤的光程变化。这项技术的主要优点就是能以较高的分辨率进行绝对量的测量。如图 6.15 所示,将一长为 L 的光纤埋入试件中,同时将一电阻式应变片粘附在由环氧树脂制成的试件表面。

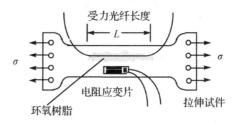

图 6.15 光纤应变仪和电阻式应变片在张力测试件中的布局

实验装置如图 6.16 所示。由中心波长为 1 300 nm 的 LED 光源发出的光束被一个 3 dB 单模光纤耦合器分为两束。在传感光束的末端固定一反射镜,同时在参考臂末端固定一个 GRIN 透镜。垂直于 GRIN 透镜的方向是一个固定在带有电机的直线位移平台上的反射镜。InGaAs 探测器用于接收分别由传感臂和测量臂末端的反射镜反射回来的信号。施加在试件上的张力载荷使光纤上产生同样的张力,使光程发生变化,因此白光干涉条纹的中心条纹会发生移位。用计算机系统可识别中心条纹并发出控制信号驱动电机,从而调节反射镜的位置以恢复原始条纹图样。反射镜移动的位置记录的是长为 L 的光纤的光程改变量 ΔS。相应的环氧树脂基体的应变由电阻式应变仪测量记录。

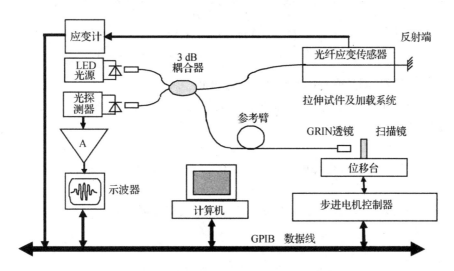

图 6.16　测试系统

图 6.17 给出了不同光纤长度的测试结果,由图可知,电阻式应变仪测得的应变与光纤应变传感器测得的应变成正比。

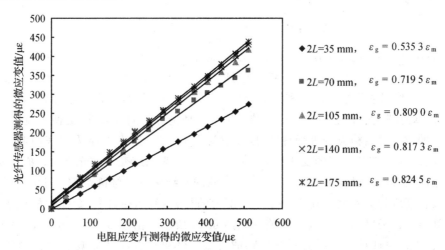

图 6.17　电阻式应变仪测得的应变与光纤应变传感器测得的应变的关系

施加于光纤传感器上的应变可通过光程的改变量 ΔS 进行测量,即(见第 2 章,方程(2.17))

$$dS = \left\{n - \frac{n^3}{2}[(1-\nu)p_{12} - \nu p_{11}]\right\}\varepsilon_g(z)dz = n_{\text{eff}}\varepsilon_g(z)dz \tag{6.44}$$

对方程(6.44)进行积分可得

$$\Delta S = n_{\text{eff}}\int_{-L/2}^{L/2}\varepsilon_g(z)dz = 2n_{\text{eff}}\int_0^{L/2}\varepsilon_g(z)dz \tag{6.45}$$

式中,n_{eff} 表示光纤纤芯的有效折射率。就典型的光纤而言,$n_c = 1.46, \nu = 0.25, p_{12} \approx p_{11} \approx 0.3$。有效折射率可以用 $n_{\text{eff}} = 1.23$ 进行计算。因此光纤的平均应变可写成

$$\bar{\varepsilon}_g(z) = \frac{\int_{-L/2}^{L/2} \varepsilon_g(z) \mathrm{d}z}{L} = \frac{2\int_0^{L/2} \varepsilon_g(z) \mathrm{d}z}{L} = \frac{\Delta S}{n_{\text{eff}} L} \tag{6.46}$$

因此,平均应变可通过测量光程的变化 ΔS 进行测量。

为评价与埋入光纤长度及与涂覆层材料有关的传感器的相应灵敏度,定义光纤传感器的响应系数 $\alpha(L,k)$ 为

$$\bar{\varepsilon}_{\text{fiber sensor}} = \alpha(L,k)\varepsilon_{\text{foil guage}} \tag{6.47}$$

假设电阻式应变仪测得的应变与施加于光纤主体材料上的应变相等,即

$$\varepsilon_{\text{foil guage}} = \varepsilon_m \tag{6.48}$$

联立方程(6.21)和方程(6.46),埋入长为 L 的光纤平均应变可计算为

$$\bar{\varepsilon}_{\text{fiber snesor}} = \bar{\varepsilon}_g(z) = \frac{2\int_0^{L/2} \varepsilon_g(z)\mathrm{d}z}{L} = \varepsilon_m \left[1 - \frac{\cosh(kL/2) - 1}{kL/2\sin(kL/2)} \right] \tag{6.49}$$

因此,可得响应系数

$$\alpha(L,k) = 1 - \frac{\cosh(kL/2) - 1}{k(L/2)\sinh(kL/2)} \tag{6.50}$$

由方程(6.50)确定的 $\alpha(L,k)$ 与光纤长度及光纤涂覆层材料的机械特性有关。因此可用方程(6.47)对来自光纤测量值的应变进行评价。这样可以不必对用于计算 $\alpha(L,k)$(见图 6.17)的应变数据进行标定测试和回归分析。如图 6.18 所示,实验测得的 $\alpha(L,k)$ 值与由方程(6.50)计算的理论值完全吻合。这一结果证实了理论分析的有效性,更便于直接准确地用由光纤测得的数值对结构应变进行解释,因此意义重大。图 6.18 的结果也表明,对于任何实际应用,$\alpha(L,k)$ 相对有效长度的变化可取 $\alpha=0.9$。$\alpha=1$ 表明应变计和光纤测得的应变值之间存在完全相同一对一的对应关系。然而,对于柔软的光纤涂覆层材料,α 取决于 k,为使 α 趋于 1,光纤有效长度应为无限大。利用表 6.4[22] 所示的材料特性,由方程(6.50)模拟的 $\alpha(L,k)$ 的值与光纤传感器长度 L 及参数 k 的关系如图 6.19 所示。由图 6.19 可知,α 的值不仅取决于光纤的长度 L,而且对由光纤涂覆层材料的机械特性决定的参数 k 具有较强的依赖关系。参数 k 越大,光纤越长,α 值越高。

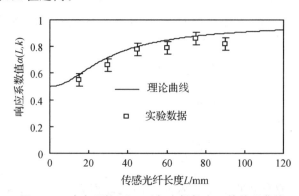

图 6.18 响应系数 $\alpha(L,k)$ 与光纤长度 L 的关系曲线

表 6.4　有关材料特性的数据(一)

材料参数	符号	数值	单位
玻璃材料的杨氏模量	E_g	7.2×10^{10}	Pa
聚合物涂覆材料的杨氏模量	E_p	5.7×10^6	Pa
聚合物涂覆材料的泊松比	ν_p	0.49	
聚合物涂覆材料的切变模量	G_p	约 2.2×10^6	Pa
埋入基体的光纤长度	L	35~175	mm
聚合物外缘半径	r_b	97.5	μm
光纤半径	r_a	62.5	μm

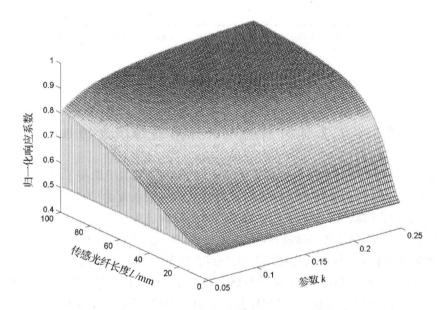

图 6.19　埋入光纤的响应系数 $\alpha(L,k)$ 与传感光纤长度及涂覆材料的关系

这里所用的聚合物涂覆层光纤,当光纤的长度为 140 mm 时 α 的阈值为 0.9。较大的光纤长度值并不能明显增加 α 的值。图 6.17 中光纤长度分别为 140 mm 和 175 mm 时,近乎重合的线性关系充分说明了这一结果。对这些结果的分析表明,对于这里所用的特定的不带涂覆层的裸纤,150 mm 的长度足以将结构上的应变完全传递到光纤上。为证明这一假设,利用长度为 150 mm 的裸纤进行了反复的张力测试。裸纤是指那些在实验室中剥去了涂覆层,仅由石英材料构成的光纤。这些实验的目的就是要评价光纤所测得的应变与电阻应变仪所测得的应变之间的对应关系。由于裸光纤易碎,因此实验研究很有难度。实验过程中很多光纤出现了断裂。图 6.20 描述了实验结果。如图所示,光纤和电阻式应变仪测得了相同的应变值。在这种情况下,$\alpha \approx 1$,在此不必用方程(6.50)对结构应变进行诠释。事实上,在此建立的模型仅适用于带有涂覆层的光纤。

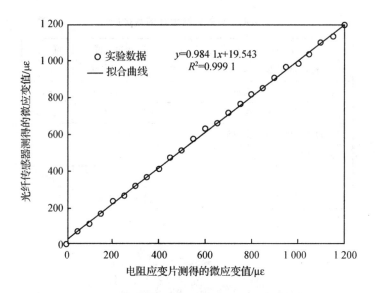

图 6.20　电阻式应变仪与裸纤测得的应变之间的比较

6.5.2　埋入水泥基体材料的光纤传感器的温度特性

为研究埋入混凝土基体材料的光纤传感器的温度特性,实验中使用了尺寸为 25.4 mm× 25.4 mm×304.8 mm 的钢制模型。埋入模具的光纤是有效长度为 294 mm 的标准单模光纤 SMF-28。实验中我们制作了三种不同的混凝土基体材料。第一种基体材料为纯水泥浆,水泥和水的比例为 1∶0.45;第二种基体材料为水泥和沙的混合物,水泥、沙和水的比例为 1∶2.43∶0.46;第三种基体材料为水泥、沙、骨材和水的混合物,四者的比例为 1∶2.43∶2.74∶0.45。

图 6.21 描述了埋入基体材料的光纤传感器的温度特性评价系统。除了温度测试部分外,实验装置与图 6.16 相同。实验中,把试件放到了温控箱中,通过测量变化量 ΔS 与温度变化 ΔT 的关系,可对温度变化引起的表观应变进行评价。

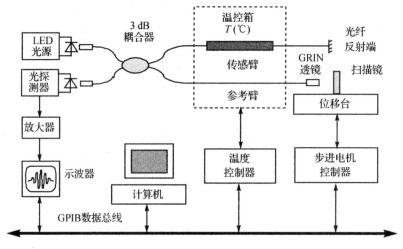

图 6.21　热导致的表观应变引起的光程变化的测量系统

考虑到光纤的保护涂覆层,理论计算结果可由方程(6.43)给出。水泥基体材料的热膨胀系数(α_m 为$(10.8\sim21.6)\times10^{-6}/℃$)参考了参考文献[23]。其他参数如表 6.5 所列。

表 6.5 有关材料特性的数据(二)

材料参数	符号	数值	单位
玻璃材料的杨氏模量	E_g	7.2×10^{10}	Pa
水泥材料的杨氏模量	E_m^{cem}	5.6×10^9	Pa
水泥和沙混合物的杨氏模量	E^m	7.8×10^9	Pa
混凝土材料的杨氏模量	E_m^{con}	9.6×10^9	Pa
硅涂覆层材料的泊松比	ν_c	0.499	—
聚合物涂覆材料的切变模量(50～60 ℃时)	G_c	约 2.5×10^3	Pa
埋入基体的光纤有效长度	L	294	mm
聚合物外缘半径	r_b	102.5	μm
光纤半径	r_a	62.5	μm
光纤的热力学系数	α_g	5.5×10^{-7}	$℃^{-1}$
参数	k	0.000 12	mm^{-1}

温度变化导致的光程改变量的理论预测如下。

纯水泥浆棒体:

$$\left.\begin{aligned}\Delta S_{\max}&=1.76(T-T_0)\\\Delta S_{\min}&=1.04(T-T_0)\end{aligned}\right\} \quad (6.51)$$

水泥和沙混合棒体:

$$\left.\begin{aligned}\Delta S_{\max}&=2.32(T-T_0)\\\Delta S_{\min}&=1.31(T-T_0)\end{aligned}\right\} \quad (6.52)$$

混凝土:

$$\left.\begin{aligned}\Delta S_{\max}&=2.77(T-T_0)\\\Delta S_{\min}&=1.53(T-T_0)\end{aligned}\right\} \quad (6.53)$$

如图 6.22~图 6.24 所示,对于三种类型的水泥基体材料测得的光程结果均落在了理论预测范围之内。在光纤传感器中温度变化导致的应变的影响对主体的热膨胀系数具有很强的依赖关系。

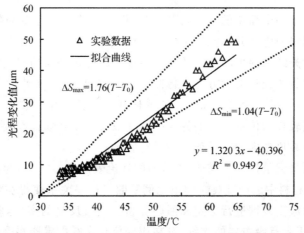

图 6.22 预制棒传感器的热力学特性(纯水泥浆的情况)

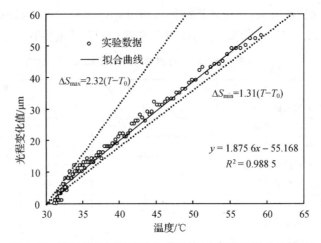

图 6.23 预制棒传感器的热力学特性（水泥和沙混合的情况）

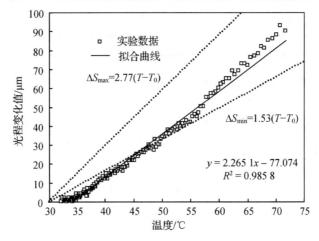

图 6.24 预制棒传感器的热力学特性（混凝土材料时的情况）

6.6 小 结

本章建立并测试了一个简单的模型，该模型可用光纤传感器测得的数值解释结构的实际应变。光纤传感器测得的应变并不能完全表征试件或结构的应变，因此理论分析所得的结果非常重要。所采用的光纤和保护涂覆层的机械特性可改变传感器的应变传递能力。很多现实的假设可通过系统的表达式对数学方程进行简化，光纤的应变传递特性取决于与承受应变的材料相接触的石英光纤、保护涂覆层和光纤传感长度的机械特性。数学公式导出了同样数量级的应变。有效长度较长的传感器中的界面切应变效应弱于有效长度较短的传感器。理论结果可通过包括白光干涉仪在内的一系列实验进行验证。

本章最重要的结果就是提出了描述 $\alpha(L,k)$ 的理论表达式，$\alpha(L,k)$ 为由光纤感知到的应变 ($\bar{\varepsilon}_g$) 确定实际引入到材料中的应变 (ε_m) 的正比例系数。这一关系使得在将光纤传感器应用到结构传感之前不必对应变数据进行标定和回归分析。通过反复的实验，验证了理论分析的有效性。由此可知，对于带有涂覆层的光纤，可在应变仪与光纤传感器测得数值之间得到一一对应的关系。对于裸纤可得 $\alpha=1.0$，这种情况下无须利用本研究所得的结果。然而，裸纤非常脆弱，因此很难应用到实际测量中。

参考文献

[1] Kim K S, Kollar L, Springer G S. A model of embedded fiber optic Fabry - Perot temperature and strain sensors. Journal of Composite Materials, 1993, 27: 1618-1662.

[2] Sirkis J. Phase - strain - temperature model for structurally embedded interferometric optical fiber strain sensors with applications. SPIE, 1991, 1588: 26-42.

[3] Sirkis J, Haslach H. Complete phase - strain model for structurally embedded interferometric optical fiber sensors. Journal of Intelligent Material Systems and Structures, 1991, 2: 3-24.

[4] Haslach H, Whipple K. Mechanical design of embedded optical fiber interferometric sensors for monitoring simple combined loads. Optical Engineering, 1993, 32: 494-503.

[5] Hocker G. Fiber optic acoustic sensors with composite structures: an analysis. Applied Optics, 1979, 18: 3679-3683.

[6] Hughes R, Jarzynski J. Static pressure sensitivity amplification in interferometric fiber optic hydrophones. Applied Optics, 1980, 19: 98-107.

[7] Lagakos N, Bucaro. Pressure desensitization of optical fibers. Applied Optics, 1981, 20: 2716-2720.

[8] Dasgupta A, Jarzynski J. Importance of coatings to optical fiber sensors embedded in smart structures. A. I. A. A. Journal, 1992, 30: 1337-1343.

[9] Carman G, Averill R, Reifsnider K, et al. Optimization of fiber coatings to minimize stress concentrations in composite materials. Journal of Composite Materials, 1992, 27: 589-612.

[10] Case S, Carman G. Optimization of fiber coatings for transverse performance: an experimental study. Journal of Composite Material, 1994, 28: 1452-1466.

[11] Carman G, Reifsnider K. Analytical optimization of coating properties for actuators and sensors. Journal of Intelligent Materials and Structures, 1993, 4: 88-97.

[12] Pak Y. Longitudinal shear transfer in fiber optic sensors. Smart Material and Structures, 1992, 1: 57-62.

[13] Kollar L P, Steenkiste R J V. Calculation of the stresses and strains in embedded fiber optic sensors. Journal of Composite Materials, 1998, 32: 1647-1679.

[14] Steenkiste R J V, Kollar L P. Effect of the coating on the stresses and strains in an embedded fiber optic sensor. Journal of Composite Materials, 1998, 32: 1680-1711.

[15] Nanni A, Yang C C, Pan K, et al. Fiber - optic sensors for concrete strain/stress measurement. ACI Materials Journal, 1991, 88: 257-264.

[16] Yuan L B, Zhou L M. Strain/stress behavior of coated optical fiber embedded in linear strain distribution host material. International Workshop on Fracture Mechanics and Advanced Engineering Materials. Australia, 1999, 12: 8-10.

[17] Duck G, LeBlanc M. Arbitrary strain transfer from a host to an embedded fiber optic sensor. J. Smart Mater. Struct., 2000, 9: 492-497.

[18] Yuan L B, Zhou L M, Wu J S. Investigation of a coated optical fiber strain sensor embedded in linear strain distribution matrix. Optics and lasers in Engineering, 2001, 35: 251-260.

[19] Yuan L B, Jin W, Zhou L M, et al. The temperature characteristic of fiber - optic pre-embedded concrete bar sensor. Sensors and Actuators A, 2001, 93: 206-213.

[20] Measures R M. Fiber optic strain sensing. in Fiber Optic Smart Structures, Edited by Eric Udd, Press:

John Wiley & Sons,Inc. ,1995: 205-209.
[21] Yuan L B. Effect of temperature and strain on fiber optic refractive index. Acta Optica Sinca,1997,17: 1713-1717.
[22] Agarwal B D,Brontman L J. ANALYSIS AND PERFORMANCE OF FIBER COMPOSITES,2nd ed. A Wiley-Interscience publication,New York,1990: 33-34.
[23] Brandt A M. Cement-Based Composites: Materials,Mechanical Properties and Performance. Published by E &FN Spon,an imprint of chapman & Hall,2-6 Boundary Row,London SE1 8HK,UK,1995: 323-332.

第 7 章 光纤白光干涉传感器的多路复用技术

7.1 引 言

正如前面所介绍的那样,使用低相干宽谱光源的白光干涉技术是近年来一个非常活跃的研究领域[1-15]。白光干涉技术是利用扫描干涉仪(如 Michelson 干涉仪)实现信号光与参考光的光程匹配。如果两路信号光的光程相匹配,则在干涉仪的输出信号中会观察到白光干涉条纹。白光干涉技术可实现高精度的绝对测量,能够测量的参量包括位置、位移、应变和温度等。利用白光干涉技术还可以将多个传感器复用在一根光纤上,从而实现各参数的准分布测量。本章将针对几种不同的多路复用结构进行讨论。

7.2 光纤开关多路复用方案

利用一个 $2 \times N$ 光纤开关,我们设计了一种分布式光纤应变传感系统。该传感系统的传感臂由若干个光纤传感器首尾相接串联复用,参考臂则由一系列不同长度的匹配光纤组成,每一根匹配光纤与一个光纤传感器相匹配[6]。该分布式光纤应变传感系统的结构图如图 7.1 所示。波长为 1 310 nm 的 LED 光源发出的光,经 3 dB 耦合器后分成两路,构成一个光纤 Michelson 干涉仪。干涉仪的一臂作为传感臂,由一系列有限长度的光纤传感器串接组成;另一臂作为参考臂,包括一个光纤开关和一系列不同长度的匹配光纤。光纤开关的作用是在不同的匹配光纤之间进行切换,以选择合适的匹配光纤与传感光纤相匹配。对于传感臂,要保证每段多模光纤的端面平整且与光纤轴垂直,然后将相邻两根光纤的端面直接连接。参考臂的光纤末端与一个梯度折射率(GRIN)透镜相连。另外,在步进电机线性位移台上安装一个反射镜,并调节反射镜的角度使其与 GRIN 透镜的光轴垂直。该带有反射镜的步进电机可以进行小范围的光程扫描,从而实现对每个传感光纤伸长量的绝对测量。

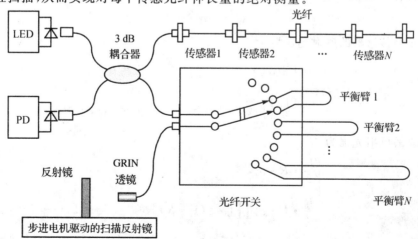

图 7.1 分布式光纤应变传感系统

对于典型的发光二极管(LED),可以认为其光强分布满足高斯函数[16]:

$$I(k) = E(k) \cdot E^*(k) =$$

$$E_0(k) \cdot E_0^*(k) \frac{L_c}{\sqrt{2\pi}\xi} \exp\left[-\frac{L_c^2(k-k_0)^2}{2\xi^2}\right] =$$

$$I_0 \frac{L_c}{\sqrt{2\pi}\xi} \exp\left[-\frac{L_c^2(k-k_0)^2}{2\xi^2}\right] \tag{7.1}$$

式中,L_c 是光信号的相干长度,ξ 是与光源的光谱宽度有关的常数,$I_0 = E_0(k) \cdot E_0^*(k)$ 是光强。

在该光纤传感系统中,LED 光源发出的光经 3 dB 耦合器后平均分成两束,一束进入传感臂,另一束进入参考臂。设光源的输出光强为 I_0,那么进入传感臂和参考臂的光强都等于 $I_0/2$。传感臂是由一系列不同长度的传感光纤首尾串接而成的,当光到达每个传感光纤的端面时,一部分光被反射,另一部分光透过端面继续传输。如果设端面的反射率为 R,那么经过光纤连接端面后,透射光和反射光的强度分别为 $I_0(1-R)/2$ 和 $I_0R/2$,如图 7.2 所示。

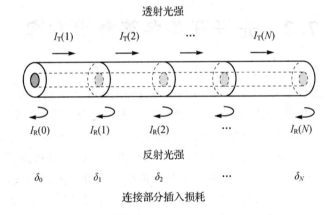

图 7.2 光纤传感器的光强计算模型

对于第 i 个传感器,设除反射损耗以外的其他损耗(包括连接处的插入损耗和散射损耗)为 δ_i。为了计算方便,令

$$\alpha_i = 10^{-\frac{\delta_i}{10}} \tag{7.2}$$

那么到达第 j 个传感器的透射光强为

$$I_T(j) = \begin{cases} \dfrac{I_0}{2}, & j = 0 \\ \dfrac{I_0}{2} \prod_{i=1}^{j}[\alpha_{i-1}(1-R)], & j = 1, 2, \cdots \end{cases} \tag{7.3}$$

第 j 个传感器的反射光强为

$$I_R(j) = \begin{cases} \dfrac{I_0}{2} \cdot R \cdot \alpha_0, & j = 0 \\ \dfrac{I_0}{2} \cdot R \cdot \alpha_0 \prod_{i=1}^{j}[\alpha_{i-1}(1-R)], & j = 1, 2, \cdots \end{cases} \tag{7.4}$$

最终探测器接收到的光信号强度要比传感器端面的反射信号小很多，这是由于反射信号在到达探测器前要再次经过各传感器的连接端面和 3 dB 耦合器，从而产生进一步的损耗。因此，第 j 个传感器的信号强度为

$$I_S(j) = \begin{cases} \dfrac{I_0}{4} R \cdot \alpha_0, & j = 0 \\ \dfrac{I_0}{4} R \cdot \alpha_0 \left\{ \prod\limits_{i=1}^{j} [\alpha_{i-1}(1-R)] \right\}^2, & j = 1, 2, \cdots \end{cases} \quad (7.5)$$

当入射光垂直入射到光纤端面时，根据 Fresnel 公式，有

$$R = \left(\frac{n-1}{n+1}\right)^2 \quad (7.6)$$

式中，n 是光纤的纤芯折射率。

将一根光纤切成 N 段，构成 N 个传感器。每段传感光纤的长度分别为 $l_1, l_2, \cdots, l_N$，如图 7.3 所示。若在传感光纤上施加一个分布式应力，各传感器的长度分别从 l_1 变为 $l_1 + \Delta l_1$，l_2 变为 $l_2 + \Delta l_2, \cdots, l_N$ 变为 $l_N + \Delta l_N$，那么可以得到该分布式应变为

$$\varepsilon_1 = \frac{\Delta l_1}{l_1}, \varepsilon_2 = \frac{\Delta l_2}{l_2}, \cdots, \varepsilon_N = \frac{\Delta l_N}{l_N} \quad (7.7)$$

对于图 7.1 中的系统，当开关切换到第 i 个传感器时，可以通过测量获得传感器长度 L_i 的变化量 ΔL_i（见图 7.3）。

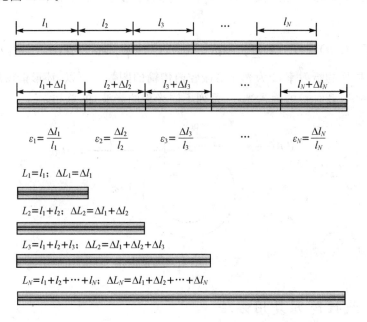

图 7.3　光纤分布式传感系统的测量原理示意图

这里

$$L_i = l_1 + l_2 + \cdots + l_i \quad (7.8)$$

且

$$\Delta l_i = \Delta l_1 + \Delta l_2 + \cdots + \Delta l_i \quad (7.9)$$

因此，可以通过下式计算得到该分布式应变，即

$$\left.\begin{aligned} \varepsilon_1 &= \frac{\Delta L_1}{L_1} \\ \varepsilon_2 &= \frac{\Delta L_2 - \Delta L_1}{L_2 - L_1} \\ &\vdots \\ \varepsilon_N &= \frac{\Delta L_N - \Delta L_{N-1}}{L_N - L_{N-1}} \end{aligned}\right\} \quad (7.10)$$

7.3 光纤环形谐振腔多路复用技术

光纤环形谐振腔已经广泛应用在光纤环激光器[17,18]、传感器[19]、光纤陀螺[20]、光谱分析仪[21,22]以及光纤延迟线[23]等领域。本节将介绍光纤环形谐振腔的另一个不同的应用,即扩展白光干涉传感器的多路复用能力。

光纤环形谐振腔的结构如图7.4所示,主要包括三个基本的特征参数:腔长 l_0、环形耦合器的分束比 $\eta:(1-\eta)$ 和包括环形耦合器的插入损耗在内的光纤环的损耗系数 α_δ。

设环形谐振腔的输入光场表示为

$$E_{\text{in}}(k,t) = E_0(k)\exp(-jkct) \quad (7.11)$$

式中,E_0 为振幅,k 为输入光的波数,c 为自由空间的光速。那么谐振腔的输出光场可以表示为

$$E_{\text{out}}(k,t) = E_0(k)\sum_{\nu=1}^{\infty}\{\exp(-\nu\alpha_\delta)\eta(1-\eta)^\nu\exp[-jk(ct-\nu nl_0)]\} \quad (7.12)$$

式中,n 为纤芯导模的折射率,ν 为光在谐振腔内传输的圈数。所以,环形谐振腔的输出光是延迟量为 νnl_0 ($\nu=0,1,2,\cdots$) 的输入光(一系列不同光程的光波)的总和。

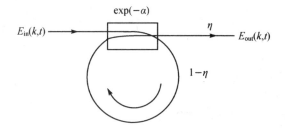

图7.4 光纤环形谐振腔

7.3.1 线性阵列复用方法

光纤环形谐振腔因其自身的结构特性而能够产生多光程的光波。如果在扫描Michelson干涉仪的一臂插入一个光纤环形谐振腔,那么该Michelson干涉仪便成为一个干涉仪阵列。这样,不需要利用光开关在不同的参考光纤之间切换[6],阵列中的每一个干涉仪就可以实现与某一个特定的传感器近似匹配。

图7.5给出了基于环形谐振腔的多路复用Michelson干涉传感器阵列的结构示意图。将若干段光纤首尾相接构成传感器阵列,然后将传感器阵列与长度为 L_s 的传感臂光纤相连。

将环形谐振腔插入长度为 L_R（不包括谐振腔长）的参考臂中，且参考臂的末端与一个 GRIN 透镜相连，利用扫描反射镜-GRIN 透镜系统可以改变参考臂的光程。扫描反射镜的作用是根据每段传感光纤的长度变化来调节参考臂的光程，最终使参考臂与传感臂的光程相匹配。如果传感信号与参考信号之间的光程差（OPD）小于光源的相干长度，则两路信号产生干涉，在传感阵列的输出端得到白光干涉条纹。其中位于干涉条纹中心的中央条纹振幅最大，它对应传感信号与参考信号之间的光程精确匹配。

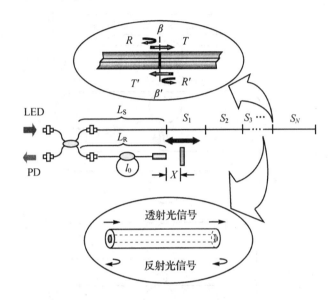

图 7.5　基于环形谐振腔的复用 Michelson 干涉阵列

对于如图 7.5 所示的多路复用系统，光源发出的光经 3 dB 耦合器后平均分成两束。假设传感臂由 N 个传感器组成，这些传感器首尾串接相连构成传感器阵列，共有 $N+1$ 个反射端面，则从传感臂反射回来的光实际上包括 $N+1$ 束反射光（见图 7.6(a)）。因此传感臂的输出光场可以表示为波数的函数：

$$E_{As}(k,t) = \frac{E(k)}{2} \sum_{u=0}^{N} \left\{ \sqrt{R_u} \left(\prod_{i=1}^{u} T_i \beta_i T_i' \beta_i' \right) \times \exp\left[-jk\left(ct - 2nL_S - 2n\sum_{i=1}^{u} l_i\right)\right] \right\}$$

(7.13)

式中，$\beta_i = 1 - \gamma_i$，γ_i 表示第 i 个传感器连接端的插入损耗。T_i 表示光信号在第 i 个连接点的透射系数，R_u 为第 u 个连接点处光纤端面的反射系数。通常，由于损耗因子 γ_i 的存在，T_i 要比 $1-R_i$ 小。r_i' 和 T_i' 分别表示反方向的损耗系数和透射系数。

经过环形谐振腔参考臂输出的光信号如图 7.6(b)所示。同样，参考臂的信号可以表示为波数的函数：

$$E_{Ar}(k,t) = \frac{E(k)}{2} \sum_{\nu=0}^{\infty} \left\{ \sqrt{(\nu+1)R_m} \eta(X_\nu) \exp\left[-(\nu/2+1)\alpha_\delta\right] \eta(1-\eta)^{\nu/2} \times \right.$$
$$\left. \exp\left[-jk(ct - 2nL_S - \nu nL_0 - 2X_\nu)\right] \right\}$$

(7.14)

式中，R_m 是扫描反射镜的反射率，$\eta(X_\nu)$ 是 GRIN 透镜与扫描反射镜构成的反射准直系统的损耗，该损耗是距离 X_ν 的函数。

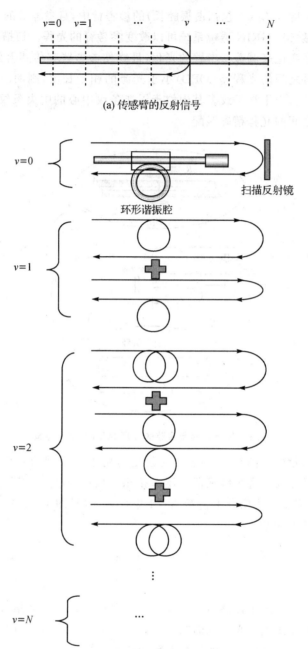

图 7.6 传感臂和参考臂的反射信号

根据式(7.13)和式(7.14),可以求得输出信号的光强为

$$I_A(k, X_v) = [E_{As}(k,t) + E_{Ar}(k,t)] \cdot [E_{As}(k,t) + E_{Ar}(k,t)]^* =$$

$$\frac{E(k)E^*(k)}{4} \sum_{u=0}^{N} \sum_{v=0}^{N} [B_u + C_v + 2\sqrt{B_u C_v} \cos(kx)] \quad (7.15)$$

式中

$$B_u = R_u \left(\prod_{i=0}^{u} T_i \beta_i T'_i \beta'_i \right)^2, \qquad u = 0,1,2,\cdots,N \tag{7.16}$$

$$C_\nu = (\nu+1) R_0 \eta^2 (X_\nu) \exp[-(\nu+2)\alpha_\delta] \eta^2 (1-\eta)^\nu, \qquad \nu = 0,1,2,\cdots,N \tag{7.17}$$

且

$$x = 2X_\nu - 2n\left[(L_R - L_S) + \left(\sum_{i=1}^{u} l_i - \nu \frac{l_0}{2} \right) \right], \qquad \nu = 0,1,2,\cdots,N \tag{7.18}$$

在 $(-\infty, +\infty)$ 区间对式 (7.15) 积分,可以得到输出信号的总光强:

$$I_A(X_\nu) = \int_{-\infty}^{+\infty} I_A(k, X_\nu) dk =$$

$$\frac{1}{4} \sum_{u=0}^{N} \sum_{\nu=0}^{N} \int_{-\infty}^{+\infty} I(k) \left[B_u + C_\nu + 2\sqrt{B_u C_\nu} \cos(kx) \right] dk \tag{7.19}$$

只有在以下两个条件同时得到满足的情况下, $I_A(X_\nu)$ 才为非零值。

$$u = \nu \tag{7.20}$$

$$|x| \leqslant L_c \tag{7.21}$$

那么 $I_A(X_\nu)$ 可以改写为

$$I_A(X_\nu) = \frac{1}{4} \sum_{\nu=0}^{N} \int_{-\infty}^{+\infty} I(k) \left[B_\nu + C_\nu + 2\sqrt{B_\nu C_\nu} \cos(kx) \right] dk \tag{7.22}$$

将式 (7.12)、式 (7.16) 和式 (7.17) 带入式 (7.22),并令 $k' = k - k_0$,则式 (7.22) 可以表示为

$$I_A(X_\nu) = \frac{1}{4} \sum_{\nu=0}^{N} \int_{-\infty}^{+\infty} \left[\frac{I_0 L_c}{\sqrt{2\pi} \xi} \exp\left(-\frac{L_c^2 k'^2}{2\xi^2} \right) \right] \{ B_\nu + C_\nu + 2\sqrt{B_\nu C_\nu} \cos[(k' + k_0)x] \} dk' =$$

$$\frac{I_0}{4} \sum_{\nu=0}^{N} \int_{-\infty}^{+\infty} \left[\frac{L_c}{\sqrt{2\pi} \xi} \exp\left(-\frac{L_c^2 k'^2}{2\xi^2} \right) \right] \times$$

$$\{ B_\nu + C_\nu + 2\sqrt{B_\nu C_\nu} [\cos(k'x) \cos(k_0 x) - \sin(k'x) \sin(k_0 x)] \} dk' =$$

$$\frac{I_0}{4} \sum_{\nu=0}^{N} \left[B_\nu + C_\nu + 2\sqrt{B_\nu C_\nu} \exp\left(-\frac{\xi^2}{2L_c^2} x^2 \right) \cos(k_0 x) \right] \tag{7.23}$$

式 (7.23) 的右侧共有 $N+1$ 项,分别对应 $N+1$ 个干涉信号。从式 (7.23) 可以看出,通过调节扫描反射镜来改变距离 X_ν,可以得到 $N+1$ 个白光干涉条纹,对应式 (7.23) 中 $\nu = 0,1,2,\cdots,N$ 时 x 等于 0 的情况。

这种多路复用传感器阵列可用于准分布式应变或温度的测量[8]。由于这 $N+1$ 个白光干涉条纹的中央条纹具有最大的振幅,并且对应于 $x = 0$。因此,将 $x = 0$ 代入式 (7.18),可以求出 X_ν 的值:

$$X_\nu = n \left[(L_R - L_S) + \sum_{i=1}^{\nu} \left(l_i - \frac{l_0}{2} \right) \right], \qquad \nu = 0,1,2,\cdots,N \tag{7.24}$$

如果进一步令 $|n(l_i - l_j)|$ $(i \neq j)$ 和 $|n(l_i - l_0/2)|$ 大于光源的相干长度,那么对于不同的 ν 值, X_ν 值是不同的。具体表现为对于不同的传感器,其干涉条纹的位置不同,它们的位置差 Λ_ν ($\Lambda_\nu = X_\nu - X_{\nu-1}$) 可以根据式 (7.24) 计算得到

$$\Lambda_\nu = n \left(l_\nu - \frac{l_0}{2} \right) \tag{7.25}$$

假设加载在传感器 ν 上的应变引起传感器的长度从 l_ν 变为 $l_\nu+\Delta l_\nu$，那么测量得到的 Λ_ν 的改变量（即 $\Delta\Lambda_\nu$）与应变之间的关系可以表示为[6]

$$\Delta\Lambda_\nu = n_{\text{equivalent}} l_\nu \varepsilon_\nu \tag{7.26}$$

式中，$\varepsilon_\nu = \Delta l_\nu / l_\nu$ 是施加在传感器 ν 上的应变，$n_{\text{equivalent}} = n\{1-(1/2)n^2[(1-\nu_g)p_{12}-\nu_g p_{11}]\}$ 表示光纤导模的等效折射率。如果通过实验测量并记录下 $X_\nu(\nu=0,1,\cdots,N)$ 的变化，那么所有传感器上的应变都可以通过式(7.26)推导出。

下面对由三个传感器构成的线性传感阵列进行实验研究。实验中采用 LED 光源，输出功率为 50 μW，中心波长为 1 310 nm。基于 GRIN 透镜与扫描反射镜之间的距离为 3～150 mm，对应的反射镜-GRIN 透镜系统的插入损耗为 4～8 dB。扫描反射镜的反射率为 91 %，基于光纤耦合器的环形谐振腔的插入损耗 α_δ 为 0.06 dB，分束比 $\eta:(1-\eta)$ 为 3:7。各传感器的长度稍有不同，但是都接近于 100 mm。谐振腔长 l_0 近似等于传感器长度的 2 倍。传感器长度的差异可以保证每个传感器对应各自独立的干涉条纹，且不同传感器的干涉条纹不会发生重叠。对于该线性传感阵列，取参考臂长度 L_R 略短于传感臂长度 L_S（约 2 mm），以便通过改变 X_ν 来实现两臂光程的匹配。光电探测器检测到的该线性传感器阵列的输出信号如图 7.7 所示。

在图 7.7 中，标记为 $\nu=0$ 的干涉条纹对应输入/输出光纤与第一个光纤传感器连接处的反射信号。标记为 $\nu=1,2,3$ 的干涉条纹分别对应第二个传感器与第一个传感器连接点处的反射信号，第三个与第二个传感器连接点处的反射信号，第三个传感器的远端反射信号。图 7.7 中干涉峰之间的距离 S_1、S_2 和 S_3 分别对应传感器 1、2 和 3。

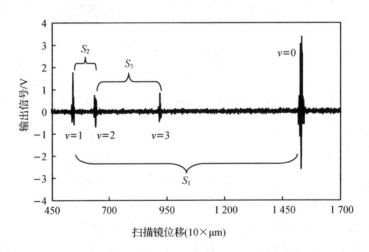

图 7.7　反射镜以 2 mm/s 的速度从 4.5～17 mm 的线性传感器阵列的输出信号

为了测试传感阵列对应变的响应能力，设计了由两个传感器组成的传感器阵列（见图 7.5），各传感器的长度为 $l_1 \approx l_2 \approx l_0/2 \approx 104$ mm。传感器由单模光纤构成，光纤的纤芯和包层直径分别为 9 μm 和 125 μm，包层外面的聚合物涂覆层厚度为 40 μm。采用波长为 1 310 nm 的 LED 作为光源，驱动电流为 50 mA，输出光功率为 38.6 μW。试件的材料为塑料，由宽度比为 2:1 的两段均匀的部分组成，其形状如图 7.8 所示。如果在试件上施加一个纵向拉力，那么在理想情况下这两部分所承受的应变比为 1:2。用环氧树脂将传感光纤粘贴在塑料试件的表面,如图 7.8 所示。如果试件与裸石英光纤之间的结合良好,那么光纤传感器测得的应变将与试件承受的局部应变相同。但是由于实际光纤外面有一层涂覆层,而且其硬度远没有石英光纤及周围基体材料(环氧树脂)的硬度高,所以可以预见,测得的应变与试件所受的实际应变之间会存在微小的差别[6]。因此,我们在光纤传感器附近安装两个商用高精度应变计(CEA-06-125UN-350),对光纤传感器进行标定。

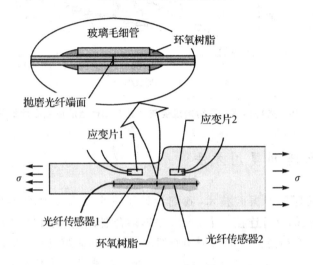

图 7.8 测试试件

图 7.9 为采用电阻应变片对光纤传感器应变量进行标定的测量结果。从图中可以看出,光纤传感器与电阻应变片测得的应变之间呈线性关系,即 $\varepsilon_{fiber} = \alpha \varepsilon_{strain\text{-}gauge}$。分别对长度为 104 mm 和 105 mm 的光纤传感器 1 与光纤传感器 2 进行了测量,标定值分别为 0.868 1 及 0.871 9,图 7.9 中仅给出了传感器 1 的标定结果,取它们的平均值为 $\bar{\alpha}=0.87$。图 7.10 给出了光纤传感器测得的应变和加载在试件上的应变之间的关系。图中两个光纤传感器测得的应变比为 1∶1.93,接近于设计值 1∶2。因此,用光纤传感器的测量结果除以校正因子 α,便可得到试件实际承受的应变。

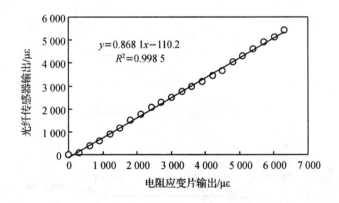

图 7.9 采用电阻应变片对光纤传感器进行标定的测量结果

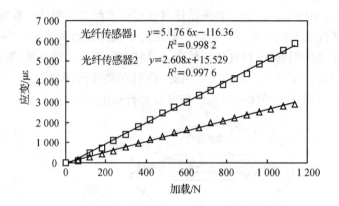

图 7.10　光纤传感器测得的应变与加载在试件上的应变之间的关系

7.3.2　平行阵列复用方法

基于上面讨论的环形谐振腔技术,我们设计了一个 $1 \times M$ 平行传感器阵列,其结构如图 7.11 所示。干涉仪的一臂连接一个 $1 \times M$ 星形耦合器,星形耦合器的输出端再分别与 M 个传感光纤相连。对每个传感光纤的两个端面都进行抛光和镀膜,使其端面的反射率分别为 R_1 和 R_2,如图 7.11 所示。与星形耦合器相连的 M 个传感光纤作为应变传感器,它们的长度分

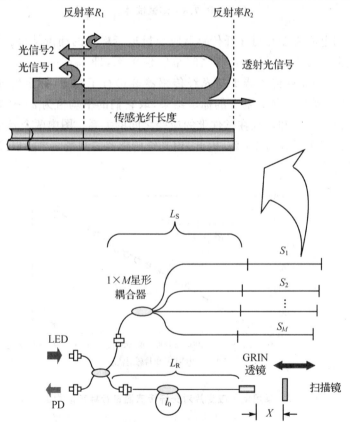

图 7.11　由 $1 \times M$ 星形耦合器和环形谐振腔组成的光纤应变传感器阵列

别为 $l_1, l_2, \cdots, l_M$。干涉仪的另一臂作为参考臂与环形谐振腔相连,并且在光纤末端连接一个 GRIN 透镜。在线性位移台上安装一个与 GRIN 透镜相垂直的扫描反射镜。通过位移台可以调节该扫描反射镜的位置,从而可以测量每个传感光纤的绝对伸长量。

在分布式应变的作用下,假设该光纤传感阵列中各传感器的长度分别从 l_1 变为 $l_1 + \Delta l_1$, l_2 变为 $l_2 + \Delta l_2$, $\cdots$, l_M 变为 $l_M + \Delta l_M$,那么各传感器测得的应变分别为 $\varepsilon(1) = \frac{\Delta l_1}{l_1}$, $\varepsilon(2) = \frac{\Delta l_2}{l_2}$, $\cdots$, $\varepsilon(M) = \frac{\Delta l_M}{l_M}$。为了避免信号在扫描范围内发生重叠而引起混淆,应该保证每个光纤传感器的长度满足如下条件:

$$l_i \neq l_j, \quad i, j = 1, 2, \cdots, M \tag{7.27}$$

$$n_{\text{equivalent}} \mid l_i - l_j \mid_{\max} < D, \quad i, j = 1, 2, \cdots, M \tag{7.28}$$

且

$$n_{\text{equivalent}} \mid l_i - l_j \mid_{\min} > \varepsilon_{\max}(q) l_q, \quad i, j, q = 1, 2, \cdots, M \tag{7.29}$$

式中,$n_{\text{equivalent}}$ 为光纤模式的有效折射率,D 为位移台的最长扫描距离,$\varepsilon_{\max}(q)$ 表示各传感器所受应变的最大值。

实验中,搭建了由两个传感器组成的平行阵列传感系统,其实验装置和实验环境与 7.3.1 小节中介绍的线性传感阵列相同。各传感器的长度都近似等于 100 mm,但互相之间存在微小的差别。这种长度的不一致可以保证每个传感器的干涉条纹是唯一的,且不会与其他传感器的干涉条纹重叠。环形谐振腔的腔长 l_0 近似等于传感器长度的 2 倍。在该传感器平行阵列中,输入光经 1×2 星形耦合器分成两路,分别进入两个传感臂。传感臂的长度(L_u, $u = 1, 2$)略长于参考臂的长度 L_R,这样可以通过改变参考光路中扫描反射镜的位置 X_b,实现参考光程与传感光程的匹配。

图 7.12 给出了该传感器平行阵列的输出信号。其中,图 7.12(a)为传感阵列中一个传感器的输出结果,图中位于 5.5 mm 附近的干涉峰对应的是传感光纤与输入/输出光纤的连接端面的反射信号,而 15.5 mm 附近的干涉峰对应传感光纤的远端反射信号。图 7.12(b)中所示的距离 S_1 和 S_2 分别对应传感臂 1 和传感臂 2 的光程变化。利用干涉信号位置的改变量 S_1 和 S_2 可以测量传感器长度的变化。

为了进一步研究传感器平行阵列的传感特性,对其进行了应变测量的实验研究。测量原理如图 7.13 所示,共采用 4 个光纤传感器。实验中采用的光纤为标准商用单模光纤,纤芯和包层的直径分别为 9 μm 和 125 μm,光纤外的聚合物涂覆层的厚度为 40 μm。每个光纤传感器的长度近似为 250 mm。使用环氧树脂分别将 4 个传感器粘贴在一个三层塑料胶合板试件上,其截面图和俯视图分别如图 7.13(a)和图 7.13(b)所示。在每个光纤传感器附近都安装一个电阻应变片,用于标定光纤传感器的测量结果。当在试件上施加一个外力 P 时,由光纤传感器与电阻应变片可以同时测得试件上不同位置的应变,测量结果如图 7.14 和图 7.15 所示。

在实际应用中,通常将电阻应变片测得的应变作为试件所受的实际应变,那么由于聚合物涂覆层的存在,光纤传感器测得的应变要比电阻应变片测得的应变小。这一分析得到了如图 7.15 所示的实验结果的验证。

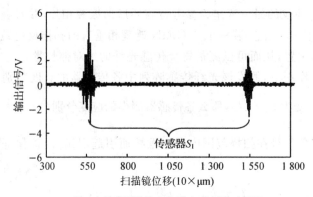

(a) 第一个传感器的输出信号(扫描镜移动速度1 mm/s)

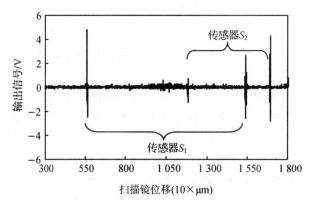

(b) 两个传感器的输出信号(扫描镜移动速度10 mm/s)

图 7.12 双传感器平行阵列的输出信号

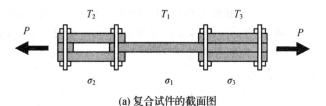

(a) 复合试件的截面图

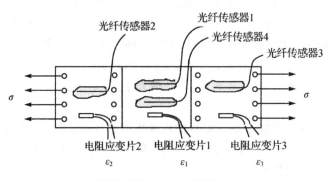

(b) 光纤传感器和电阻应变片的位置

图 7.13 试件的截面图以及光纤传感器和电阻应变片的位置

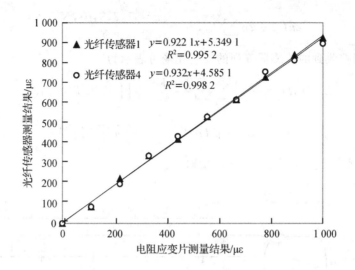

图 7.14　光纤传感器 1 和 4 的测量结果与电阻应变片测量值的关系

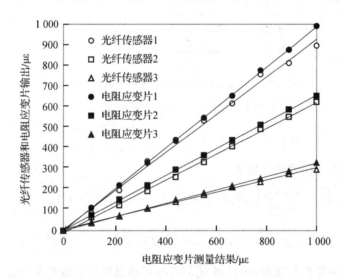

图 7.15　光纤传感器与电阻应变片的测量结果比较

7.3.3　$M \times N$ 传感器阵列

光纤环形谐振腔技术还可以进一步用在多路复用光纤 Michelson 干涉仪阵列中,这种基于光纤环形谐振腔的 Michelson 干涉仪阵列的系统结构如图 7.16 所示。该系统结构与图 7.5 所示结构基本相同,不同之处是用一个 $M \times N$ 传感器阵列代替图 7.5 中的线性传感器阵列。$1 \times M$ 星形耦合器的每个臂又都是一个由 N 段传感光纤首尾相连构成的 $1 \times N$ 线性传感器阵列。传感器 S_{uv} 的长度为 $l_{uv}(u=1,2,3,\cdots,M;v=0,1,2,\cdots,N)$,利用扫描反射镜来实现传感器光程的匹配。

如图 7.16 所示,一方面,相邻两个传感器 S_{uv-1} 与 S_{uv} 的连接端面的反射信号的光程为

$$2nL_u + 2n\sum_{i=1}^{\nu} l_{ui}, \quad \begin{cases} u = 1,2,3,\cdots,N \\ \nu = 0,1,2,\cdots,N \end{cases} \quad (7.30)$$

那么,光电探测器接收到的传感器阵列的反射光场可表示为

$$E_{\mathrm{Ms}}(k,t) = \frac{E(k)}{2} \sum_{u=1}^{M} \sum_{\nu=0}^{\nu} \left\{ \frac{\sqrt{R_{u\nu}}}{M} \left(\prod_{i=1}^{\nu} T_{ui}\beta_{ui}T'_{ui}\beta'_{ui} \right) \times \right.$$
$$\left. \exp\left[-jk\left(ct - 2nL_u - 2n\sum_{i=1}^{\nu} l_{ui} \right) \right] \right\} \quad (7.31)$$

式中,$R_{u\nu}$ 表示传感器 $S_{u\nu-1}$ 与 $S_{u\nu}$ 连接处的反射率。

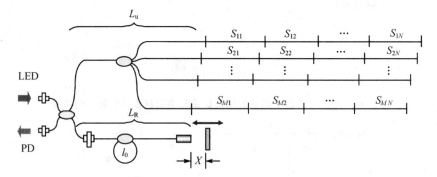

图 7.16　多路复用 Michelson 干涉仪阵列的结构

另一方面,环形谐振腔产生的参考信号光程可以表示为

$$2nL_R + \nu nL_0 + 2X_w, \quad \begin{cases} u = 1,2,3,\cdots,N \\ \nu = 0,1,2,\cdots,N \end{cases} \quad (7.32)$$

那么到达探测器的参考信号的光场为

$$E_{\mathrm{Mr}}(k,t) = \frac{E(k)}{2} \sum_{u=1}^{M} \sum_{\nu=0}^{N} \left\{ \sqrt{(\nu+1)R_0}\, \eta(X_{u\nu}) \exp\left[-\left(\frac{\nu}{2}+1\right)\alpha_\delta \right] \eta(1-\eta)^{\nu/2} \times \right.$$
$$\left. \exp[-jk(ct - 2nL_R - \nu nl_0 - 2X_{u\nu})] \right\} \quad (7.33)$$

与式(7.23)的推导过程相似,可以得到 $M \times N$ 传感器阵列的输出光强:

$$I_M(X_{u\nu}) = \frac{I_0}{4} \sum_{u=1}^{M} \sum_{\nu=0}^{N} \left[B_{u\nu} + C_{u\nu} + 2\sqrt{B_{u\nu}C_{u\nu}} \exp\left(-\frac{\xi^2}{2L_c^2}x'^2 \right) \cos(k_0 x') \right] \quad (7.34)$$

式中

$$B_{u\nu} = \frac{R_{u\nu}}{M^2} \left(\prod_{i=1}^{\nu} T_{ui}\beta_{ui}T'_{ui}\beta'_{ui} \right)^2, \quad \begin{cases} u = 1,2,3,\cdots,M \\ \nu = 0,1,2,\cdots,N \end{cases} \quad (7.35)$$

$$C_{u\nu} = (\nu+1)R_0\eta^2(X_{u\nu})\exp[-(\nu+2)\alpha_\delta]\eta^2(1-\eta)^{\nu}, \quad \begin{cases} u = 1,2,3,\cdots,M \\ \nu = 0,1,2,\cdots,N \end{cases} \quad (7.36)$$

$$x' = 2X_{u\nu} + 2n(L_R - L_u) + 2n\sum_{i=1}^{\nu}\left(\frac{l_0}{2} - l_{ui}\right), \quad \begin{cases} u = 1,2,3,\cdots,M \\ \nu = 0,1,2,\cdots,N \end{cases} \quad (7.37)$$

从式(7.34)中可看出,利用扫描反射镜改变 Michelson 干涉仪的光程差可以得到 $M \times (N+1)$ 个干涉峰。令式(7.37)中的 $x'=0$,可以得到不同干涉峰之间的距离:

$$\Lambda_{u\nu} = n\left(l_{u\nu} - \frac{l_0}{2} \right) \quad (7.38)$$

第 7 章 光纤白光干涉传感器的多路复用技术

这种 $M \times N$ 光纤传感器阵列可以实现应变和温度网格式分布测量。如果应变或温度导致第 u 行第 ν 列的传感器长度从 $l_{u\nu}$ 变为 $l_{u\nu}+\Delta l_{u\nu}$,那么由于一般认为环形谐振腔的腔长为常数,所以输出端干涉峰位置的变化 $\Delta \Lambda_{u\nu}$ 可以表示为

$$\Delta \Lambda_{u\nu} = \Delta(n l_{u\nu}), \quad \begin{cases} u = 1,2,3,\cdots,M \\ \nu = 0,1,2,\cdots,N \end{cases} \tag{7.39}$$

例 1:分布式应变测量。

在应变测量实验中,各传感光纤的长度分别为 $l_{11},l_{12},\cdots,l_{MN}$,如图 7.16 所示。当在传感阵列上施加一个分布式应变时,设各传感光纤的长度分别从 l_{11} 变为 $l_{11}+\Delta l_{11}$,l_{12} 变为 $l_{12}+\Delta l_{12}$,$\cdots$,l_{MN} 变为 $l_{MN}+\Delta l_{MN}$。对于长度为 $l_{u\nu}$ 的光纤传感器,由于形变所导致的光程变化等于对应的干涉峰位置的变化,故可以表示为

$$\Delta \Lambda_{u\nu} = n \Delta l_{u\nu}(\varepsilon_{u\nu}) + l_{u\nu} \Delta n(\varepsilon_{u\nu}), \quad \begin{cases} u = 1,2,3,\cdots,M \\ \nu = 0,1,2,\cdots,N \end{cases} \tag{7.40}$$

式中,$\Delta \Lambda_{u\nu}$ 可以通过扫描反射镜的位置变化量来精确测得。式中右边第一项表示由应变引起的传感器光程的变化,利用公式 $\Delta l_{u\nu}(\varepsilon_{u\nu}) = l_{u\nu} \varepsilon_{u\nu}$,可以与传感器 $l_{u\nu}$ 的轴向应变 $\varepsilon_{u\nu}$ 建立直接的联系;右边第二项为由纤芯折射率变化引起的光程改变量,表示为[24]

$$\Delta n(\varepsilon_{u\nu}) = -\frac{1}{2} n^3 [(1-\nu_g) p_{12} - \mu p_{11}] \varepsilon_{u\nu} \tag{7.41}$$

式中,ν_g 为石英光纤材料的泊松比,p_{ij} 为光纤的光弹系数。

因此,应变场与扫描反射镜位移的变化量之间的关系可表示为

$$\begin{bmatrix} \varepsilon_{11} & \varepsilon_{12} & & \\ \varepsilon_{21} & \varepsilon_{22} & & \\ & & \ddots & \\ & & & \varepsilon_{MN} \end{bmatrix} = \S(n) \begin{bmatrix} \dfrac{\Delta \Lambda_{11}}{l_{11}} & \dfrac{\Delta \Lambda_{12}}{l_{12}} & & \\ \dfrac{\Delta \Lambda_{21}}{l_{21}} & \dfrac{\Delta \Lambda_{22}}{l_{22}} & & \\ & & \ddots & \\ & & & \dfrac{\Delta \Lambda_{MN}}{l_{MN}} \end{bmatrix} \tag{7.42}$$

式中

$$\S(n) = n \left\{ 1 - \frac{1}{2} n^2 [(1-\nu_g) p_{12} - \mu p_{11}] \right\} \tag{7.43}$$

如果 $\Delta \Lambda_{u\nu}(u=1,2,\cdots,M;\nu=1,2,\cdots,N)$ 的值为已知,那么施加在每个传感器上的应变可通过式(7.42)计算得到。

例 2:分布式温度测量。

多路复用光纤传感器阵列系统也可用于监测局部区域的温度分布情况。设温度为 T_0 时光纤传感器的长度分别为 $l_{11}(T_0),l_{12}(T_0),\cdots,l_{MN}(T_0)$。对于长度为 $l_{u\nu}$ 的光纤传感器,当温度由 T_0 变为 T 时,光纤的长度将随着热膨胀和光纤折射率的变化而改变。对于长度为 $l_{u\nu}$ 的第 u 行第 ν 列传感器,当环境温度为 $T_{u\nu}$ 时,扫描位移可表示为

$$\Delta \Lambda_{u\nu} = n(T_0) l_{u\nu}(T_0) [\alpha_T + C_T](T_{u\nu} - T_0) \tag{7.44}$$

所以,光纤 $l_{u\nu}$ 周围的局部环境温度为

$$T_{u\nu} = \frac{\Delta \Lambda_{u\nu}}{n(T_0) l_{u\nu}(T_0)(\alpha_T + C_T)} + T_0, \quad \begin{cases} u = 1,2,3,\cdots,M \\ \nu = 0,1,2,\cdots,N \end{cases} \tag{7.45}$$

式中，$n(T_0)$ 表示温度为 T_0 时光纤纤芯的折射率，$\Delta\Lambda_{uv}$ 为与光纤长度 l_{uv} 的改变量所对应的扫描镜的位移。

7.3.4 传感器复用容限的评估方法

设进入光纤的光强为 I_0，光电探测器可以测得的最小光强为 $I_{\min}$，那么多路复用传感系统最多能够复用的传感器数量可以通过下式估算，即

$$I_D(u,v) \geqslant I_{\min}, \quad \begin{cases} u=1,2,3,\cdots,M \\ v=0,1,2,\cdots,N \end{cases} \tag{7.46}$$

式中，$I_D(u,v)$ 为传感器 S_{uv} 引起探测器接收的光强。对于线性传感器阵列，通过式(7.23)可以得到传感器 $v(v=0,1,2,\cdots,N)$ 输出信号的幅度：

$$I_{AD}(X_v)\big|_{x=0} = \frac{I_0}{2}\sqrt{B_v C_v} =$$

$$\frac{I_0}{2}\left\{R_v\left(\prod_{i=0}^{v}T_i\beta_i T_i'\beta_i'\right)^2(v+1)R_0\eta^2(X_v)\times\right.$$

$$\left.\exp[-(v+2)\alpha_\delta]\eta^2(1-\eta)\right\}^2 \tag{7.47}$$

通过式(7.34)可以得到传感器阵列的光强峰值为

$$I_{MD}(X_{uv})\big|_{x'=0} = \frac{I_0}{2}\sqrt{B_{uv}C_{uv}} =$$

$$\frac{I_0}{2}\left\{\frac{R_{uv}}{M^2}\left(\prod_{i=1}^{v}T_{ui}\beta_{ui}T_{ui}'\beta_{ui}'\right)^2(v+1)\times\right.$$

$$\left.R_0\eta^2(X_{uv})\exp[-(v+2)\alpha_\delta]\eta^2(1-\eta)^v\right\}^2 \tag{7.48}$$

为了估计基于环形谐振腔技术的光纤传感器阵列可以复用的传感器数量，利用式(7.47)和式(7.48)进行了计算机仿真。在仿真过程中，假设扫描反射镜和 GRIN 透镜之间的平均损耗为 6 dB，即 $\eta(X_p)=\eta(X_{uv})=1/4$。若构成环形谐振腔的光纤耦合器环的插入损耗为 $\alpha_\delta=0.06$ dB，3 dB 耦合器的插入损耗可以忽略不计，则仿真中用到的其他参数分别为 $\beta_v=\beta_{uv}=\beta_v'=\beta_{uv}'=0.9$；$T_v=T_{uv}=T_v'=T_{uv}'=0.89$；$R_v=R_{uv}=1\%$，$u=1,2,\cdots,M$；$v=0,1,2,\cdots,N$，且 $R_m=91\%$。

图 7.17 给出了 $\eta=0.3$ 时由 10 个传感器组成的传感器阵列中，每个传感器归一化（除以输入光强 I_0）输出光强。光电探测器典型最小可检测功率为 1 nW，考虑到系统噪声，假设探测器的检测下限为 $I_{\min}=10$ nW。对于输出功率 $I_0=50$ μW 的光源，满足式(7.47)的最大可复用传感器数为 $N_{\max}=3$，即 3 个光纤传感器首尾相连构成的线性传感阵列。如果光源的输出强度增加到 $I_0=3$ mW，那么可复用的传感器数量增加为 $N_{\max}=15$。

需要注意的是，上文中提到的可以复合的最大传感器数与环形耦合器的分光比 η：$(1-\eta)$ 有关。当光源输出功率 $I_0=50$ μW、耦合器分光比 η 从 0.1 变化到 0.9 时，计算得到的由 10 个传感器组成的光纤传感器阵列中，每个传感器的输出信号强度如图 7.18 所示。从图中可以看出，传感器阵列的最优结构是 $\eta=0.3$ 或 $\eta=0.5$，即由 3 个传感器构成的阵列。如果

$\eta=0.9$,探测器的检测下限仍然取 $I_{min}=10$ nW,则传感器数目减少为 1。另外,图 7.19 为一个 5×5 光纤传感器阵列的仿真输出光强分布。

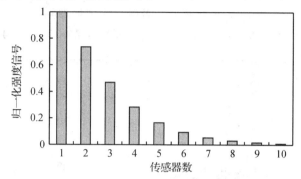

图 7.17　由 10 个传感器组成的传感器阵列的归一化强度分布

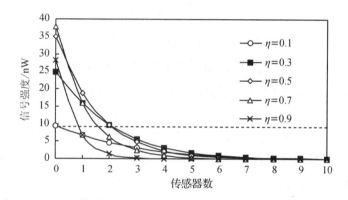

图 7.18　线性传感器阵列的输出强度分布(耦合效率 η 为 $0.1\sim0.9$,$I_0=50$ μW)

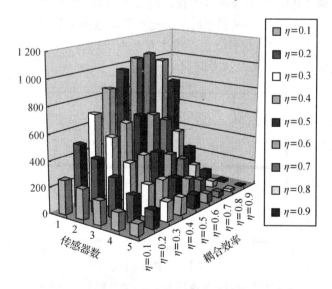

图 7.19　5×5 光纤传感器阵列的仿真结果

在一个 $M\times10$ 传感器阵列的第一个分路中,利用式(7.48)计算得到 $\eta=0.3$、$M=1,2,\cdots,5$ 时各传感器的归一化输出光强,如图 7.20 所示。在计算过程中,假设星形耦合器将输入光

平均耦合到 M 个分路中,并忽略耦合器的插入损耗。与我们的预期相同,传感器的输出光强随着星形耦合器的分支数 M 的增加而降低。当输入光强 $I_0=50~\mu\text{W}$ 时,计算得到的最大可复合传感器数为 $M\times N|_{\max}=2\times 2$(4 个传感器);若输入光强增加到 $I_0=3~\text{mW}$,则系统的最大可复合传感器数能够达到 $M\times N|_{\max}=3\times 3$(9 个传感器),或 $M\times N|_{\max}=4\times 2$(8 个传感器)。

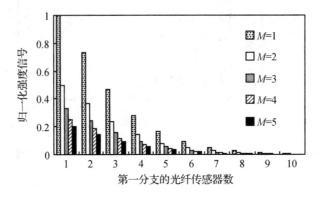

图 7.20 阵列大小从 $1\times 10\sim 5\times 10$ 时 $1\times M$ 耦合器的第一个分路中的传感器输出信号强度分布

另外需要注意的是,可复用的最大传感器数还受到扫描反射镜的扫描距离限制。在整个测量范围内,如果线性传感器阵列中的光纤传感器长度满足 $l_1<l_2<\cdots<l_N$,那么最大可复用传感器数由公式 $X_{\nu,\max}/\max\limits_{i=1,2,\cdots,N-1}\{l_{i+1}-l_i\}$ 决定,其中 $X_{\nu,\max}$ 为扫描镜的最大扫描距离,$\max\limits_{i=1,2,\cdots,N-1}\{l_{i+1}-l_i\}$ 是相邻传感器的最大长度差。若取 $X_{\nu,\max}=20~\text{cm}$,$\max\limits_{i=1,2,\cdots,N-1}\{l_{i+1}-l_i\}=5~\text{mm}$,则通过计算可以得到最大可复用传感器数为 40。

为了验证上面的仿真结果,我们利用 1×2 星形耦合器搭建了一个 2×2 光纤传感器矩阵实验系统。在该传感矩阵中,4 个传感器的长度略有不同,但都近似等于 100 mm。当光源的输出功率为 $50~\mu\text{W}$ 时,该 2×2 传感器矩阵的光电探测器输出结果如图 7.21 所示。从图中可以看出,传感器 S_{12} 和 S_{22} 的输出信号很小。这主要是由于传感器阵列的输入光功率强度不够高。更换功率更大的光源便可解决这个问题。

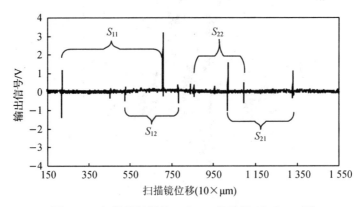

图 7.21 扫描反射镜从 1.5 mm 移动到 15.5 mm 时 2×2 传感器阵列的探测器输出结果

7.4 长 F-P 谐振腔多路复用技术

在如图 7.16 所示的光纤传感器复用结构中,用一个长腔光纤 Fabry-Perot(F-P)谐振腔代替光纤环形谐振腔,与光纤星形耦合器一起可以构成多光纤 Michelson 干涉仪,从而形成一个准分布式应变或温度传感阵列系统。

光纤 F-P 谐振腔的特性主要取决于谐振腔长 l_0、谐振腔的反射系数 R 和透射系数 T[25]。本章中,长腔 F-P 谐振腔的作用主要是产生多光路光波。在图 7.22 中,设输入 F-P 谐振腔的光波表示为

$$E_{in}(k,t) = E_0(k)\exp(-jkct) \tag{7.49}$$

式中,E_0 为输入光波的振幅,k 为波数,c 为自由空间中的光速。F-P 谐振腔两侧的反射系数、透射系数和插入损耗分别记为 R_1、R_2、T_1、T_2、β_1 和 β_2。

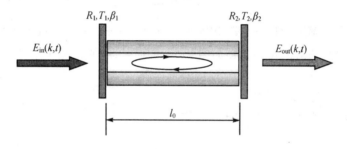

图 7.22 光纤 F-P 谐振腔

那么,F-P 谐振腔的输出光场可表示为

$$E_{out}(k,t) = E_0(k)\sum_{p=0}^{\infty}\{(R_1/R_2)^{p/2}\sqrt{T_1\beta_1 T_2\beta_2}\exp[-jk(ct-2pnl_0)]\} \tag{7.50}$$

式中,n 为光纤纤芯的折射率,l_0 为 F-P 谐振腔的腔长,p 为输入光的谐振次数。

从式(7.50)可以看出,光纤 F-P 谐振腔可以用于产生一系列光程不同的多光束。基于均匀分光比的 $1\times M$ 星形耦合器,我们设计并制作了多路复用干涉光纤传感器阵列,如图 7.23 所示。光纤 Michelson 干涉仪的一臂与 $1\times M$ 星形耦合器相连,得到 M 路相互独立的光纤分支。同时,每一路光纤分支又串联 N 段首尾相接的光纤,从而构成一个 $M\times N$ 光纤传感器阵列。Michelson 干涉仪的另一臂与一个长腔光纤 F-P 谐振腔相连作为参考臂,并在 F-P 腔的远端连接一个光纤准直器。在线性位移台上安装一个与准直器垂直的扫描反射镜,用于调节参考臂的长度使其跟踪每段传感光纤的长度变化。当传感臂与参考臂之间的光程差小于光源的相干长度时,会在传感阵列的输出端得到白光干涉条纹。位于干涉条纹中间的中央条纹,具有最大的振幅,对应干涉仪两臂的光程绝对相等。

如图 7.23 所示,传感阵列中长度为 l_{uv} 的光纤传感器 S_{uv} 的右端面反射信号经过 $1\times M$ 耦合器后,其光程可以表示为

$$2nL_u + 2n\sum_{i=1}^{\nu}l_{ui}, \quad \begin{cases} u = 1,2,3,\cdots,M \\ \nu = 0,1,2,\cdots,N \end{cases} \tag{7.51}$$

式中,u 和 ν 分别表示传感光纤位于第 u 行第 ν 列。对于如图 7.23 所示的多路复用 Michelson 干涉光纤传感器阵列,光源发出的光经 3 dB 耦合器后分别注入 Michelson 干涉仪的两臂。其

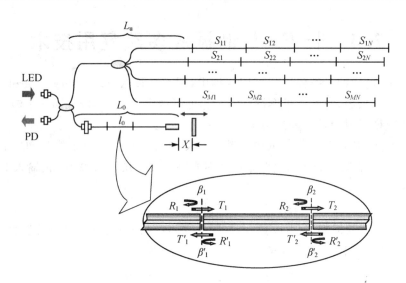

图 7.23 基于光纤 F-P 谐振腔的复用 Michelson 干涉仪矩阵的结构示意图

中传感器 S_{uv} 的反射光信号的传输路径如图 7.24(a)所示,被光电探测器接收到的反射光可以表示为

$$E_1(k,t) = \frac{E(k)}{2} \sum_{u=1}^{M} \sum_{v=0}^{N} \left\{ \frac{\sqrt{R_{uv}}}{M} \left(\prod_{i=1}^{v} T_{ui}\beta_{ui} T'_{ui}\beta'_{ui} \right) \exp\left[-jk\left(ct - 2nL_u - 2n\sum_{i=1}^{v} l_{ui}\right)\right] \right\} \quad (7.52)$$

式中,β_{ui} 表示第 u 行第 i 列的传感光纤端面的附加插入损耗,T_{ui} 和 R_{uv} 分别为第 u 行第 i 列的传感光纤端面的透射系数和反射系数。通常,由于 β_{ui} 的存在,$T_{uv} < 1 - R_{uv}$。β'_{ui} 和 T'_{ui} 分别表示反方向的插入损耗和透射系数。

与传感臂的多路反射信号相匹配的参考信号是由 Michelson 干涉仪参考臂中的 F-P 谐振腔产生的,传输光路如图 7.24(b)所示,可以表示为

$$2nL_0 + 2vnl_0 + 2X_{uv}, \quad \begin{cases} u = 1,2,3,\cdots,M \\ v = 0,1,2,\cdots,N \end{cases} \quad (7.53)$$

光电探测器接收到的参考臂反射光信号为

$$E_2(k,t) = \frac{E(k)}{2} \sum_{u=1}^{M} \sum_{v=0}^{N} \left\{ \sqrt{(v+1)R_0} f(X_{uv})(R_1 R_2)^{v/2} \cdot \sqrt{T_1\beta_1 T_2\beta_2} \exp[-jk(ct - 2nL_0 - 2vnl_0 - 2X_{uv})] \right\} \quad (7.54)$$

式中,R_0 为扫描反射镜的反射率,$f(X_{uv})$ 为扫描反射镜-GRIN 透镜系统的插入损耗,与反射镜和 GRIN 透镜之间的距离 X_{uv} 有关。

所以,该多路复用光纤干涉传感器阵列的输出光强(波数为 k)可以表示为

$$I_M(k, X_{uv}) = [E_1(k,t) + E_2(k,t)][E_1(k,t) + E_2(k,t)]^* =$$
$$\frac{E(k)E^*(k)}{4} \sum_{u=1}^{M} \sum_{v=0}^{N} \sum_{m=1}^{M} \sum_{p=1}^{N} [B_{uv} + C_{mp} + 2\sqrt{B_{uv}C_{mp}}\cos(kx)] \quad (7.55)$$

式中

$$B_{uv} = \frac{R_{uv}}{M^2} \left(\prod_{i=1}^{v} T_{ui}\beta_{ui} T'_{ui}\beta'_{ui} \right)^2, \quad \begin{cases} u = 1,2,3,\cdots,M \\ v = 0,1,2,\cdots,N \end{cases} \quad (7.56)$$

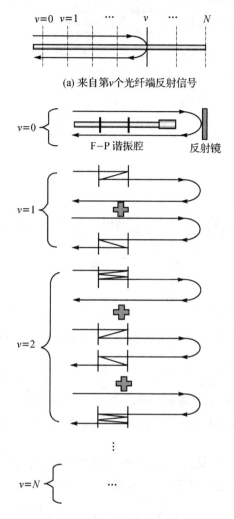

(a) 来自第v个光纤端反射信号

(b) 经过F-P谐振腔的反射信号

图 7.24 Michelson 干涉光纤传感阵列的光程匹配示意图

$$C_{mp} = (v+1)R_0 f^2(X_{mp})(R_1 R_2)^p (T_1\beta_1 T_2\beta_2), \quad \begin{cases} m = 1,2,3,\cdots,M \\ p = 0,1,2,\cdots,N \end{cases} \quad (7.57)$$

$$x = 2X_{uv} + 2n(L_0 - L_m) + 2n\Big(vl_0 - \sum_{i=1}^{p} l_{mi}\Big), \quad \begin{cases} u,m = 1,2,3,\cdots,M \\ v,p = 0,1,2,\cdots,N \end{cases} \quad (7.58)$$

与光纤环形谐振腔的情况类似,在$(-\infty,+\infty)$区间对整个光谱(所有的波数k)进行积分,可以求出探测器接收的干涉信号强度为

$$I(X) = \int_{-\infty}^{+\infty} [E_1(k,t) + E_2(k,t)][E_1(k,t) + E_2(k,t)]^* dk =$$

$$\frac{1}{4}\sum_{u=1}^{M}\sum_{v=0}^{N}\sum_{m=1}^{M}\sum_{p=0}^{N}\int_{-\infty}^{+\infty} I(k)\Big[B_{uv} + C_{mp} + 2\sqrt{B_{uv}C_{mp}}\cos(kx)\Big]dk \quad (7.59)$$

对于该光纤传感器阵列,当且仅当 $\begin{cases} u=m \\ \nu=p \end{cases}$ 并且同时满足:

$$|x| \leqslant L_c \quad (\text{相干长度}) \tag{7.60}$$

时,式(7.59)的积分才不为零。

因此,式(7.59)的积分可以简化为

$$I(X_{uv}) = \frac{1}{4}\sum_{u=1}^{M}\sum_{\nu=0}^{N}\int_{-\infty}^{+\infty}\left\{I_0\frac{I_c}{\sqrt{2\pi}\xi}\exp\left[-\frac{I_c^2(k-k_0)^2}{2\xi^2}\right]\right\}[B_{uv}+C_{uv}+2\sqrt{B_{uv}C_{uv}}\cos(kx)]\mathrm{d}k \tag{7.61}$$

将 $k'=k-k_0$ 代入式(7.61),有

$$I(X_{uv}) = \frac{1}{4}\sum_{u=1}^{M}\sum_{\nu=0}^{N}\int_{-\infty}^{+\infty}\left[I_0\frac{L_c}{\sqrt{2\pi}\xi}\exp\left(-\frac{L_c^2k'^2}{2\xi^2}\right)\right]\{B_{uv}+C_{uv}+$$

$$2\sqrt{B_{uv}C_{uv}}\cos[(k'+k_0)x]\}\mathrm{d}k' =$$

$$\frac{I_0}{4}\sum_{u=1}^{M}\sum_{\nu=0}^{N}\int_{-\infty}^{+\infty}\left[\frac{L_c}{\sqrt{2\pi}\xi}\exp\left(-\frac{L_c^2k'^2}{2\xi^2}\right)\right]\{B_{uv}+C_{uv}+$$

$$2\sqrt{B_{uv}C_{uv}}[\cos(k'x)\cos(k_0x)-\sin(k'x)\sin(k_0x)]\}\mathrm{d}k' =$$

$$\frac{I_0}{4}\sum_{u=1}^{M}\sum_{\nu=1}^{N}\left[B_{uv}+C_{uv}+2\sqrt{B_{uv}C_{uv}}\exp\left(-\frac{\xi^2}{2L_c^2}x^2\right)\cos(k_0x)\right] \tag{7.62}$$

从式(7.62)可以看出,在反射镜从扫描位移台的一端移动到另一端的过程中,可以得到 $M\times(N+1)$ 个白光干涉条纹,并且每组干涉条纹对应唯一的光纤传感器,从而形成 $M\times N$ 光纤传感器阵列。

对于这种 $M\times N$ 多路复用 Michelson 干涉传感器阵列,由于干涉条纹的中央条纹对应干涉仪传感臂和参考臂的光程绝对相等($x=0$),即

$$X_{uv} = n\left[(L_\nu-L_0)+\sum_{i=1}^{u}(l_{ui}-l_0)\right], \quad \begin{cases} u=1,2,3,\cdots,M \\ \nu=0,1,2,\cdots,N \end{cases} \tag{7.63}$$

所以,这种传感器阵列可以用于准分布式应变或温度的测量。

如果进一步令 $|n(l_{uv}-l_{mp})|(u\neq m)$ 和 $|n(l_{uv}-l_0)|$ 远大于光源的相干长度,那么对于不同的 u 和 ν,X_ν 的值是不同的,所以不同传感器的干涉条纹位置不同,各干涉条纹之间不会发生重叠。通过式(7.63)可以计算得到相邻两个干涉条纹之间的距离 $\Lambda_{uv}=X_{uv}-X_{u,\nu-1}$。

$$\Lambda_{uv} = n(l_{uv}-l_0), \quad \begin{cases} u=1,2,3,\cdots,M \\ \nu=0,1,2,\cdots,N \end{cases} \tag{7.64}$$

在应变或环境温度的作用下,如果第 u 行第 ν 列传感器的长度 l_{uv} 变为 $l_{uv}+\Delta l_{uv}$,由于参考臂中 F-P 谐振腔的腔长保持不变,那么 Λ_{uv} 的改变量 $\Delta\Lambda_{uv}=\Delta(nl_{uv})$,$\begin{cases} u=1,2,3,\cdots,M \\ \nu=0,1,2,\cdots,N \end{cases}$。

例 1:分布式应变测量。

在应变的测量中,传感阵列中各传感光纤的长度分别为 $l_{11},l_{12},\cdots,l_{MN}$,如图 7.23 所示。如果在传感阵列上施加一个分布式应变,设各传感光纤的长度分别从 l_{11} 变为 $l_{11}+\Delta l_{11}$,l_{12} 变为 $l_{12}+\Delta l_{12}$,$\cdots$,l_{MN} 变为 $l_{MN}+\Delta l_{MN}$,那么由于形变所导致的长度为 l_{uv} 的光纤传感器的光程变

化可表示为

$$\Delta\Lambda_{uv} = n\Delta l_{uv}(\varepsilon_{uv}) + l_{uv}\Delta n(\varepsilon_{uv}), \quad \begin{cases} u = 1,2,3,\cdots,M \\ v = 0,1,2,\cdots,N \end{cases} \tag{7.65}$$

式中，$\Delta\Lambda_{uv}$ 可通过扫描反射镜的位移精确测得。式中右边第一项 $n\Delta l_{uv}(\varepsilon_{uv})$ 表示由应变引起的传感器长度变化，通过公式 $\Delta l_{uv}(\varepsilon_{uv}) = l_{uv}\varepsilon_{uv}$，可以与传感器 l_{uv} 的轴向应变 ε_{uv} 建立直接的联系；第二项为纤芯折射率变化引起的光程改变量，表示为[24]

$$\Delta n(\varepsilon_{uv}) = -\frac{1}{2}n^3\left[(1-v_g)p_{12} - v_g p_{11}\right]\varepsilon_{uv} \tag{7.66}$$

式中，v_g 为石英光纤材料的泊松比，p_{ij} 为各向同性材料的光弹系数。

因此，应变场与扫描反射镜位移之间的关系可表示为

$$\begin{bmatrix} \varepsilon_{11} & \varepsilon_{12} & & \\ \varepsilon_{21} & \varepsilon_{22} & & \\ & & \ddots & \\ & & & \varepsilon_{MN} \end{bmatrix} = \eta(n) \begin{bmatrix} \dfrac{\Delta\Lambda_{11}}{l_{11}} & \dfrac{\Delta\Lambda_{12}}{l_{12}} & & \\ \dfrac{\Delta\Lambda_{21}}{l_{21}} & \dfrac{\Delta\Lambda_{22}}{l_{22}} & & \\ & & \ddots & \\ & & & \dfrac{\Delta\Lambda_{MN}}{l_{MN}} \end{bmatrix} \tag{7.67}$$

式中，$\eta(n) = n\left\{1 - \dfrac{1}{2}n^2\left[(1-v_g)p_{12} - v_g p_{11}\right]\right\}$。如果 $\Delta\Lambda_{uv}(u=1,2,\cdots,M; v=1,2,\cdots,N)$ 为已知量，那么通过式(7.67)可以计算得到施加在每个传感器上的应变。

例2：分布式温度测量。

传感器阵列系统不仅可以用于测量应变，也可以用于监测局部的温度分布。设温度为 T_0 时光纤传感器标称长度分别为 $l_{11}(T_0), l_{12}(T_0), \cdots, l_{MN}(T_0)$。对于长度为 l_{uv} 的光纤传感器，当温度由 T_0 变为 T 时，传感光纤的长度将随着热膨胀和光纤纤芯折射率的变化而改变。当传感器周围的环境温度为 T_{uv} 时，根据式(7.65)，与第 u 行 v 列传感器 l_{uv} 对应的扫描位移为

$$\Delta\Lambda_{uv} = n(T_0)l_{uv}(T_0)(\alpha_T + C_T)(T_{uv} - T_0) \tag{7.68}$$

因此，光纤 l_{uv} 的局部环境温度为

$$T_{uv} = \frac{\Delta\Lambda_{uv}}{n(T_0)l_{uv}(T_0)(\alpha_T + C_T)} + T_0, \quad \begin{cases} u = 1,2,3,\cdots,M \\ v = 0,1,2,\cdots,N \end{cases} \tag{7.69}$$

式中，$n(T_0)$ 表示温度为 T_0 时光纤纤芯的折射率；$\Delta\Lambda_{uv}$ 为位移台记录的扫描镜位移对应光纤长度 l_{uv} 的变化量；α_T 和 C_T 分别是光纤的热膨胀系数和折射率温度系数。对于标准的通信用单模光纤，当 $\lambda = 1\,300$ 时对应的参数为 $n = 1.468\,1$（当 $T = 25\,℃$ 时），$\alpha_T = 5.5\times10^{-7}/℃$，$C_T = 0.762\times10^{-5}/℃$；当 $\lambda = 1\,500$ 时对应的参数为 $n = 1.467\,5$（当 $T = 25\,℃$ 时），$\alpha_T = 5.5\times10^{-7}/℃$，$C_T = 0.811\times10^{-5}/℃$[26]。

为了评估基于长腔 F-P 谐振腔技术的光纤传感器阵列最多可以复用多少个传感器，我们首先假设注入光纤的光强为 I_0、光电探测器能够探测到的最小光强为 $I_{\min}$，那么可以通过下式估算出传感阵列的最大可复用传感器数，即

$$I_D(u,v) \geqslant I_{\min}, \quad \begin{cases} u = 1,2,3,\cdots,M \\ v = 0,1,2,\cdots,N \end{cases} \tag{7.70}$$

对于多路复用传感器阵列中的任意一个光纤传感器，光电探测器检测到的干涉信号的振

幅与式(7.61)中的相干耦合项成正比,即

$$I(X_{uv})|_{x=0} = \frac{I_0}{2}\sqrt{B_{uv}C_{uv}} =$$

$$\frac{I_0}{2}\left[\frac{R_{uv}}{M^2}\left(\prod_{i=1}^{v}T_{ui}\beta_{ui}T'_{ui}\beta'_{ui}\right)^2(v+1)R_0f^2(X_{uv})(T_1\beta_1T_2\beta_2)(R_1R_2)^v\right]^{1/2}$$
(7.71)

利用式(7.71),可以根据接收信号强度来评估基于长腔 F-P 谐振腔的传感器阵列的复用能力。设扫描反射镜-GRIN 透镜系统的平均损耗为 6 dB,即 $f(X_{uv})=1/4$,同时忽略该传感阵列中 3 dB 耦合器的插入损耗。为了简化分析过程,设 F-P 谐振腔两端具有相同的反射率和透射率,即 $R_1=R_2=R$,$T_1=T_2=T$,且 $\beta_1=\beta_2=\beta$。与前面的结构类似,仍然取光纤连接插入损耗(由散射和吸收引起的)为 $\beta_{uv}=\beta'_{mp}=0.9$。在垂直入射的情况下,利用 Fresnel 公式 $R_{uv}=(n-1)^2/(n+1)^2$ 可以求得光纤端面的反射率。式中,n 为光纤纤芯的折射率,典型值为 1.46,对应的反射率为 4%。如果光纤之间连接良好,两光纤端面之间的空隙小于光的波长,则在这种情况下,相邻两个光纤传感器端面的反射率 R_{uv} 小于或近似等于 1%。因此,端面的透射率为 0.89,即 $R_{uv}=R'_{mp}=1\%$,$T_{uv}=T'_{mp}=0.89(u,m=1,2,3,\cdots,M;v,p=1,2,\cdots,N)$。取扫描反射镜的反射率为 $R_0=91\%$,计算得到的 4×4 传感器阵列中各光纤传感器输出信号强度的仿真结果如图 7.25 所示。

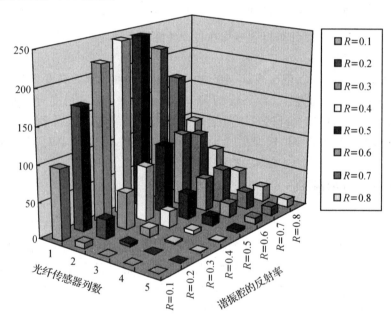

图 7.25　4×4 光纤传感器阵列的输出信号强度仿真结果,光源输出功率为 0.5 mW

在光纤干涉系统中,光电探测器的典型探测能力约为 1 nW。考虑到系统的本底噪声和其他杂散光的影响,取探测器的检测下限为 $I_{min}=5$ nW。在式(7.70)的条件下,若光源输出功率为 $I_0=0.1$ mW,通过计算得到的白光干涉条纹最多为 $M\times N|_{max}=3\times 3$ 个,对应为 3×2 光纤传感器阵列;若光源输出功率增加到 $I_0=3$ mW,则得到的干涉条纹最多为 $M\times N|_{max}=8\times 8$ 个,对应 8×7 传感器阵列。

在多路复用干涉系统中,输出的相干信号强度受 F-P 谐振腔相干参数的影响很大。图 7.26 为 3×3 光纤传感器阵列的输出信号强度的仿真结果,其中光源的输出功率为 $I_0=0.1\text{ mW}$,F-P 谐振腔的反射率 R 从 0.1 增加到 $0.8,\beta=0.9,T=\beta-R$。从图中可以看出,最优化参数为 $R=0.7\sim0.8$ 或 $T=0.1\sim0.2$。

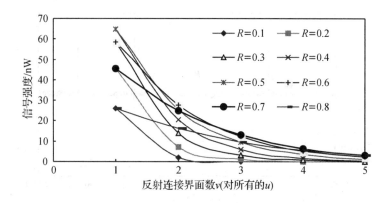

图 7.26 3×3 光纤传感器阵列输出信号强度的仿真结果

取 $R=0.7$,并设 $1\times M$ 耦合器的分光比是均匀的,利用式(7.71)计算了多路复用光纤传感器阵列的归一化输出信号强度。取行数 M 为 5,列数 N 为 6,构成一个 5×5 光纤传感器阵列,其输出信号强度的仿真结果如图 7.27 所示。

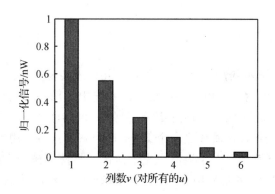

**图 7.27 5×5 光纤传感器阵列的归一化
输出信号强度与传感器列数的关系**

事实上,光纤传感器阵列的最大可复用传感器数不仅取决于光源的输出功率,还受到扫描反射镜的最大移动距离(扫描位移台的长度)的限制。另外,需要注意探测器的本底噪声以及检测灵敏度并不是常数,而是反射镜扫描速度的函数。因此,实际应用中传感器阵列的最大可复用传感器数要小于如前所述的理论计算值。

我们对由 4 个传感器组成的光纤白光 Michelson 干涉传感器阵列进行了实验验证。在该多路复用干涉传感系统中,SLD 光源的输出功率为 1 mW,中心波长为 1 310 nm。GRIN 透镜与扫描反射镜之间的距离为 3~100 mm,对应的反射镜-GRIN 透镜系统的插入损耗为 4~8 dB。扫描反射镜的反射率为 91 %,F-P 谐振腔的插入损耗系数 $\beta=0.9$,谐振腔的反射率和透射率分别为 0.78 和 0.12。实验中采用的 1×2 星形耦合器的分光比为 48.7∶51.3。选取 F-P 谐振腔的

腔长 l_0 近似等于传感光纤的长度。每根传感光纤的长度近似相等,约为 1 m,但是它们的绝对长度略有不同,这样可以保证每个传感器对应唯一的干涉条纹。令参考臂长度 L_0 略短于传感臂长度 L_u(通常为几毫米),那么扫描距离 X_{uv} 加上 L_0 刚好与 L_u 相匹配。实验得到的扫描信号如图 7.28 所示,由 2×3 个白光干涉条纹组成,对应一个 2×2 传感器阵列。

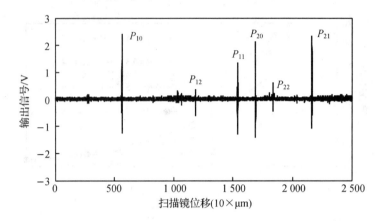

图 7.28　复用 2×2 光纤白光干涉传感器阵列的输出信号

7.5　Mach-Zehnder 与 Fizeau 干涉仪串接复用技术

7.5.1　传感线阵

在实际应用中,通常输入/输出光纤有时要长达几千米甚至更长。为了实现传感信号的遥测,我们设计了一种新型的白光复用传感系统[9]。系统中采用一个简单的非平衡 Mach-Zehnder 干涉仪来完成光程的匹配。在传感部分,只用一根传输光纤实现信号的输入和输出。传感器阵列中的每一段光纤都可看成是一个 Fizeau 干涉仪,这些复用起来的 Fizeau 干涉仪可以看做是一个光纤传感器阵列。对于遥测白光干涉传感器阵列来说,这种结构极大地降低了系统的复杂性和成本。这种多路复用 Mach-Zehnder 和 Fizeau 串接白光干涉仪如图 7.29 所示。

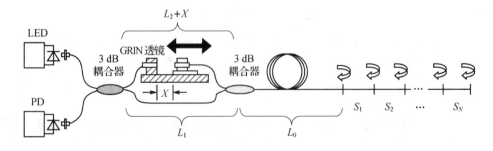

图 7.29　光纤 Mach-Zehnder 和 Fizeau 串接白光干涉仪复用结构

LED 或 SLD 光源发出的光,经过非平衡 Mach-Zehnder 干涉仪进入光纤传感器阵列中。

在传感器阵列中传输的光受到调制(如传感光纤的伸长)后,反射信号沿着相同光路返回到探测端。在该传感系统中,N 段传感光纤首尾相连串接复用,在相邻两段光纤之间形成反射面,从而构成一个 Fizeau 干涉仪串接复用结构。这些反射面的反射率很小(等于或小于 1 %),可以避免输入光的衰减过快。选择相邻两个反射面之间的光纤传感器长度 l_j 近似等于非平衡 Mach-Zehnder 干涉仪的差动光程 L_{DOP}。各个传感器的长度变化可以用可调非平衡 Mach-Zehnder 干涉仪进行跟踪。该非平衡 Mach-Zehnder 干涉仪由两臂组成,其中一臂是一根直的光纤,另一臂包含两个由 GRIN 透镜构成的光纤准直器。两个 GRIN 透镜相对放置,其中一个 GRIN 透镜安装在固定支架上,另一个 GRIN 透镜安装在步进电机位移台上,这样可以通过控制 GRIN 透镜的位置来调节 Mach-Zehnder 干涉仪参考臂的光程。在实验中,光纤传感器的长度 l_j 约为 500 mm,设置 Mach-Zehnder 干涉仪的光程差 L_{DOP} 与 l_j 之间的差小于位移台的扫描范围 150 mm。在扫描过程中,当 L_{DOP} 与相邻两个反射面之间的距离相匹配时,便会在探测端得到白光干涉条纹。

多路复用传感器阵列的基本测量原理与前面几种传感器阵列相同。假设各光纤传感器的长度分别为 $l_1, l_2, \cdots, l_N$,那么如图 7.29 所示,非平衡 Mach-Zehnder 干涉仪的差动光程便可以确定下来,即

$$L_2 - L_1 = L_{DOP} \tag{7.72}$$

设两个 GRIN 透镜之间的距离为 X。图 7.30 为任意一个传感器 j 的等效光路,图中光源发出的光经 Mach-Zehnder 干涉仪后到达传感器 j,被传感器 j 的两个端面反射后再次经 Mach-Zehnder 干涉仪返回到光电探测器。这一传输过程共包括以下 8 个独立的传输路径:

$$2nL_1 + 2nL_0 + 2n\sum_{k=1}^{j-1} l_k \tag{7.73}$$

$$2nL_1 + 2nL_0 + 2n\sum_{k=1}^{j-1} l_k + 2nl_j \tag{7.74}$$

$$nL_1 + nL_2 + X_j + 2nL_0 + 2n\sum_{k=1}^{j-1} l_k \tag{7.75}$$

$$nL_1 + nL_2 + X_j + 2nL_0 + 2n\sum_{k=1}^{j-1} l_k + 2nl_j \tag{7.76}$$

$$2nL_2 + 2X_j + 2nL_0 + 2n\sum_{k=1}^{j-1} l_k \tag{7.77}$$

$$2nL_2 + 2X_j + 2nL_0 + 2n\sum_{k=1}^{j-1} l_k + 2nl_j \tag{7.78}$$

$$nL_2 + X_j + nL_1 + 2nL_0 + 2n\sum_{k=1}^{j-1} l_k \tag{7.79}$$

$$nL_2 + X_j + nL_1 + 2nL_0 + 2n\sum_{k=1}^{j-1} l_k + 2nl_j \tag{7.80}$$

例 1:如果选择 L_{DOP} 的长度约等于 l_{sensor},并且在小范围内调节 X_j,那么只有沿式(7.74)和式(7.77)传输的信号的光程可以匹配。对于其他信号,实现光程匹配所需的距离已经超过了扫描位移台的工作范围,所以不会被检测到。因此,有

$$nL_{DOP} + X_j = nl_j, \qquad j = 1, 2, \cdots, N \tag{7.81}$$

例 2:如果选择 L_{DOP} 的长度约等于 $2l_{sensor}$,那么互相匹配的光路是式(7.74)和式(7.75)、

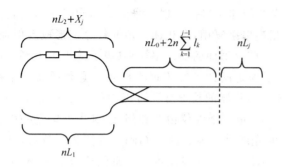

图 7.30 传感器 j 的等效光路

式(7.74)和式(7.79)、式(7.76)和式(7.77)以及式(7.77)和式(7.80),所以探测器接收到的总的信号强度要远大于例 1 的信号强度。在这种情况下,有

$$nL_{\text{DOP}} + X_j = 2nl_j, \qquad j=1,2,\cdots,N \tag{7.82}$$

但是例 2 也存在一定的缺点,即产生一些人们不希望的干涉信号。根据例 1 中的情况,相邻的一对传感器不相连的两个端面产生的反射信号也满足光程匹配条件,从而发生干涉。这些信号的位置可以表示为

$$nL_{\text{DOP}} + X_{i,j-1} = n(l_j + l_{j-1}), \qquad j=1,2,\cdots,N \tag{7.83}$$

与例 1 中的信号强度相比,例 2 中的这些无用的干涉信号强度很小。

对于传感器阵列,假设施加在其上的分布式应变使各传感器的长度从 l_1 变为 $l_1+\Delta l_1$, l_2 变为 $l_2+\Delta l_2$, …, l_N 变为 $l_N+\Delta l_N$。利用步进电机位移台精确调节 Mach-Zehnder 干涉仪的差动光程,对传感器长度的变化进行追踪和匹配。因为每个传感器对应唯一的干涉信号,所以测得的分布式应变为

$$\varepsilon_1 = \frac{\Delta l_1}{l_1}, \varepsilon_2 = \frac{\Delta l_2}{l_2}, \cdots, \varepsilon_N = \frac{\Delta l_N}{l_N} \tag{7.84}$$

通常情况下 L_{DOP} 可以看做是常数,那么利用式(7.81)可以得到传感器 j 对应的位移变化:

$$\Delta X_j = n\Delta l_j(\varepsilon_j) + \Delta n(\varepsilon_j)l_j \tag{7.85}$$

式(7.85)右边第一项表示由应变引起的传感光纤的长度变化,利用公式 $\Delta l_j(\varepsilon_j)=l_j\varepsilon_j$,可以与轴向应变 ε 建立直接的关系。第二项为光纤纤芯折射率的变化引起的光程改变量,表示为[24]

$$\Delta n = -\frac{1}{2}n^3\left[(1-\nu_g)p_{12} - \nu_g p_{11}\right]\varepsilon_j \tag{7.86}$$

因此,有

$$\Delta X = nl_j\varepsilon_j - \frac{1}{2}n^3\left[(1-\nu_g)p_{12} - \nu_g p_{11}\right]l_j\varepsilon_j = \\ \left\{n - \frac{1}{2}n^3\left[(1-\nu_g)p_{12} - \nu_g p_{11}\right]\right\}l_j\varepsilon_j = n_{\text{equivalent}}l_j\varepsilon_j \tag{7.87}$$

式中,$n_{\text{equivalent}}$ 表示光纤纤芯的等效折射率。当光波长为 1 300 nm 时,硅材料的各个参数分别为 $n=1.46$,$\nu_g=0.25$,$p_{11}\approx 0.12$,$p_{12}\approx 0.27$[27],那么根据式(7.87)计算得到的等效折射率为 $n_{\text{equivalent}}\approx 1.19$。因此,通过测量得到应变为

$$\varepsilon_j = \frac{\Delta X_j}{n_{\text{equivalent}}l_j}, \qquad j=1,2,\cdots,N \tag{7.88}$$

光纤传感器阵列也可用于自由空间的准分布式温度测量。假设温度为 T_0 时各光纤传感器长度分别为 $l_{11}(T_0), l_{12}(T_0), \cdots, l_{MN}(T_0)$。当温度由 T_0 变为 T 时,光纤的长度将随着热膨胀和光纤折射率的变化而改变。对于传感器 j,当环境温度为 T_j 时,根据式(7.81),扫描位移可表示为

$$\Delta X_j = n(T_0)[1+C_T(T_j-T_0)]l_j(T_0)[1+\alpha_T(T_j-T_0)] \approx$$
$$n(T_0)l_j(T_0)[\alpha_T+C_T](T_j-T_0) = Sl_j(T_0)(T_j-T_0) \tag{7.89}$$

因而可以测得传感器周围的环境温度：

$$T_j = \frac{\Delta X_j}{Sl_j(T_0)} + T_0, \qquad j=1,2,\cdots,N \tag{7.90}$$

式中，$n(T_0)$表示温度为T_0时光纤纤芯的折射率，X_j为与传感器j相对应的扫描反射镜位移，α_T和C_T分别是光纤的热膨胀系数和折射率温度系数，S为灵敏度系数。根据参考文献[26]，对于标准的通信用单模光纤，$\lambda=1\,300$对应的参数为$n=1.468\,1$，$\alpha_T=5.5\times10^{-7}$，$C_T=0.762\times10^{-5}/℃$；$\lambda=1\,500$对应的参数为$n=1.467\,5$（当$T=25\,℃$时），$\alpha_T=5.5\times10^{-7}/℃$，$C_T=0.811\times10^{-5}/℃$。基于这些数据，可以计算得到单位长度下，这种光纤温度传感器的灵敏度系数S分别为$11.99\,\mu m/(m\cdot℃)$（1 300 nm）和$12.71\,\mu m/(m\cdot℃)$（1 550 nm）。

在光纤传感器阵列中，光源发出的光进入光纤后沿着整个光纤传感器阵列传输。在传输过程中，光会经过若干个熔接点和连接端，所以每个传感器都要吸收或散射一定的光功率（如插入损耗），一般在0.1~0.5 dB之间。通过计算传感器阵列的功率分配可以得到每个传感器的功率裕度P_s，进而可以确定传感器阵列的可能动态范围和可复用的最大传感器数。强度为I_0的输入光经过第一个3 dB耦合器后分成两束，其中一束光沿非平衡Mach-Zehnder干涉仪的L_2臂传输，通过GRIN透镜对后经第二个3 dB耦合器进入传感器阵列。输入光经过GRIN透镜后的功率变为$P_0\alpha_1\eta(x)/2$，经过第二个耦合器的光功率变为$P_0\alpha_1\alpha_2\eta(x)/4$。这里，$\alpha_1$和$\alpha_2$分别表示第一个和第二个耦合器的插入损耗系数。类似的，另一束光沿非平衡Mach-Zehnder干涉仪的L_1臂传输后直接经过第二个耦合器后进入传感器j。从第二个耦合器输出的光要经过导入光纤L_0和$j-1$个传感器后到达传感器j。

经过L_1臂进入传感器阵列的光功率为$P_0\alpha_1\alpha_2/4$，大于由L_2臂进入传感器阵列的光功率$P_0\alpha_1\alpha_2\eta(x)/4$，这是因为沿$L_2$臂传输的光经过GRIN透镜对时会产生一定的损耗。在每个光纤传感器的端面，一部分光被反射，一部分光被透射。如果反射率和透射率分别为R和$T(R+T\leqslant1)$，那么当一束光经过一系列传感器后到达传感器j时，透射光和反射光分别与T^{j-1}和R成正比，如图7.31所示。对于传感器j，设除了反射损耗外的所有损耗为δ_j，同时为了计算方便，令$\log\beta_j=-\delta_j/10$。那么探测器接收到的传感器j的反射信号可以按照如下的方法计算。

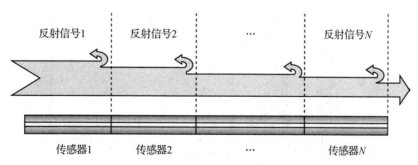

图7.31 传感器阵列中透射信号和反射信号的示意图

例3：如果$L_{DOP}\approx l_{sensor}$，则只有式(7.74)和式(7.77)表示的两路信号可以实现光程匹配。那么探测器接收到的沿式(7.74)表示的光路传输的反射光为

$$I_S(j+1) = \frac{I_0}{16} R\alpha_1^2\alpha_2^2 T^{2j} \Big(\prod_{i=1}^{j}\beta_i\Big)^2, \quad j=1,2,\cdots,N+1 \quad (7.91)$$

类似的,探测器接收到沿式(7.77)表示的光路传输的反射信号为

$$I_S(j) = \frac{I_0}{16} \eta^2(X_j) R\alpha_1^2\alpha_2^2 T^{2j-2} \Big(\prod_{i=1}^{j-1}\beta_i\Big)^2, \quad j=1,2,\cdots,N+1 \quad (7.92)$$

对测量结果有用的传感器信号是以上两路反射信号的干涉项:

$$I_D(j) = 2\sqrt{I_S(j+1)I_S(j)} = \frac{I_0}{8}\eta(X_j) R\alpha_1^2\alpha_2^2 T^{2j-1}\Big(\prod_{i=1}^{j-1}\beta_i\Big)^2, \quad j=1,2,\cdots,N+1 \quad (7.93)$$

例 4: 如果 $L_{DOP} \approx 2l_{sensor}$,则互相匹配的光路有式(7.74)和式(7.75)、式(7.74)和式(7.79)、式(7.76)和式(7.77)以及式(7.77)和式(7.80)表示的光路。这些反射信号的干涉项的总和为

$$I_D(j) = 2\sqrt{I_S(j+1)I_S(j)}\big|_{式(6.74)和式(6.75)} + 2\sqrt{I_S(j+1)I_S(j)}\big|_{式(6.74)和式(6.79)} +$$
$$2\sqrt{I_S(j+1)I_S(j)}\big|_{式(6.76)和式(6.77)} + 2\sqrt{I_S(j+1)I_S(j)}\big|_{式(6.77)和式(6.80)} =$$
$$\frac{I_0}{4} R\alpha_1^2\alpha_2^2 T^{2j-1}\Big(\prod_{i=1}^{j-1}\beta_i\Big)^2 \sqrt{\eta(X_j)}[1+\eta(X_j)], \quad j=1,2,\cdots,N+1 \quad (7.94)$$

与例 3 相似,通过计算得到例 4 中的无用信号为

$$I_{Undesired}(j,j+1) = \frac{I_0}{8}\eta(X_{j,j+1}) R\alpha_1^2\alpha_2^2 T^{2j-2}\Big(\prod_{i=1}^{j}\beta_i\Big)^2, \quad j=1,2,\cdots,N+1 \quad (7.95)$$

为了便于估算传感器阵列能够复用的最大传感器数,取 3 dB 耦合器的典型插入损耗为 0.06 dB,光纤连接处的插入损耗系数为 $\beta_j = 0.9 (j=0,1,2,\cdots,N)$,并设 $\alpha_1 \approx \alpha_2 = 0.98$。在垂直入射的情况下,根据 Fresnel 公式,光纤端面的反射率为 $R = (n-1)^2/(n+1)^2$,其中 n 为纤芯的折射率,典型值为 1.46,据此计算得到端面反射率为 4%。当光纤连接端面良好时,端面间的空气隙距离小于光波长,通常认为这种情况下的反射率为 1%,据此计算得到透射系数为 $T=0.89$。设 GRIN 透镜系统的平均损耗为 6 dB,即 $\eta(X_j)=1/4$,那么计算得到的归一化光信号强度与光纤传感器数 j 的关系如图 7.32 所示。

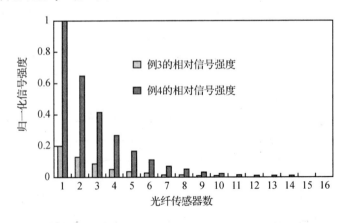

图 7.32 例 3 和例 4 中归一化的信号强度与光纤传感器数量的关系

图 7.33 为例 4 中归一化的有用信号和无用信号。从图 7.32 和图 7.33 中可以看出,例 4

中的信号强度是例3中信号强度的5倍。例4中无用信号的强度近似等于例3中的传感器信号强度。所以,如果信号强度位于图7.33中的虚线以下,那么可能造成传感信号与无用信号的混淆。

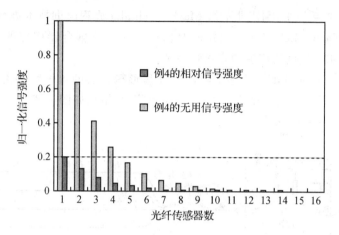

图7.33 例4的归一化有用信号和无用信号

在光纤传感系统中,光电探测器的最小可检测功率为1 nW。考虑到系统噪声,设探测器的合理检测下限为 $I_{min}=10$ nW。如果光源输出强度 $I_0=30$ μW,则计算得到例3和例4的最大可复用传感器数分别为 $N_{max}=0$ 和 $N_{max}=3$;如果光源输出强度增加到 $I_0=3$ mW,则例3和例4的最大可复用传感器数分别增加到 $N_{max}=10$ 和 $N_{max}=14$。事实上,最大可复用传感器数不仅依赖于光源的功率水平,而且受扫描GRIN透镜的最大扫描距离(位移台的长度)的限制。另外,探测器的本底噪声和探测测量灵敏度还与信号的调制方式和GRIN透镜的扫描速度有关。而采用哪种调制方式以及选择多大的扫描速度取决于实际的复用结构和所需要的探测范围。因此,实际的最大可复用传感器数 N_{max} 要小于上面图中计算出的数量。

对由3个传感器组成的传感器阵列进行了实验研究。在该传感系统中,LED光源的输出功率为30 μW,GRIN透镜对的间距为3~150 mm,对应的插入损耗为4~8 dB。每个传感器的长度都在500 mm附近,同时选择非平衡Mach-Zehnder干涉仪的差动光程 L_{DOP},使其等于单个光纤传感器长度的2倍。实验得到的该传感器阵列的扫描信号如图7.34所示。

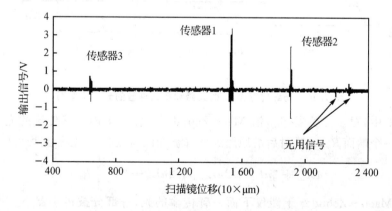

图7.34 三光纤传感器阵列的扫描信号

7.5.2 传感矩阵

在遥测传感矩阵系统中,利用非平衡 Mach-Zehnder 光程问询技术进行传感器矩阵信号的解调。非平衡 Mach-Zehnder 传感矩阵是由 $1 \times M$ 星形耦合器构成的 $M \times N$ 个传感单元[10],这种结构可用于温度或应变的多参量遥测。

为了建立多路复用光纤干涉传感矩阵,$1 \times M$ 星形耦合器的每一臂都由 N 个光纤传感器首尾相连串接组成,从而形成一个 $M \times N$ 传感器矩阵,其结构如图 7.35 所示。

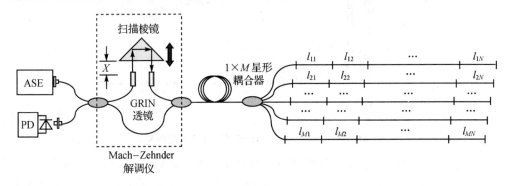

图 7.35 复用光纤白光干涉传感器矩阵的系统结构图

传感系统采用扫描 Mach-Zehnder 干涉仪结构,光源为 ASE 宽谱光源。选择传感器的长度 $l_{uv}(u=1,2,\cdots,M;v=1,2,\cdots,N)$,使它们互不相同,但都近似等于 Mach-Zehnder 干涉仪的光程差(OPD)。该光程差是通过一个扫描棱镜-GRIN 透镜系统控制的。当控制扫描棱镜到达某一位置时,Mach-Zehnder 干涉仪的光程差与某个传感器长度相匹配,就会产生一个白光干涉条纹。以传感器 l_{uv} 为例,光程匹配的示意图如图 7.36 所示。

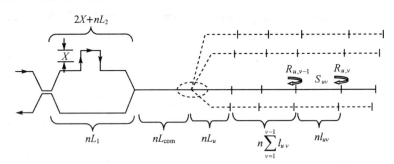

图 7.36 光纤传感器 l_{uv} 的光路和反射信号的分析示意图

在图 7.36 中,对于传感器 S_{uv},沿 Mach-Zehnder 干涉仪上面一臂传输的光,一部分被传感器 S_{uv} 的第一个端面 $R_{u,v-1}$ 反射后沿原路返回并被探测器接收,其总的光程可以表示为

$$4X_{uv} + 2nL_2 + 2nL_{com} + 2nL_u + 2n\sum_{v=1}^{v-1} l_{uv} \tag{7.96}$$

同时,沿 Mach-Zehnder 干涉仪下面一臂传输的光,一部分被传感器 S_{uv} 的第二个端面 R_{uv} 反射后沿原路返回并被探测器接收,其总的光程可以表示为

$$2nL_1 + 2nL_{\text{com}} + 2nL_u + 2n\sum_{\nu=1}^{\nu-1} l_{u\nu} + 2nl_{u\nu} \tag{7.97}$$

比较光程式(7.96)和式(7.97),如果调节 Mach-Zehnder 干涉仪的光程差,使其满足如下条件:

$$L_2 - L_1 = L_0 \approx l_{u\nu}, \quad \begin{cases} u = 1,2,3,\cdots,M \\ \nu = 1,2,3,\cdots,N \end{cases} \tag{7.98}$$

那么,通过控制扫描棱镜的位置来调节 $X_{u\nu}$,使光程式(7.96)和式(7.97)相匹配,从而有

$$2X_{u\nu} + nL_0 = nl_{u\nu}, \quad \begin{cases} u = 1,2,3,\cdots,M \\ \nu = 1,2,3,\cdots,N \end{cases} \tag{7.99}$$

式(7.99)表明,随着 $X_{u\nu}$ 的改变(扫描棱镜从位移台的一端移动到另一端),会得到 $M \times N$ 个白光干涉条纹。每一个干涉条纹对应一个特定的光纤传感器,从而实现对 $M \times N$ 光纤传感矩阵光程变化的测量。

由于干涉条纹中振幅最大的条纹对应于光程式(7.96)和式(7.97)绝对相等,因此这种多路复用的 $M \times N$ 光纤传感矩阵可以用于准分布式应变或温度测量。如果应变或环境温度导致第 u 行第 ν 列的传感器长度由 $l_{u\nu}$ 变为 $l_{u\nu} + \Delta l_{u\nu}$,那么根据式(7.99),这个改变量可以通过扫描棱镜位置的改变求得,即

$$\Delta(nl_{u\nu}) = 2\Delta X_{u\nu}, \quad \begin{cases} u = 1,2,\cdots,M \\ \nu = 1,2,\cdots,N \end{cases} \tag{7.100}$$

如果进一步选取 $|n(l_{u\nu} - l_{mp})|(u \neq m)$ 大于光源的相干长度(几十微米),则对于不同的传感器,$X_{u\nu}$ 各不相同,因此可以保证不同的传感器产生的干涉条纹互相之间不会发生重叠。

在图 7.36 中,从 ASE 光源发出的强度为 I_0 的光经第一个 3 dB 耦合器后分成两路。其中一路通过 Mach-Zehnder 干涉仪的 $2X + nL_1$ 臂后,经过第二个 3 dB 耦合器,再经过一个 $1 \times M$ 星形耦合器和若干个传感器后到达位于第 u 行、第 ν 列的传感器 $S_{u\nu}$。部分光被传感器 $S_{u\nu}$ 的左端面 $R_{u,\nu-1}$ 反射后沿原路返回并被探测器接收,光强可以表示为

$$I_{\text{upper}}(u,\nu-1) = \frac{I_0}{16M^2} f^2(X_{u\nu}) R_{u,\nu-1} \Big(\prod_{k=0}^{\nu-1} T_{uk}\beta_{uk}\Big) \Big(\prod_{k=0}^{\nu-1} T'_{uk}\beta'_{uk}\Big), \quad \begin{matrix} u = 1,2,\cdots,M \\ \nu = 1,2,\cdots,N \end{matrix} \tag{7.101}$$

同样,沿 Mach-Zehnder 干涉仪另一臂传输的光,被传感器 $S_{u\nu}$ 的右端面 $R_{u\nu}$ 反射后到达探测器的强度为

$$I_{\text{Lower}}(u,\nu) = \frac{I_0}{16M^2} R_{u\nu} \Big(\prod_{k=0}^{\nu} T_{uk}\beta_{uk}\Big) \Big(\prod_{k=0}^{\nu} T'_{uk}\beta'_{uk}\Big), \quad \begin{matrix} u = 1,2,\cdots,M \\ \nu = 1,2,\cdots,N \end{matrix} \tag{7.102}$$

对测量结果有用的部分是两个匹配光程的相干耦合项,即

$$I_D(u,\nu) = 2\sqrt{I_{\text{upper}}(u,\nu-1)I_{\text{Lower}}(u,v)} =$$

$$\frac{I_0}{8M^2}\sqrt{R_{u,\nu-1}R_{u\nu}T_{u\nu}\beta_{u\nu}T'_{u\nu}\beta'_{u\nu}} f(X_{u\nu}) \Big(\prod_{k=0}^{\nu-1}\Big) T_{uk}\beta_{uk} \Big(\prod_{k=0}^{\nu-1}\Big) T'_{uk}\beta'_{uk} \tag{7.103}$$

式中,认为两个耦合器都为 3 dB 耦合器,且忽略其插入损耗。$\beta_{u\nu}$ 表示由于散射和吸收等因素引起的第 u 行第 ν 列相邻两个传感器连接端面的插入损耗,$T_{u\nu}$ 和 $R_{u\nu}$ 分别是该连接端面的透射系数和反射系数。通常,由于 $\beta_{u\nu}$ 的存在,$T_{u\nu}$ 小于 $1 - R_{u\nu}$。$\beta'_{u\nu}$ 和 $T'_{u\nu}$ 分别表示反方向传输的插入损耗和透射系数。$f(X_{u\nu})$ 是扫描棱镜-GRIN 透镜系统的损耗,是距离 $X_{u\nu}$ 的函数。

为了估算光纤传感系统的复用能力,设进入光纤的光强为 I_0,且探测器可检测到的最小光功率为 $I_{\min}$。那么,整个传感器矩阵可复用的最大光纤传感器数可以通过下式估算,即

$$I_D(u,\nu) \geqslant I_{\min}, \quad \begin{cases} u = 1,2,\cdots,M \\ \nu = 1,2,\cdots,N \end{cases} \tag{7.104}$$

根据式(7.103)计算传感器矩阵中任意传感器接收到的光信号强度时,取扫描棱镜和 GRIN 透镜之间的平均损耗为 6 dB,即 $f(X_{uv})=1/4$。另外,在干涉系统中,忽略 3 dB 耦合器的插入损耗。为了简化分析过程,令由散射和吸收导致的光纤之间的典型对接插入损耗为 $\beta_{uv} = \beta'_{mp} = 0.9$。在垂直入射的情况下,根据 Fresnel 公式 $R_{uv}=(n-1)^2/(n+1)^2$,可以得到光纤端面的反射率。式中,n 为光纤纤芯的折射率,取典型值 1.46,计算得到光纤端面反射率为 4 ％。如果光纤之间连接良好,光纤端面之间空气间隙小于光波长,那么相邻光纤端的反射率 $R_{uv} \leqslant 1$ ％。因此,可以计算得到光纤连接处的透射系数为 0.89,即 $R_{uv} = R'_{mp} = 1$ ％,$T_{uv} = T'_{mp} = 0.89(u,m=1,2,\cdots,M;\nu,p=1,2,\cdots,N)$。计算得到的传感器矩阵中各光纤传感器的归一化输出光强如图 7.37 所示。

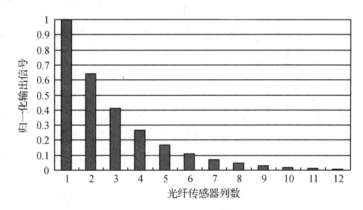

图 7.37　归一化输出信号强度与光纤传感器数的关系

在光纤干涉系统中,光电探测器的典型最小检测功率为 1 nW。考虑噪声本底和其他杂散光的影响,取探测器的检测下限为 $I_{\min} = 10$ nW。在式(7.104)的条件下,若光源输出功率为 $I_0 = 0.3$ mW,则计算得到白光干涉条纹最多为 $M \times N|_{\max} = 2 \times 2$ 个;若光源输出功率增加到 $I_0 = 3$ mW,则得到的干涉条纹为 $M \times N|_{\max} = 4 \times 4$,即 16 个传感器。

忽略 $1 \times M$ 星形耦合器的插入损耗和分光比的不均匀性,根据式(7.103)可以计算得到复用光纤传感器矩阵的输出信号强度。取传感器矩阵的行数 M 和列数 N 分别为 1～5,光源的输出光功率为 $I_0 = 6$ mW,计算得到的结果如图 7.38 所示。事实上,可复用的最大光纤传感器数不仅依赖于光源的功率水平,而且受扫描棱镜最大可扫描距离(即位移台的长度)的限制。另外,需要注意,噪声本底和检测灵敏度是扫描棱镜移动速度的函数。因此,在实际应用中,多路复用传感器矩阵的最大传感器数要小于上面的计算结果。

对 4 光纤白光干涉传感器矩阵进行了实验验证。在该多路复用干涉传感系统中,光源为 ASE,输出功率为 1 mW,中心波长为 1 310 nm。GRIN 透镜与扫描棱镜之间的距离为 3～60 mm,对应的扫描棱镜-GRIN 透镜系统的插入损耗为 4～8 dB。实验中采用的 1×2 星形耦合器的分光比为 48.7∶51.3。选取 Mach-Zehnder 干涉仪的光程差近似等于光纤传感器的长度。每段传感光纤的长度都约为 100 mm,但是它们的绝对长度之间存在微小差别,这样可

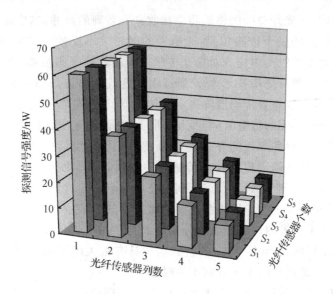

图 7.38 6 mW 光源的 5×5 光纤传感器矩阵的输出信号的仿真结果

以保证每个传感器对应唯一的干涉条纹。图 7.39 给出了 $M×N=2×2$ 传感器矩阵的白光干涉条纹。其中扫描棱镜的移动范围为 4.5～17 mm，且各传感器长度满足 $l_{11}>l_{12}>l_{22}>l_{21}$。从图中可以看出，1×2 星形耦合器两臂中的传感器信号强度分别为 $S_{11}>S_{12}$ 和 $S_{21}>S_{22}$。但是，同一列的两个传感器的信号强度并不一样，这是因为我们无法保证每一个连接反射面的反射率相同。

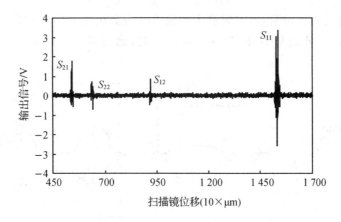

图 7.39 2×2 复用光纤白光干涉传感器矩阵的输出信号

7.6 Mach-Zehnder 干涉仪串接复用技术

在设计传感器阵列时首先需要考虑的问题是如何从一个数据流中将每个传感器的信息分离出来。前面已经介绍了两种通过构建分布式传感系统来解决这一问题的方法。第一种方法是传感器的时分复用技术[28]。时分复用原理是：当激光二极管以一脉宽小于光纤总线上相邻传感器间传输时间的光脉冲自光纤总线的输入端注入时，由于在总线上各传感单元距光脉冲发射端的距离不同，在光纤总线的终端将会接收到一系列的脉冲，其中每一个光脉冲所包含的信息对应光纤总线上的一个传感单元，光脉冲的时延大小反映了该传感单元的地址分布。如果能够在光脉冲宽度的时间内完成对白光传感单元的连续光程扫描，即可得到传感器的传感信息。第二种方法是频分复用技术[29]。通过周期性线性斜坡扫描的方法连续改变光源的输出光脉冲的频率，并合理布置传感器阵列中的传感器位置，可以使从光源发出的光经过各个传感器后回到信号处理单元的传输时间互不相同。传感阵列输出延迟信号与未延迟光源信号相混合，每个传感器可以得到唯一的外差频率；所感知到的环境信息包含在一系列拍频边带信号中，而这些拍频信号在这里则成为每个传感器的载频响应。1985 年，J. L. Brooks 等人提出了一种新的复用多个遥测传感器的方法，利用光学相干代替时分技术和频分技术[30]。在传感系统中，用一个低相干长度的连续光源代替前面提到的系统中的脉冲光源或斜坡扫描相干光源。这种利用低相干长度的连续光源来分离一系列传感器返回信号的方法是 Al - Chalabi 等人首次提出的[1]。然而，Brooks 给出的新的结构具有很大的不同。在新的结构中，连续检测每个传感器，信号是通过空间来区分而不是时序上的。

图 7.40 为双传感器"系列"相干复用系统的工作原理示意图，l_1、l_2、L_1 和 L_2 分别为每个 Mach - Zehnder 干涉仪的光路差，理想状态下，$L_1=l_1$ 且 $L_2=l_2$。如果光源的相干时间为 τ_c，那么通过公式 $L_c=u_g\tau_c$ 可以得到光源的相干长度，其中 u_g 为光在光纤中传输的群速率。光源发出的光经单模光纤后进入串联的 Mach - Zehnder 干涉仪阵列，每个干涉仪两臂的光程都不同，设各干涉仪两臂的光程差分别为 l_1 和 l_2。选择干涉仪两臂的光程差，并令其远大于光源的相干长度 L_c，这样干涉仪两臂之间相对相位不会在传感器输出端转变为能够检测到的强度调制。实际上，每个传感器所携带的信息是通过干涉仪两臂之间的相位差表现出来的。当光信号传输到信号处理区域后，通过解调干涉仪可以检测出信号的相位信息。其中解调干涉仪的光程差 L_1 和 L_2 分别与 l_1 和 l_2 相匹配。因此，通过光电探测器将相位调制转变为强度调制。

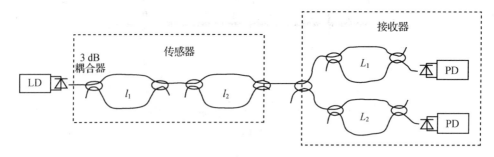

图 7.40　双传感器"系列"相干复用系统的工作原理示意图

基于串联 Mach - Zehnder 干涉仪的思想，我们提出了相干复用 Mach - Zehnder 干涉传感系统，其传感原理如图 7.41 所示。宽谱光源 LED 发出的光经 3 dB 耦合器后进入串联 Mach - Zehnder 传感器阵列。该传感器阵列由若干 2×2 光纤耦合器首尾相连串接而成，传感器阵列的末端为两个光纤端反射镜。在如图 7.41 所示的 Mach - Zehnder 干涉仪结构中，传感臂的长度分别为 l_{11}，l_{12}，l_{21}，l_{22}，…，l_{N1} 和 l_{N2}，它们互相之间存在微小的差别，以便使每个传感器具有唯一的干涉信号。如果将这些传感臂中的一臂作为参考臂，那么另一臂可以看做传感臂，通过测量传感臂绝对光程的变化，可以测量应变或温度。如果调节图 7.41 中扫描棱镜的位置，当参考臂的光程与某一个传感臂的光程相匹配时,就可以在输出端获得白光干涉条纹。位于干涉条纹中间的中央条纹振幅最大,对应参考臂和传感臂的光程完全匹配。如果跟踪参考信号和传感信号之间的光程差,就可以测量每个传感臂的变化。

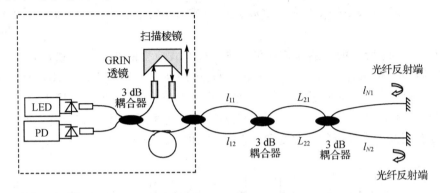

图 7.41　串联 Mach - Zehnder 阵列光纤干涉应变传感系统的工作原理示意图

图 7.42 给出了传感器阵列的光程分析示意图。利用一系列 3 dB 耦合器将若干个光纤对 l_{i1} 和 l_{i2} 连接在一起,构成串联传感器阵列,该传感器阵列再与两臂光程分别为 nL_1 和 $2X+nL_2$ 的非平衡 Mach - Zehnder 干涉仪相连。这里,X 为扫描反射镜的位置,n 为光纤芯的折射率。在该传感系统中,令每个光纤传感器的长度近似相等,同时满足下列条件:

$$\left. \begin{array}{l} L_1 \approx L_2 \\ l_{ij} \approx l_{ik}, \quad i=1,2,\cdots,N; \quad j,k=1,2 \\ l_{ij} \neq l_{jk} \end{array} \right\} \quad (7.105)$$

利用图 7.41 中的扫描棱镜可以改变参考臂的光程 $2X+nL_2$。当两路反射信号的光程差(OPD)与非平衡 Mach - Zehnder 干涉仪的光程差相等时,就会产生白光干涉条纹。位于干涉条纹中间的中央条纹,具有最大的振幅,对应参考臂和传感臂的光程绝对相等。

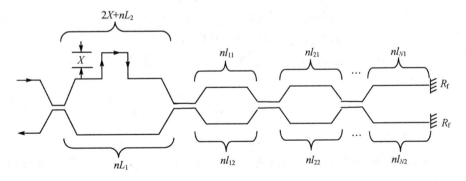

图 7.42　光纤传感器 l_{ij} 反射信号的光程分析

所以,有

$$2X_m + (nL_2 - nL_1) = \sum_{i=1,j=1}^{N} n\{[(l_{i1}) 或(l_{i2})] + [(l_{N+1-i,1}) 或(l_{N+1-i,2})] - [(l_{j1}) 或(l_{j2})] - [(l_{N+1-j,1}) 或(L_{N+1-j,2})]\}, \quad (m=1,2,\cdots,2N) \quad (7.106)$$

与第 mk 个传感器的变化相对应的白光干涉峰的位移 ΔX_m 为

$$2\Delta X_m = \sum_{i=1,j=1}^{N} \{[\Delta(nl_{i1}) \text{ 或 } \Delta(nl_{i2})] + [\Delta(nl_{N+1-i,1}) \text{ 或 } \Delta(nL_{N+1-i,2})] -$$
$$[\Delta(nl_{j1}) \text{ 或 } \Delta(nl_{j2})] - [\Delta(nl_{N+1-j,1}) \text{ 或 } \Delta(nl_{N+1-j,2})]\}, \quad m = 1,2,\cdots,2N$$
(7.107)

利用如图 7.43 所示的传感器阵列可以进行分布式应变的测量。传感臂 $l_{i1}(i=1,2,\cdots,N)$ 为拉直的状态,传感臂 $l_{i2}(i=1,2,\cdots,N)$ 为自由的状态。如果令传感臂 l_{i2} 稍长于传感臂 l_{i1},那么将传感臂 l_{i1} 用于应变测量;而传感臂 l_{i2} 由于对应变不敏感,可以用于测量环境温度。另外,传感臂 l_{i1} 和 l_{i2} 距离很近,可以认为它们的环境温度相同。因此,传感臂 l_{i2} 可以用于补偿环境温度变化引起的光纤折射率改变和热膨胀导致的光纤长度变化。

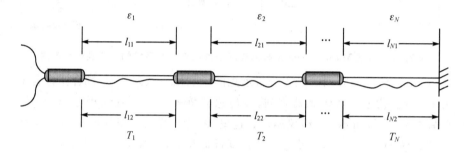

图 7.43 光纤传感器阵列分布

无论是应变还是环境温度发生改变,都会使传感光纤的长度增加(或减小),由此引起的光程伸长量可以表示为

$$\Delta(nl_{i1}) = [n\Delta l_{i1}(\varepsilon_i) + \Delta n(\varepsilon_i)l_{i1}] + [n\Delta l_{i1}(T_i) + \Delta n(T_i)l_{i1}], \quad i = 1,2,\cdots,N$$
(7.108)

而补偿光纤阵列的光程只受温度变化的影响:

$$\Delta(nl_{i2}) = [n\Delta l_{i2}(T_i) + \Delta n(T_i)l_{i2}] \tag{7.109}$$

将式(7.108)和式(7.109)相减,并考虑式(7.105),即 $l_{i1} \approx l_{i2}$,有

$$\Delta(nl_{i1}) - \Delta(nl_{i2}) \approx [n\Delta l_{i1}(\varepsilon_i) + \Delta n(\varepsilon_i)l_{i1}] = n_{\text{equivalent}} l_{i1}\varepsilon_i \tag{7.110}$$

式中

$$n_{\text{equivalent}} = \left\{ n - \frac{1}{2}n^3[(1-\nu_g)p_{12} - \nu_g p_{11}] \right\} \tag{7.111}$$

表示光纤纤芯的等效折射率。对于硅材料,波长 $\lambda=1\,550$ nm 时对应的参数分别为 $n=1.46$, $\nu_g=0.25$, $p_{11}\approx 0.12$, $p_{12}\approx 0.27$[24],将这些参数代入式(7.111),计算得到的等效折射率为 $n_{\text{equivalent}} \approx 1.19$。

图 7.44 为 4 传感器光纤传感系统。各传感器的光程伸长量可表示为

$$\left.\begin{array}{l} 2\Delta X_1 = 2[\Delta(nl_{11}) - \Delta(l_{12})] + 2[\Delta(nl_{21}) - \Delta(nl_{22})] \\ 2\Delta X_2 = [\Delta(nl_{11}) - \Delta(nl_{12})] + 2[\Delta(nl_{21}) - \Delta(nl_{22})] \\ 2\Delta X_3 = 2[\Delta(nl_{11}) - \Delta(nl_{12})] \\ 2\Delta X_4 = 2[\Delta(nl_{22}) - \Delta(nl_{21})] \end{array}\right\} \tag{7.112}$$

引入光纤纤芯的等效折射率,式(7.112)可以简化为

第 7 章 光纤白光干涉传感器的多路复用技术

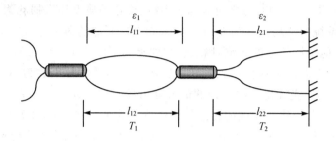

图 7.44 双耦合器传感器阵列

$$\left.\begin{aligned}\Delta X_1 &= n_{\text{equivalent}} l_{11} \varepsilon_1 + n_{\text{equivalent}} l_{21} \varepsilon_2 \\ \Delta X_2 &= \frac{1}{2} n_{\text{equivalent}} l_{11} \varepsilon_1 + n_{\text{equivalent}} l_{21} \varepsilon_2 \\ \Delta X_3 &= n_{\text{equivalent}} l_{11} \varepsilon_1 \\ \Delta X_4 &= - n_{\text{equivalent}} l_{21} \varepsilon_2 \end{aligned}\right\} \tag{7.113}$$

所以,得到

$$\left.\begin{aligned}\varepsilon_1 &= \frac{\Delta X_3}{n_{\text{equivalent}} l_{11}} \\ \varepsilon_2 &= -\frac{\Delta X_4}{n_{\text{equivalent}} l_{21}}\end{aligned}\right\} \tag{7.114}$$

另外,有

$$\left.\begin{aligned}\Delta X_1 &= \Delta X_3 - \Delta X_4 \\ \Delta X_2 &= \frac{1}{2}\Delta X_3 + \Delta X_4\end{aligned}\right\} \tag{7.115}$$

这表示应变 $\varepsilon_1(\varepsilon_2)$ 的大小取决于干涉峰的位移 $\Delta X_3(\Delta X_4)$、光纤传感器的长度 $l_{11}(l_{21})$ 和纤芯的等效折射率 $n_{\text{equivalent}}$,而且应变不受温度升高引起的光程变化的影响。所以,该系统可以自动补偿光路的环境温度变化引起的传感器光程的变化,进而可以测量分布式应变。

在图 7.41 所示的结构中,功率为 P_0 的光经过 3 dB 耦合器后分成两路,其中一路沿着非平衡 Mach-Zehnder 干涉仪的 L_2 臂传输,经过一对 GRIN 透镜后光强变为 $P_0 \alpha \eta(X)/2$,然后经第二个 3 dB 耦合器后进入传感器阵列,其光功率为 $P_0 \alpha \eta(X)/2$。这里 α 表示 3 dB 耦合器的插入损耗,$\eta(X)$ 为扫描反射镜-GRIN 透镜对耦合系统的插入损耗,与反射镜和 GRIN 透镜之间的距离 X 有关。类似的,从第一个 3 dB 耦合器分出的另一路光,沿着非平衡 Mach-Zehnder 干涉仪的 L_1 臂传输,这路光直接到达第二个 3 dB 耦合器并注入到传感器阵列中。沿 L_1 臂传输进入传感阵列的光强为 $P_0 \alpha /2$,它比第一路信号 $P_0 \alpha \eta(x)/2$ 大,这是因为第一路光在经过扫描反射镜-GRIN 透镜耦合系统时会产生一定的损耗。

对于不同尺寸的传感器阵列,它们的信号强度不同。在我们的设计中,传感器阵列的信号要经过 $2N$ 个耦合器和 $2N$ 段传感光纤。如果 $2N$ 段传感光纤中有两段光纤的长度相匹配,那么经过这两个光路的反射信号之间的相干项可以表示为

$$P_D(X_m) = 4\left(\frac{\alpha}{2}\right)^{2N+2} P_0 R_g [1 + \eta(X_m)] \sqrt{\eta(X_m)} \tag{7.116}$$

式中,设 2×2 耦合器为 3 dB 耦合器,且插入损耗为 α。R_g 表示两个光纤反射端面的反射率,$\eta(X_m)$ 为与扫描反射镜-GRIN 透镜系统有关的损耗,是距离 X_m 的函数。

为了便于计算,取 $\alpha=0.98$,与之对应的 3 dB 耦合器的典型插入损耗为 0.06 dB。扫描反射镜-GRIN 透镜系统的平均损耗为 6 dB。如果光电探测器的典型探测能力为 1 nW,考虑系统的本底噪声和其他杂散信号的影响,则取合理的检测下限为 $I_{min}=5$ nW。基于以上数据,如果光源功率为 $I_0=35~\mu W$,则计算得到光纤传感器阵列的最大复用数为 $N_{max}=4$;如果光源功率增加到 $I_0=3$ mW,则光纤传感器阵列的最大复用数可以达到 $N_{max}=7$。

通过实验对由 2 个传感器构成的传感阵列进行了验证。在该传感系统中,LED 光源的驱动电流为 45 mA,输出光功率为 30 μW。扫描反射镜-GRIN 透镜系统的扫描间距为 3~70 mm(光程变化范围为 6~140 mm),对应的插入损耗为 4~8 dB。每个传感器长度都约为 1 000 mm。当 X 从 15 mm 变化到 21.5 mm 时,PIN 探测器的输出信号如图 7.45 所示。

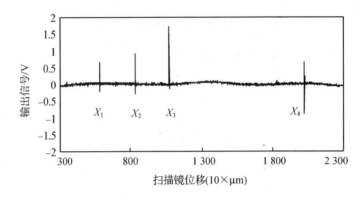

图 7.45 输出信号与扫描反射镜的扫描距离的关系

7.7 Mach–Zehnder 与 Michelson 干涉仪的组合复用技术

Mach–Zehnder 与 Michelson 干涉仪组合复用技术的一个典型应用是双通道光纤倾斜计[12]。光纤倾斜计的传感结构与推挽式差分光纤干涉仪[31]和非平衡光纤 Mach–Zehnder 干涉仪[32]的结构类似,该技术可用于监测桥梁、塔和墙等建筑结构的倾斜情况。

双通道光纤倾斜计的工作原理如图 7.46 所示,传输光纤与推挽式光纤倾斜计相连。光纤倾斜计的信号解调通过光源为 LED 的扫描 Mach–Zehnder 低相干光反射计(OLCR)来实现。设置推挽式光纤倾斜计的光程差,使其与 OLCR 的光程差近似相等。OLCR 的光程差可以通过扫描棱镜-GRIN 透镜系统进行调节。当调节扫描棱镜到达某一位置时,OLCR 和光纤倾斜计的光程差相同,在探测端得到白光干涉条纹。该推挽式光纤倾斜计的光程示意图如图 7.47 所示。移动 OLCR 的扫描棱镜,使其满足传感器的光程匹配条件:

$$n(L_1-L_2)_j + (X_1-X_2)_j = n\Delta L_0 + 2X_j \quad (7.117)$$

式中,$n\Delta L_0$ 是 OLCR 不包括扫描棱镜-GRIN 透镜系统间距的光程差,如果将 OLCR 放置在隔热箱中,则可以认为 $n\Delta L_0$ 为常数。$n(L_1-L_2)_j$ 是光纤倾斜计的固定光程差,将其设置为厘米数量级,从而可以极大地抑制环境温度的影响。X_j 是扫描棱镜与 GRIN 透镜间的距离,如图 7.46 所示。$j=1,2$ 分别对应光纤倾斜计 1 和光纤倾斜计 2。当被测结构发生倾斜时,光纤倾斜计的 $(X_1-X_2)_j$ 会随之发生变化,进而需要改变 $2X_j$ 的值,以满足式(7.117)的匹配条件。因此,扫描棱镜和 GRIN 透镜之间的距离改变量 $2\Delta X_j$ 与光纤倾斜计的变化有关,相应的关系式为 $2\Delta X_j = \Delta(X_1 - X_2)$,如图 7.47 所示。

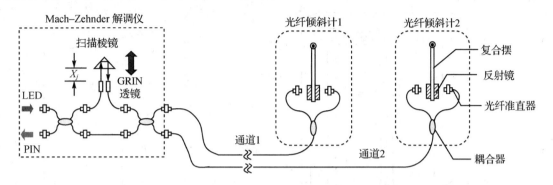

图 7.46 双通道光纤倾斜计的工作原理

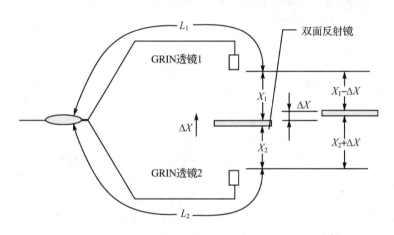

图 7.47 推挽式光纤倾斜计的光路分析

这种推挽式光纤倾斜计的设计是基于如图 7.46 所示的单摆实现的。单摆的一端通过铰链固定在结构上,另一端可以随着被测结构的旋转而自由摆动。将两个光纤准直器固定在结构上,并且使 GRIN 透镜与反射镜垂直。两个反射镜的反射信号经过一个 1×2 光纤耦合器后回到 Mach-Zehnder 解调器。当被测结构发生旋转时,单摆保持垂直,而两根光纤同时向左或向右移动,但它们之间的相对距离保持不变。因此这种推挽式结构可以将旋转角度转化为两个光纤臂之间光程差的相对变化量,而这个光程差可以通过 Mach-Zehnder OLCR 测量得到。

然而,上面这种基本的设计方案在实现过程中会遇到诸多困难。首先,铰链是一个关键的问题,因为它既要保证单摆能够完全自由地运动,还要使单摆不受摩擦效应的影响。常用的是叶片型铰链,这种铰链与壳体结构连接不紧密,受振动的影响很大。这种铰链还会降低单摆振荡的阻尼,因此不能在有振动存在的环境中工作。其次,由于两根光纤安装在单摆两侧,这不仅会增加系统设计的复杂性,而且由于温度的变化可能对两根光纤产生不同的影响,从而使系统对温度变化敏感。再次,反射镜的旋转会影响经反射镜后进入光纤的光耦合效率。最后,要想达到较好的旋转灵敏度,需要较长的单摆臂。

图 7.48 中的结构很好地解决了以上这些问题。这种设计用双臂结构代替单摆,与支撑重物一起构成平行四边形结构,并且在结构内部安装一个倒 T 形单摆。在支撑重物的内壁的两

端分别粘贴一个反射镜,将两根光纤分别固定在倒 T 形单摆的两端,并且与反射镜垂直。这种结构可以避免反射镜的转动,并且可以在运动单元内部放置光学元件。

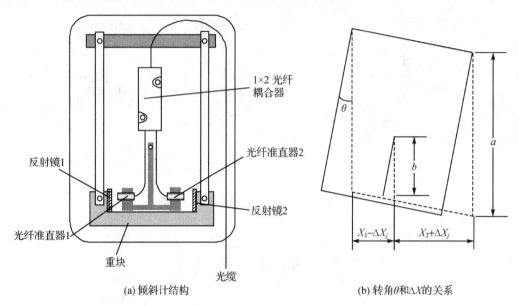

图 7.48 推挽式光程差动测量结构的光纤倾斜计

这是一种完全对称的结构,而且整个结构采用相同的材料,所以温度变化对两臂光程的影响是相同的,因此该传感系统具有良好的温度稳定性。倾斜角 θ 和光程差 $2\Delta X_j$ 之间的关系为

$$\tan \theta = \frac{\Delta X_j}{a-b} \tag{7.118}$$

如果角度 θ 较小,那么式(7.118)可以近似表示为

$$\theta \approx \frac{\Delta X_j}{a-b} \tag{7.119}$$

所以,通过测量位移的变化量 $2\Delta X_j$ 可以得到系统的旋转角度。

将光纤倾斜计安装在一个可控的垂直旋转台上,该双光纤倾斜计的输出信号如图 7.49 所示。光纤倾斜计的位移响应如图 7.50 所示。

从图 7.50 中可以看出,在 ±5° 测量范围内,系统的分辨率为 0.2′,精确度为 1′,并且具有很好的线性响应。在整个 ±5° 的测量范围内,系统的最大误差为 0.17 %,且响应度为 500 μm/(°)。结果表明,测量结构没有滞后性,而且具有良好的重复性。

如果旋转光纤倾斜计使支撑重物和单摆朝下,则测量范围可以增加到 15°,但是分辨率会减小到 0.7′。对于光纤倾斜计,影响其温度灵敏度的主要因素来自于平行单摆结构的热膨胀。由于平行单摆是对称结构,且传感器工作在推挽状态,因此传感器一臂的热膨胀会与另一臂的热膨胀相平衡,只有当光纤倾斜计不在结构中心时才会出现热膨胀效应。当倾斜度在任一方向达到最大时,这种热膨胀效应也达到最大。当温度变化达到 100 ℃ 时,光纤倾斜计的绝对误差约为 8′,这一误差可以很容易地通过温度修正系数校正过来。

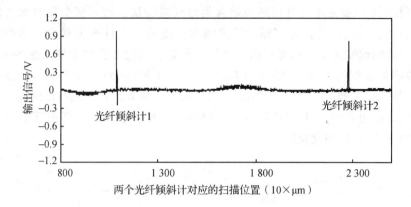

图 7.49 双光纤倾斜计的输出信号

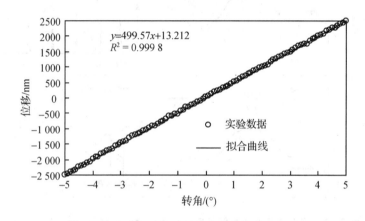

图 7.50 光纤倾斜计的测试结果

7.8 改进的 Michelson 光纤干涉仪多路复用方法

7.8.1 Michelson 光纤干涉仪自相关多路复用技术

光纤白光干涉传感器可以有效地避免很多长相干长度光干涉测量所遇到的限制和问题。光纤白光干涉传感器的一个主要优点是可以测量绝对长度和时间延迟。另外，由于传感信号的相干长度短，故可以消除系统杂散光的时变干扰。白光干涉仪的另一个优点是不需要相对复杂的时分复用或频分复用技术便可以将多个传感器相干复用在一个系统中。基于 Michelson 干涉仪结构，W. V. Sorin 和 D. M. Baney 在 1995 年提出了一种新型的光纤 Michelson 干涉传感器阵列[3]，能够测量沿传感光纤分布的反射端面之间绝对光程。这种方法与已有的相干复用结构不同，它只需要一个参考干涉仪，而且输入和输出信号在同一根光纤中传输。

该多路复用传感器阵列的结构如图 7.51 所示。为了验证传输光纤的灵敏性和这种方法的遥测能力，在 3 dB 耦合器和光纤传感器阵列之间插入一段长度为 L 的长传输光纤。宽谱光源发出的光经过传输光纤后进入传感器阵列。图 7.51 中，由传感光纤的连接端面构成的反射面的反射率很小（1%或更小），可以避免输入信号衰减过快。相邻两个反射面之间的光纤传感器长度 X_{ij} 可以任意长，只要各传感光纤之间的长度差小于自相关器的扫描距离即可。自相关器扫描位移的改变量要近似等于由单个传感光纤引起的光程改变量。在 Sorin 等人的实验中，光纤传感器长度约 6 m，选择 X_{ref} 的长度使 X_{ij} 与 X_{ref} 之间的差在自相关器扫描范围内（40 cm）。调节自相关器扫描反射镜的位置，当自相关器两臂的光程差与传感器阵列中相邻两个反射端面之间的距离相等时，就会在输出端得到干涉信号。而不相邻的反射端面对应的干涉信号不在扫描范围内，因此检测不到。

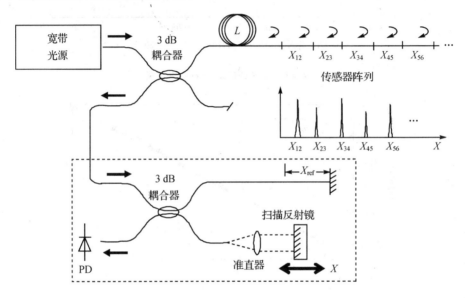

图 7.51　传感器阵列中光纤长度远距离测量的示意图（Sorin 等,1995）

干涉信号的宽度近似等于光源的相干长度，其典型值为几十微米。干涉信号的位置可以通过直接测量每个传感光纤的绝对光程得到，干涉信号的强度与相邻反射端面反射率的乘积有关。因为扫描距离远大于干涉信号的宽度，所以不同干涉信号相互重叠的概率很小。即使发生干涉信号的重叠，由于各个干涉信号的振幅通常不同，也可以通过振幅来区别相互重叠的信号。另外，尽管干涉信号与偏振态有关，但由于光纤的双折射与波长有关，且光源为宽谱光源，因此可以忽略偏振效应的影响。

7.8.2　改进的 Michelson 光纤干涉仪多路复用方法

基于 Sorin 等人提出的结构，一种改进的低相干 Michelson 光纤干涉仪结构如图 7.52 所示。从 LED 或 SLD 宽谱光源发出的光，经过一个腔长可调的环形谐振腔后进入光纤传感器阵列。传感器阵列由 N 段光纤（N 个传感器）首尾相连构成，其中相邻两个传感器的连接端面形成一个部分反射镜。反射信号经过不同的传输路径返回到探测端，从而构成多路复用 Michelson 光纤干涉仪。

在传感器阵列中，各反射端面的反射率很小（1%或更小），以防止输入光信号的过快衰减。选择相邻两个反射面之间的光纤传感器长度 $l_j (j=1,2,\cdots,N)$，令其近似等于但略大于环形谐振腔固定部分的腔长 L_0（或者等于腔长的一半 $L_0/2$）。所有传感器的长度近似相等，但

第 7 章 光纤白光干涉传感器的多路复用技术

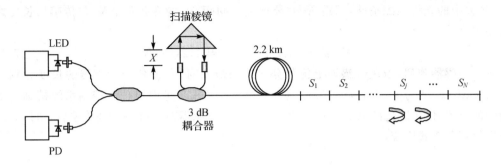

图 7.52 改进的 Michelson 光纤低相干干涉准分布传感系统的结构

略有不同。可调环形谐振腔的总光程为 nL_0+2X,其中 X 为两个 GRIN 透镜端面与扫描棱镜之间的距离,利用扫描棱镜-GRIN 透镜系统可以调节环形谐振腔的总光程。当调节扫描棱镜到达某一位置时,环形谐振腔的总光程与某一个传感器的长度相匹配,便会在输出端得到低相干干涉条纹。以传感器 j 为例,其匹配光路如图 7.53(a)所示。图中,上面第一个光路对应没有经过环形谐振腔且被传感器 j 的右端面反射的信号。而位于图中光纤下面的光路对应经过环形谐振腔且被传感器 j 的左端面反射的信号。

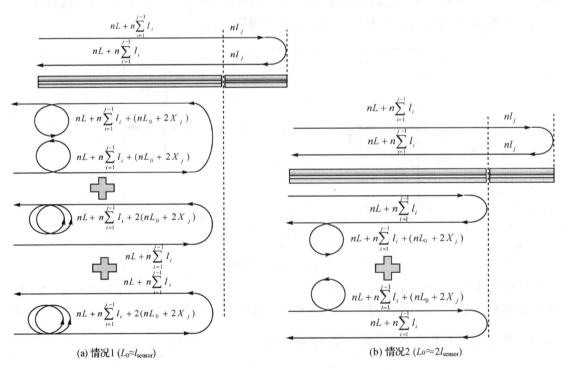

图 7.53 传感器 j 的等效光路

该传感系统的光程匹配条件为

$$nL_0 + 2X_j = nl_j, \quad j = 1, 2, \cdots, N \tag{7.120}$$

式中,nL_0 为不包括扫描棱镜和 GRIN 透镜间距的环形谐振腔的腔长,如果将环形谐振腔放在隔热箱中,则可以将 nL_0 看成是常数。$X=X_j$ 是扫描棱镜和 GRIN 透镜之间的距离,如图 7.52 所示。如果在传感器阵列上加载的应变引起传感器长度 nl_j 发生改变,那么为了满足式(7.120)中的光程匹配条件,间距 X_j 也要改变。间距 X_j 的变化量 ΔX_j 与传感器长度之间的关系为

$$\Delta X_j = \Delta(nl_j)/2, \qquad j=1,2,\cdots,N \tag{7.121}$$

对于传感器阵列,当在传感器上施加分布式的应变时,假设各个传感器的长度分别从 l_1 变为 $l_1+\Delta l_1, l_2$ 变为 $l_2+\Delta l_2, \cdots, l_N$ 变为 $l_N+\Delta l_N$。利用步进电机位置控制系统精细调节扫描棱镜的位置,以跟踪传感器长度的变化。由于每个传感器对应唯一的棱镜位置,所以利用下式可以得到分布式应变,即

$$\varepsilon_1 = \frac{\Delta l_1}{l_1}, \varepsilon_2 = \frac{\Delta l_2}{l_2}, \cdots, \varepsilon_N = \frac{\Delta l_N}{l_N} \tag{7.122}$$

我们对 3 光纤传感器阵列进行了实验验证。在传感系统中,光源 LED 的驱动电流为 50 mA,输出光功率为 30 μW。棱镜与 GRIN 透镜之间的距离为 3～70 mm(光程范围为 6～140 mm),对应的插入损耗为 4～8 dB。环形谐振腔固定部分的光程 L_0 为 1 990 mm,近似等于光纤传感器长度的 2 倍。每段传感光纤的长度都约为 1 000 mm(1 m 长的单模光纤跳线)。实验中传输光纤的长度为 2.2 km,选择这样长的光纤的目的是为了研究这种技术在远传过程中的适用性。当扫描距离 X 从 10 mm 变化到 18 mm 时,光电探测器输出信号如图 7.54 所示。图中,3 个主要的干涉峰分别对应环形谐振腔的总光程,与 3 个传感器长度相匹配。显然,从图 7.54 中可以看出,传感器的长度满足 $l_3 < l_2 < l_1$。

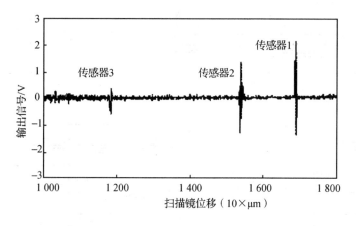

图 7.54 3 光纤传感器阵列的实验结果

该传感系统的分辨率和精度受环形谐振腔的腔长与传感器长度之间关系的影响。对于传感器 j,如图 7.53(b)的等效光路所示,如果选择谐振腔的腔长满足 $L_0 \approx 2l_{\text{sensor}}$,并且小范围调节 X_j,那么光程 $2nL + 2n\sum_{i=1}^{j-1} l_i + 2nl_j$ 可以与光程 $2nL + 2n\sum_{i=1}^{j-1} l_i + (nL_0 + 2X_j)$ 和 $(nL_0 + 2X_j) + 2nl_j + 2N\sum_{i=1}^{j-1} l_i$ 相匹配,其中与非相邻反射面和非匹配反射面相关的无用干涉信号位于扫描范围之外,检测不到。所以有

$$nL_0 + 2X_j = 2nl_j, \qquad j=1,2,\cdots,N \tag{7.123}$$

在这种情况下,扫描棱镜的位置变化量 ΔX_j 与传感器长度变化之间的关系如下:

$$\Delta X_j = \Delta(nl_j), \qquad j=1,2,\cdots,N \tag{7.124}$$

比较式(7.121)和式(7.124),在传感器长度相同的情况下,情况 2 的系统分辨率要好于情

况 1 的系统分辨率。

另外,情况 1 和情况 2 中的信号强度也不相同。传感器 j 的信号强度与两个反射信号之间的相干项有关,可以表示为

对于情况 1:

$$P_{D1}(j) = \frac{\sqrt{3}}{8} P_0 \eta(X_j) \sqrt{R_j R_{j+1}} T_j \beta_j \left[\prod_{i=1}^{j-1} (T_i \beta_i) \right]^2 \quad (7.125)$$

对于情况 2:

$$P_{D2}(j) = \frac{1}{8} P_0 \sqrt{2\eta(X_j)} \sqrt{R_j R_{j+1}} T_j \beta_j \left[\prod_{i=1}^{j-1} (T_i \beta_i) \right]^2 \quad (7.126)$$

其中设 2×2 耦合器为 3 dB 耦合器,且忽略它的插入损耗。β_j 表示与传感器 j 相关的插入损耗。T_j 和 R_j 分别表示第 j 个部分反射镜的透射系数和反射系数。一般,由于损耗因子 β_j 的存在,$T_j < 1-R_j$。$\eta(X_j)$ 为与棱镜-GRIN 透镜系统相关的损耗,是距离 X_j 的函数。

取典型的参数 $\beta_j=0.9 (j=1,2,\cdots,N+1)$、$R_j=1\%$ 和 $T_j=0.89$ 进行理论仿真。令注入耦合器的光功率为 P_0,取棱镜-GRIN 透镜系统的平均损耗为 6 dB,即 $\eta(X_j)=1/4$。由 16 个传感器构成的传感器阵列的归一化信号强度如图 7.55 所示。从图中可以看出,情况 1 和情况 2 的复用能力不同,在相同的光功率条件下,情况 2 的复用能力好于情况 1。

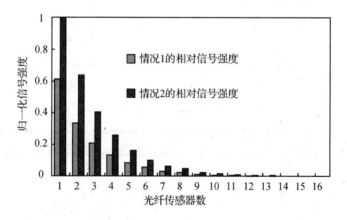

图 7.55 情况 $1(L_0 \approx l_{\text{sensor}})$ 和情况 $2(L_0 \approx 2l_{\text{sensor}})$ 中归一化光强与光纤传感器数量之间的关系

7.9 相关问题讨论

7.9.1 偏振效应

对于标准的单模光纤,一般假设光纤是折射率呈圆对称分布的理想圆柱形。这导致光纤中两个 LP_{01}(或 HE_{11})模发生简并:x-偏振($E_y=0$)和 y-偏振($E_x=0$)的 LP_{01} 模具有相同的传输常数。然而,通常情况下实际的光纤其纤芯具有一定的不圆度,并且折射率分布存在各向异性。在实验中,用于感应温度或应变的光纤传感器受到各向异性的应力和环境温度的作用,

这将导致两个 x-偏振和 y-偏振 LP_{01} 模具有不同的传输常数 β_x 和 β_y,从而引起沿光纤传输的光的偏振态扰动。

如果没有特殊的要求,大多数干涉传感器都忽略双折射效应对光纤中光信号偏振态的影响。一般在特别需要考虑偏振态的问题时会选用保偏光纤[33,34],但使用保偏光纤会显著增加光纤传感系统的成本。了解双折射效应对特定的传感器性能的影响非常重要。本节,通过考虑由双折射的局域效应引起的传感光纤的偏振态变化,分析了低相干光纤 Michelson 干涉准分布式应变传感器阵列的偏振效应。为了简单、清晰地表述,我们假设到达传感器 j 的两个反射端面的光矢量为[35]

$$|E_j\rangle = E_{0j} e^{-i(\omega t+\phi_j)} \{\cos\theta_j | P_x\rangle + \sin\theta_j | P_y\rangle\}, \quad j=1,2,\cdots,N+1 \quad (7.127)$$

$$|E_{j+1}\rangle = E_{0j+1} e^{-i(\omega t+\phi_{j+1})} \{\cos\theta_{j+1} | P_x\rangle + \sin\theta_{j+1} | P_y\rangle\}, \quad j=2,\cdots,N \quad (7.128)$$

它们分别表示第 j 个传感器两个端面在 θ_j 和 θ_{j+1} 方向上的线偏振光矢量。这里 ω、ϕ_j 和 ϕ_{j+1} 分别为两束光的频率和相位。E_j 和 E_{j+1} 是两束光的振幅,且

$$|P_x\rangle = \begin{pmatrix} 1 \\ 0 \end{pmatrix}, \qquad |P_y\rangle = \begin{pmatrix} 0 \\ 1 \end{pmatrix} \quad (7.129)$$

是这两束光波的基矢,分别在 x 和 y 方向是线偏振的,如图 7.56 所示。

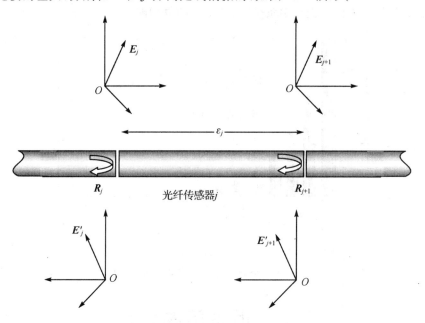

图 7.56 应变引起的光纤两个反射面处的偏振态变化

反射波矢可以表示为

$$|E'_j\rangle = R_j E_{0j} e^{-i(\omega t+\phi_j-\pi)} \{\cos(-\theta_j) | P_x\rangle + \sin(-\theta_j) | P_y\rangle\}, \quad j=1,2,\cdots,N+1 \quad (7.130)$$

$$|E'_{j+1}\rangle = R_{j+1} E_{0j+1} e^{-i(\omega t+\phi_{j+1}-\pi)} \{\cos(-\theta_{j+1}) | P_x\rangle + \sin(-\theta_{j+1}) | P_y\rangle\}, \quad j=2,\cdots,N \quad (7.131)$$

式中,R_j 和 R_{j+1} 表示光纤传感器两个端面的反射率。

所以,干涉项的输出信号强度为

$$I_j = 2\langle E'_j | E'_{j+1} \rangle =$$

$$2R_j R_{j+1} E_{0j} E_{0j+1} e^{-i\left[(\varphi_{j+1}-\varphi_j)+\frac{4\pi n_c l_j}{\lambda}\right]} \{\cos\theta_j \langle P_x | - \sin\theta_j \langle P_y |\} \cdot$$

$$\{\cos\theta_{j+1} | P_x \rangle - \sin\theta_{j+1} | P_y \rangle\} =$$

$$2R_j R_{j+1} E_{0j} E_{0j+1} e^{-i\left[(\varphi_{j+1}-\varphi_j)+\frac{4\pi n_c l_j}{\lambda}\right]} (\cos\theta_j \cos\theta_{j+1} + \sin\theta_j \sin\theta_{j+1}) =$$

$$2R_j R_{j+1} E_{0j} E_{0j+1} e^{-i\left[(\varphi_{j+1}-\varphi_j)+\frac{4\pi n_c l_j}{\lambda}\right]} \cos(\theta_{j+1} - \theta_j) \tag{7.132}$$

式中,n_c 为光纤纤芯的折射率,l_j 表示光纤传感器的长度,且

$$\langle P_x | P_x \rangle = \langle P_y | P_y \rangle = 1, \quad \langle P_x | P_y \rangle = \langle P_y | P_x \rangle = 0 \tag{7.133}$$

从式(7.132)可以看出,干涉峰的振幅与第 j 个传感器两路光的偏振方向差($\theta_{j+1} - \theta_j$)有关。由于在每个光纤传感器中都存在由局部应变引起的双折射,所以干涉峰的振幅发生衰减。图 7.57 给出了 4 光纤传感器的偏振衰落效应的实验结果。图 7.57(a)为无应变情况下传感器阵列的输出信号,当在传感器阵列上施加 1 000 με 后,传感阵列中每个传感器的输出信号的振幅都发生一定程度的衰减,如图 7.57(b)所示。正常情况下,我们认为双折射是沿光纤传感器阵列随机分布的,所以很难控制光纤中传输的光信号的偏振态。然而,在光纤白光干涉传感系统中,由于测量结果依赖于干涉峰的位置而非振幅,所以光纤白光干涉传感系统对偏振态的影响具有足够大的容忍度。

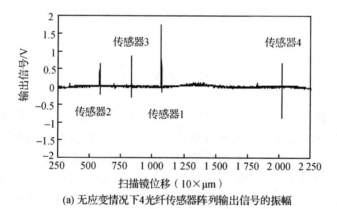

(a) 无应变情况下4光纤传感器阵列输出信号的振幅

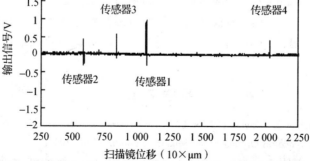

(b) 在每个传感器上加载1 000 με后4光纤传感器输出信号振幅的变化

图 7.57 偏振态对光纤传感器阵列的影响

7.9.2 光纤传感器的长度优化

为了避免来自不同传感器的干涉信号的重叠(交扰),首先要求两个光纤传感器之间的长度差必须大于这两个传感器的最大形变的和加上光源相干长度 L_c 的 2 倍。其次,每个光纤传感器与环形谐振腔之间的最小长度差必须大于传感器长度的最大变化量与 2 倍光源相干长度的和。再次,可以复用的光纤传感器数量还受到位移台最大扫描距离的限制。所以,传感器长度的优化应该满足以下条件:

$$\left.\begin{aligned}&① \quad |n(l_{uv}-l_{mp})| \geqslant 2L_c + \{|\Delta(nl_{uv})|_{max} + |\Delta(nl_{mp})|_{max}\} \\&② \quad |n(l_{uv}-l_0)| \geqslant 2L_c + |\Delta(nl_{uv})|_{max} \\&③ \quad \sum_{u,m=1}^{M}\sum_{v,p=0}^{N} |n(l_{uv}-l_{mp})| \leqslant L_{\text{Translation stage}}\end{aligned}\right\} \quad (7.134)$$

以应变测量为例,如果传感器可能受到的最大应变为 ε_{max},第一个光纤传感器的长度 L 为基准长度,那么第二个传感器的长度最小应该为 $L+2L\varepsilon_{max}$,第三个传感器的长度最小应该为 $L+4L\varepsilon_{max}$,以此类推,第 i 个传感器的长度最小应该为 $L+2iL\varepsilon_{max}$。在这种情况下,如果传感系统共有 N 个传感器,那么两个传感器长度变化量的差最大可能出现在第一个和第 N 个传感器之间,即 $\Delta L_{\text{Interogator}} = 2(N-1)L\varepsilon_{max}$。因此,扫描反射镜的最大扫描距离应该大于或等于这个值。

7.10 小 结

白光干涉光纤多路复用技术在传感测量领域是一项非常有吸引力的技术。它可以避免长相干长度的信号对传感系统带来的各种限制和问题。白光干涉光纤多路复用技术的一个主要优点是不需要采用相对复杂的时分或频分复用技术,就能够将多个传感器的信号相干复用在一路光信号中。本章我们提出并验证了多种复用方案,采用独立的解调干涉仪,使其光程差与远传干涉仪的光程差相匹配。这里,传感干涉仪是完全无源的,且解复用干涉信号对连接端面处的任何相位或长度的变化都不敏感。在实际应用中,干涉系统采用的是商用光缆和光学低相干反射计,可以测量传感阵列中每段感知光纤的绝对长度。这些传感方案对于温度或应变的遥测非常有用,而且可以实现对智能结构的形变传感测量。如果将光纤传感器阵列安装在桥梁、建筑框架、大坝和隧道中构成智能结构,则可以实现对这些智能结构材料所受应变的终身监测。

参考文献

[1] Al-Chalabi S A, Culshaw B, Davies D E N. Partially coherent sources in interferometry. Proceedings of 1st International Conference on Optical Fiber Sensors, London, 1983: 132-135.

[2] Bosselman T, Ulrich R. High accuracy position-sensing with fiber-doupled white light interferometers. Proceedings of 2nd International Conference on Optical Fiber Sensors, Stuttgart, 1984: 361-365.

[3] Sorin W V, Baney D M. Multiplexed sensing using optical low-coherence reflectometry. IEEE Photonics Technology Letters, 1995, 7: 917-919.

[4] Inaudi D, Vurpillot S, Loret S. In-line coherence multiplexing of displacement sensors, a fiber optic exten-

someter. SPIE,1996,2718: 251-257.
[5] Yuan L B. White light interferometric fiber – optic strain sensor with three – peak – wavelength broadband LED source,Appl. Opt. ,1997,36(25): 6246-6250.
[6] Yuan L B, Ansari F. White – light interferometric fiber-optic distributed strain-sensing system. Sensors and Actuators,1997,A63: 177-181.
[7] Yuan L B, Zhou L M. Sensitivity coefficient evaluation of an embedded fiber optic strain sensor. Sensors and Actuators: A,Physical,1998,69: 5-11.
[8] Yuan L B,Zhou L M, Jin W. Quasi – distributed strain sensing with white – light interferometry: a novel approach. Opt. Lett. ,2000,25(15): 1074-1076.
[9] Yuan L B, Yang J. Multiplexed Mach – Zehnder and Fizeau tandem white light interferometric fiber – optic strain\temperature sensing system,Sensors and Actuators A. Physical,2003, 105(1): 40-46.
[10] Yuan L B. Multiplexed fiber optic sensor matrix demodulated by a white light interferometric Mach-Zehnder interrogator. Optics and Lasers Technology,2004,36(5): 365-369.
[11] Yuan L B. Push – pull fiber optic inclinometer based on a Mach-Zehnder optical low – coherence reflectometer. Review of Scientific Instruments,2004, 75(6): 2013-2015.
[12] Yuan L B,Wen Q B,Liu C J,et al. Twist multiplexing strain sensing array based on a low – coherence fiber optic Mach – Zehnder interferometer. Sensors and Actuators A. Physical,2007, 135: 152-155.
[13] Yuan L B,Yang J. Fiber – optic low-coherence quasi-distributed strain sensing system with multi-configurations. Measurement Science and Technology,2007, 18:2931-2937.
[14] Yuan L B,Yang J. A tunable Fabry – Perot resonator based fiber-optic white light interferometric sensor array. Optics Letters,2008, 33(15).
[15] Yuan L B,Dong Y T. Multiplexed fiber optic twin-sensors array based on combination of a Mach-Zehnder and a Michelson interferometer. Journal of Intelligent Materials System and Structures,2009,20(7): 809-813.
[16] Yuan L B. White light interferometric fiber – optic strain sensor with three-peak-wavelength broadband LED source. Appl. Opt. ,1997, 36(25): 6246-6250.
[17] Hill K O,Kawasaki B S, Johnson D C. CW Brillouin Laser. Appl. Phys. Lett. ,1976,28: 608-609.
[18] Stokes L F,Chodorow M, Shaw H J. All – fiber stimulated Brillouin ring laser resonator with submilliwatt pump threshold. Opt. Lett. ,1982, 7: 509-511.
[19] Jackson D A, Jones J D C. Fiber – optic sensors. Optica Acta,1986, 33: 1469-1503.
[20] Zarinetchi F,Smith S P, Ezekiel S. Stimulated Brillouin fiber optic laser gyroscope. Opt. Lett. ,1991,16: 229-231.
[21] Kalli K, Jackson D A. Ring resonator optical spectrum analyzer with 20 kHz resolution. Opt. Lett. , 1992, 17: 1090-1092.
[22] Tai S,Kyuma K, Nakayama T. Novel measuring method for spectral linewidth of laser diodes using fiber optic ring resonators. Electron. Lett. ,1985, 21: 91-93.
[23] Newton S A,Howland R S,Jackson K P, et al. High – speed pulse – train generation using single – mode fiber recirculating delay lines. Electron. Lett. ,1983, 19,757-758.
[24] Butter C D, Hocker G B. Fiber optic strain gauge. Appl. Opt. ,1978, 17: 2867-2869.
[25] K Ogusa. Analysis of end separation in single mode fibers and a fiber Fabry – Perot resonator. IEEE Photon. Technol. Lett. ,1992, 4:602-605.
[26] Yuan L B. Effect of temperature and strain on fiber optic refractive index. Acta Optica Sinica,1997,17: 1713-1717.

[27] Pinnow D A. Elastooptical materials, in: R. J. Pressley(Ed.), Handbook of Lasers. CRC Press, Cleveland, OH, 1971.

[28] Nelson A R, McMahon D H. Passive multiplexing techniques for fiber optic sensor systems. in Proc. ZFOC, Mar., p. 1981: 27.

[29] Giles I P, Uttam D, Culshaw B, et al. Coherent optical-fibre sensors with modulated laser sources. Elecrron. Lett., 1983, 19: 14.

[30] Brooks J L, Wentworth R H, Youngquist R C, et al. Coherence multiplexing of fiber-optic interferometric sensors. J. Lightwave Technology, 1985, LT-3: 1062-1072.

[31] Yuan L B, Zhou L M, Jin W. Fiber optic differential interferometer. IEEE Transaction on Measurement and Instruments, 2000, 49(4): 779-782.

[32] Yuan L B, Zhou L M, Jin W, et al. Low-coherence fiber-optic sensor ring network based on a Mach-Zehnder interrogator. Optics Letters, 2002, 27(11): 894-896.

[33] Yuan L B. Modified Michelson fiber-optic interferometer: a remote low-coherence distributed strain sensor array. Review of Scientific Instrumentation, 2003, 74(1): 270-272.

[34] Chtcherbakov A A, Swart P L. Polarization Effects in the Sagnac-Michelson Distributed Disturbance Location Sensor. J. of Lightwave Technology, 1998, 16(8): 1404-1412.

[35] Yuan L B, Zhou L M. Fiber optic Moiré Interference principle. Optical Fiber Technology, 1998, 4(2): 224-232.

第8章 基于环形拓扑的光纤白光干涉传感器网络

8.1 引 言

大多数分布式光纤传感系统中,传感器均制作或连接在同一根光纤上。这些系统的实例包括光纤布拉格光栅传感器[1,2]、OTDR分布式传感器[3,4]、并联或串联型白光分布光纤传感系统等[5-7]。它们都有一个缺陷:当埋入智能结构的光纤线上一个或某个传感器由于结构的局部损伤而损坏时,将导致部分甚至整个系统瘫痪。鉴于对光传感网络理解的要求,而非独立的测量器件,业界已经掀起了对光纤传感器多路复用和网络技术进行研究的热潮[8-14]。

很多应用领域中,若传感器网络可通过一根光纤总线将传感器连接在一起实现,则很多应用中传感器的概念将不断变化。在这样的系统中,可明显节省用于连接光纤的成本。另外,很多传感器可共享终端的电子设备。由此带来的经济效益不但在于设备资金成本的节省,而且也涵盖了包括安装成本在内的更主要的环节。

网络拓扑需求取决于具体的应用,对于各个系统其要求是不同的。最重要的需求或许是由用于多点或准分布形变、应变和温度监测的大规模智能结构决定的。

如第7章所述,白光干涉仪可用做无源相干多路复用技术以解调光纤传感器阵列。然而,如图8.1(a)和图8.1(b)所示,对于所有传感器均复用在一根光纤线上并埋入大型智能结构的

(a) 单端问询,断点距解调仪系统较近

(b) 单端问询,断点距解调仪系统较远

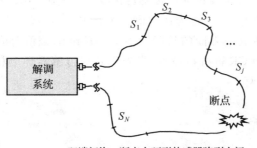

(c) 双端问询,断点在环形传感器阵列中间

图8.1 基于环形拓扑结构的光纤白光干涉传感器网络示意图

情况,一个重要的问题就是如果某处由于局部损伤或结构破裂而断开,将导致部分系统故障,更严重的情况甚至会使整个系统失效。

若采用如图 8.1(c)所示的环形拓扑结构和双向解调技术,即使某一传感器或传输线上某处发生损坏,大多数传感器仍能正常工作。这是因为每个传感器都从两个光纤端接收两次感应信息。

本章将讨论 Michelson 和 Mach-Zehnder 两种解调技术。这两种技术均可对连接在一个环形拓扑结构上的白光干涉传感器阵列进行解调。因为可从两个相对方向对每个传感器进行解调,所以提高了系统的冗余度和可靠性。

8.2 Michelson 解调系统

8.2.1 Michelson 解调仪

图 8.2 给出了利用 Michelson 解调的低相干白光干涉环形传感器阵列。经由光纤隔离器的自发辐射低相干光,经 3 dB 耦合器注入 Sagnac 状光纤环。光纤环由 N 段 1 m 长的单模光纤串接而成,形成了环状 N 传感器阵列。经过光纤传感器各个端面的光反射信号耦合进 Michelson 干涉仪。OLCR 内,光信号被 3 dB 耦合器分为两部分。下侧光路(参考臂)由光纤末端的反射镜直接反射到光探测器(PD)。上侧光路进入光纤准直器后由扫描反射镜反射回来并由光探测器接收。

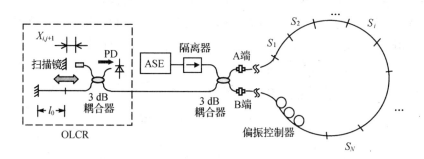

图 8.2 带有 Michelson 解调仪的多路复用光纤环形传感器阵列

为避免输入探测光信号的损耗,串联于传感器环中的每个光纤连接端面的反射率均很小,约为 1% 或更小。只要相邻反射端的光纤传感器长度差不大于 OLCR 的扫描范围,光纤传感器的长度 $l_{i,i+1}$(或相对方向上 $l_{i,i-1}$)可为任意值。实验中,$l_{i,i+1}$ 选为 1 m,参考光纤 l_0 几乎与传感器的长度相同。任意两传感器间的长度差小于 270 mm,该值对应于 OLCR 在自由空间的扫描范围为 400 mm。OLCR 进行扫描时,当光程差与传感器环上相邻反射端的距离相匹配时,就可产生白光干涉图样。

8.2.2 光路分析

简化后的多路复用传感器环形网络的光路如图 8.2 所示。图 8.3 中的传感器 i,其相应的干涉信号主要来自两部分。

一部分来自顺时针方向的光路：

$$2nL_A + 2n\sum_{k=0}^{i} l_{k,k+1} + nL_{\text{com}} + 2nL_E + 2nl_0 \tag{8.1}$$

$$2nL_A + 2n\sum_{k=0}^{i} l_{k,k+1} + nL_{\text{com}} + 2nL_D + 2nl_{i,i+1} + 2X_{i,i+1} \tag{8.2}$$

另一部分来自逆时针方向的光路：

$$2nL_B + 2n\sum_{k=i+1}^{N} l_{k,k+1} + nL_{\text{com}} + 2nL_E + 2nl_0 \tag{8.3}$$

$$2nL_B + 2n\sum_{k=i+1}^{N} l_{k,k+1} + nL_{\text{com}} + 2nL_D + 2nl_{i,i+1} + 2X_{i,i+1} \tag{8.4}$$

在较小的范围内调整 $X_{i,i+1}$，可使来自两个方向（顺时针和逆时针）的光路匹配。用式(8.2)～式(8.1)或式(8.4)～式(8.3)都可得到

$$X_{i,i+1} = n(L_D - L_E) + n(l_{i,i+1} - l_0) \tag{8.5}$$

式中，L_D 和 L_E 为常数，其定义参见图 8.3。$X_{i,i+1}$ 为光纤准直器和扫描反射镜的距离。

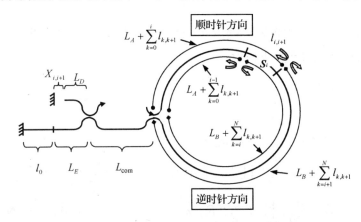

图 8.3 第 i 个传感器在顺时针和逆时针方向的光路示意图

传感器 i 的形变可通过反射镜移动距离 $\Delta X_{i,i+1}$ 测得，即

$$\Delta X_{i,i+1} = \Delta(nl_{i,i+1}) \tag{8.6}$$

8.2.3 传感器的干涉信号幅值

如图 8.3 所示，输入光源强度 I_0 被第一个 3 dB 耦合器分为两部分。顺时针部分（CW）环状臂 L_A，经由一系列传感器后到达与传感器 $l_{i,i+1}$ 相接的第 i 连接界面，由此界面反射回的光信号又被第一个耦合器分离，经共同的线路 L_{com} 后被第二个 3 dB 耦合器分开，信号再次经由参考臂（l_0）并被参考光纤末端反射回来而被光探测器接收。

光信号的强度为

$$I_{\text{CW}}(i) = \frac{I_0}{16}\Big(\prod_{k=1}^{i} T_k \beta_k\Big) R_i \Big(\prod_{k=1}^{i} T_k' \beta'\Big) R_g, \qquad i = 1, 2, \cdots, N+1 \tag{8.7}$$

类似地，由第 $i+1$ 个连接界面反射回来的 CW 光强度和被扫描反射镜反射的光可由下式给出，即

$$I_{\text{CW}}(i+1) = \frac{I_0}{16}\left(\prod_{k=1}^{i} T_k\beta_k\right)R_i\left(\prod_{k=1}^{i} T'_k\beta'\right)\eta(X_{i,i+1})R_m, \qquad i=1,2,\cdots,N+1 \quad (8.8)$$

式中,两个耦合器的插入损耗可忽略。β_i 表示与传感段间的连接损耗有关的附加损耗。T_i 和 R_i 分别为第 i 个部分反射面的透过率和反射率。因损耗系数 β_i 的存在,T_i 通常小于 $1-R_i$。$\eta(X_{i,i+1})$ 为 $X_{i,i+1}$ 的函数,表示与扫描反射镜和光纤准直系统相关的损耗。R_g 和 R_m 分别为反射参考光纤和扫描反射镜的反射率。β'_i、T'_i、R'_i 分别表示图 8.4 中逆时针方向(CCW)的损耗系数、透射系数和反射系数。

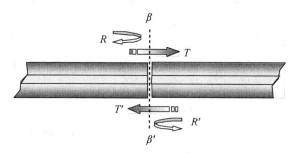

图 8.4 两传感器单元连接处的反射、透射和附加损耗的关系

为简化表达式,我们可作如下假设:

$$\left.\begin{array}{r}R_i = R'_i \\ T_i = T'_i \\ \beta_i = \beta'_i\end{array}\right\} \quad (8.9)$$

这样,方程(8.7)和方程(8.8)可简化为

$$I_{\text{CW}}(i) = \frac{I_0}{16}\left(\prod_{k=1}^{i-1} T_k\beta_k\right)^2 R_i R_g, \qquad i=1,2,\cdots,N+1 \quad (8.10)$$

$$I_{\text{CW}}(i+1) = \frac{I_0}{16}\left(\prod_{k=1}^{i} T_k\beta_k\right)^2 R_{i+1}\eta(X_{i,i+1})R_m, \qquad i=1,2,\cdots,N+1 \quad (8.11)$$

同样地,光探测器接收的逆时针方向的信号可写成

$$I_{\text{CCW}}(i) = \frac{I_0}{16}\left(\prod_{k=i+1}^{N+1} T_k\beta_k\right)^2 R_i R_g, \qquad i=1,2,\cdots,N+1 \quad (8.12)$$

$$I_{\text{CW}}(i+1) = \frac{I_0}{16}\left(\prod_{k=i+2}^{N+1} T_k\beta_k\right)^2 R_{i+1}\eta(X_{i,i+1})R_m, \qquad i=1,2,\cdots,N+1 \quad (8.13)$$

用于测量的光探测器接收到的光信号是由传感器的两匹配光路反射回的相干混合项,混合项的峰值为

$$\begin{aligned}I_D(i,i+1) &= 2\sqrt{I_{\text{CW}}(i)I_{\text{CW}}(i+1)} + 2\sqrt{I_{\text{CCW}}(i)I_{\text{CCW}}(i+1)} = \\ &\frac{I_0}{8}\sqrt{R_g R_m R_i R_{i+1}\eta(X_{i,i+1})}\left[T_i\beta_i\left(\prod_{k=1}^{i-1} T_k\beta_k\right)^2 + \right.\\ &\left. T_{i+1}\beta_{i+1}\left(\prod_{k=i+2}^{N+1} T_k\beta_k\right)^2\right]\end{aligned} \quad (8.14)$$

8.2.4 多路复用容限评估

在光纤传感器环路阵列中,光源发出的光耦合进光纤并经由一些连接器分布在传感器阵列中。每个传感器都会有一定数量的光功率损耗,一般在 0.1~0.5 dB 之间。若光电二极管的最小探测极限为 $I_{\min}$,则可复用的传感器的最大数目可估算为

$$I_D(i,i+1) \geqslant I_{\min} \tag{8.15}$$

为便于计算,我们忽略了两个 3 dB 耦合器的附加插入损耗,一般光纤的连接插入损耗系数 $\beta_i = 0.9(i=0,1,2,\cdots,N)$。垂直入射时,光纤末端表面的反射率可由 Fresnel 公式给出,即 $R=(n-1)^2/(n+1)^2$。式中,n 为纤芯的折射率,典型值为 1.46,相应于 4% 的反射率。

对于对接连接的光纤端面,空气间隔小于一个波长,在这种情况下,典型的反射率 R 约为 1%。因此,传输系数可计算为 $T_i=0.89$。假设扫描反射镜的平均衰减为 6 dB,即 $\eta(X_{i,i+1})=1/4$。对于不同尺寸的传感器环形阵列,归一化光信号强度与光纤传感器个数的关系 i 如图 8.5 所示。为便于比较,图 8.6 给出了闭环和开环时,由 11 个传感器组成的传感器阵列的输出光强。

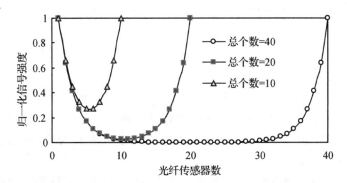

图 8.5 不同光纤传感器环尺寸所对应的归一化信号强度

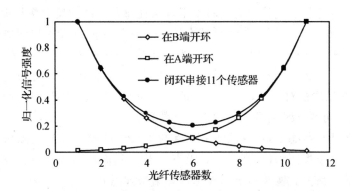

图 8.6 闭环和开环状态下传感器阵列输出信号强度的比较

通常,光纤传感系统中,光电二极管的探测能力的典型值为 1 nW。考虑到本底噪声和系统中的其他寄生噪声,探测极限可假设为 $I_{\min}=10$ nW。根据条件式(8.15)和以上数据,对于功率为 $I_0=50$ μW 的光源,可计算出闭环和开环时可复用的最大光纤传感器个数分别为

$N_{max}=17$ 和 $N_{max}=7$；光源光功率为 $I_0=3$ mW 时，闭环和开环时分别为 $N_{max}=35$ 和 $N_{max}=16$；$I_0=10$ mW 时，分别为 $N_{max}=41$ 和 $N_{max}=19$。开环和闭环情况下，最大可复用的传感器的数目和光源光功率之间的关系如图 8.7 所示。

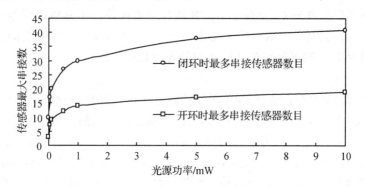

图 8.7　光源光功率与最大可复用光纤传感器数目间的关系曲线

实际上，最大可复用传感器的总数还受扫描反射镜的最大扫描距离（或光学平台的扫描范围）限制。此外，值得注意的是接收器的本底噪声、探测灵敏度和扫描反射镜的扫描速度均可影响系统的性能。因此，传感器的最大数目通常小于理论估计值。

8.2.5　实验结果

图 8.2 给出了用于演示环形光纤白光干涉传感阵列的实验装置。实验中我们使用了 ASE 光源，其非偏振光功率可在 $0\sim10$ mW 内调节。将 10 段光纤互相连接并用做光纤传感器。每个传感器的长度选为 1 m 左右。各个传感器的长度差约为 7 mm，并通过对接连接器进行连接。

图 8.8 的(a)和(b)分别给出了 A 处闭环和开环时 10 传感器阵列输出信号强度的分布。其结果与图 8.6 给出的理论结果达到了定性吻合。可以看出，图 8.8 给出的信号峰值高度与图 8.6 的理论预测值不同。这是因为实验中很难保证每段光纤的反射率与理论值完全相同。

由图 8.8 可知，(a)和(b)所示的结果基本给出了有关峰值位置的相同测量信息。此结果说明了即使环路断开，系统也能照常工作。然而闭环信号强度要高于开环状态。当光强为 0.47 dBm 时，若环上 A 处断开，则传感器 S_1 的信号强度刚好足够用来定位峰值位置（见图 8.8）。由于环状结构的对称性，当在 B 处断开时，可得到类似结果。这就是说，对于同样强度的光源，闭环结构可增加最大可复用的传感器数目。

在闭环和开环两种状态下，通过从 $1\sim10$ 逐渐增加传感段并调节光源功率直到最后一个传感器的信号刚好高于探测阈值（高于本底噪声 5 dB），我们对随传感器个数变化所需的最小光源功率进行了实验研究。实验结果和理论计算结果如图 8.9 所示。因为在理论模型中我们忽视了很多损耗因素，故实验所需的光功率要高于理论预测值。

我们利用由 10 个传感器组成的环形阵列进行了温度准分布测量。实验前，首先将光纤放到有温度控制功能的水浴中进行温度标定实验。标定系数为白光干涉条纹峰值位置与热电偶测得的温度之间线性关系的斜率。

浸入水浴的光纤的长度为 500 mm，热电偶放在光纤传感器附近，并进行独立的温度监

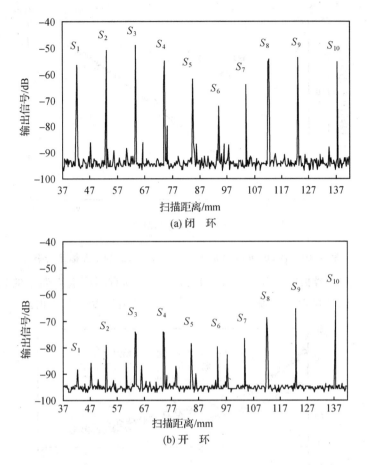

图 8.8 输入光功率为 0.47 dBm 时 10 光纤传感器阵列的输出值

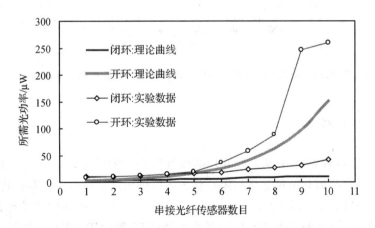

图 8.9 所需的最小光功率与所连接的光纤传感器数目间的关系曲线

测。白光干涉条纹峰值位置的移动量与热电偶在 35~85 ℃范围内测得的温度之间的线性关系如图 8.10 所示。计算得到标定系数为 10.17 $\mu m/(m \cdot ℃)$。在接下来的温度准分布测量中,我们用这个系数将扫描反射镜的移动量转化成了温度值。

将第 5、7 和 9 个传感器分别置入热水中并自然冷却时,测得的随时间变化的温度分布如

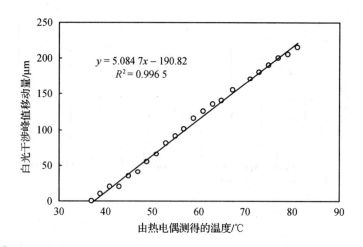

图 8.10　将 500 mm 的光纤浸入热水中得到的温度标定结果

图 8.11 所示（3 个传感器长度均为 500 mm 且进入 3 个具有不同起点温度的独立热水浴中）。其他的 7 个传感器因环境温度控制在 18 ℃，故其条纹峰值位置没有变化。

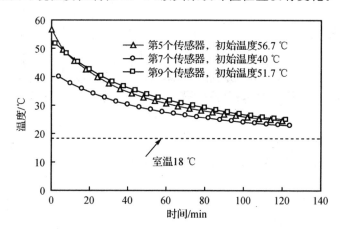

图 8.11　由第 5、7、9 三个传感器测得的随时间变化的温度曲线

8.2.6　偏振效应

值得指出的是，尽管对于 A 或 B 处开环的线性阵列的测量结果是与偏振无关的（严格意义上讲，偏振效应相同，因此可被忽略），闭环状态下的结果还是受偏振态影响的。当调节环内的偏振控制器时（见图 8.2），信号变化如图 8.12 所示。通过调整环中光信号的偏振态控制器，本底噪声降低了 8 dB，这是反射（透射）的光信号（CW 和 CCW）在经由相同的光程时，在环耦合器处相干偏振态被重新调整的结果。

当相反方向传输的光信号具有相同的偏振态时，由于相消干涉，环输出端的光信号趋于零[15]。当相反方向上传输的光信号的偏振态不同时，正交的偏振态分量会在强度上叠加产生本底噪声。因始于第一个传感器的长度形变变化将使偏振态发生改变，本底噪声可能会随所加载荷而变化，故会降低该系统的多路复用传感能力。为获得理想的结果，可能需要控制偏振

第 8 章 基于环形拓扑的光纤白光干涉传感器网络

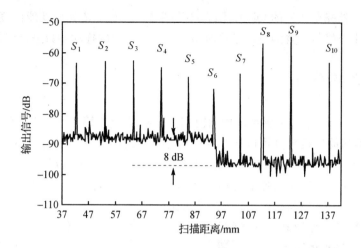

图 8.12 输入光功率为 0.47 dBm 时,通过调节偏振态将本底噪声降低了 8 dB

态:一种方法是在 ASE 光源和 3 dB 耦合器之间插入消偏器,另一种方法是在传感系统中采用保偏光纤,以克服偏振态的不稳定性。

8.3 Mach-Zehnder 解调系统

8.3.1 Mach-Zehnder 解调仪

图 8.13 给出了基于 Mach-Zehnder 解调仪的环状光纤传感网络,是由发光二极管(LED)或超辐射二极管(SLD)光源、光电探测器(PD)、光纤 Mach-Zehnder 光程解调部分和很多串联连接的光纤传感器形成的环形网络。入射到环形网络传感阵列的光首先通过 Mach-Zehnder 解调仪,然后到达光纤传感器阵列。Mach-Zehnder 干涉仪的光程差(OPD)通过扫描棱镜发生变化。扫描棱镜用于调节 Mach-Zehnder 干涉仪的 OPD 以匹配和追踪每段传感器的光纤长度变化。取 Mach-Zehnder 干涉仪的 OPD 近似等于光纤传感器的长度,从而使来自每个传感长度两个端面反射的光波能互相匹配。当 Mach-Zehnder 干涉仪的 OPD 与特定传感器的长度相等时,可产生白光干涉条纹。类似于 Michelson 解调仪,位于条纹图样中央且具有最高峰值强度的中心条纹

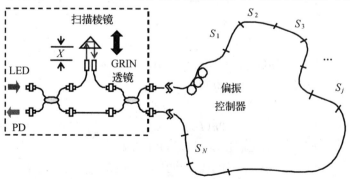

图 8.13 基于环形拓扑白光干涉应变传感器网络的 Mach-Zehnder 解调仪

对应于与那个传感器完全匹配的 OPD。因光纤传感器的光程受诸如应变或温度的调制,故通过测量干涉条纹的中心峰值位置的位移量可对与光程变化有关的扰动参数进行记录。

8.3.2 光程分析

基于 Mach–Zehnder 的传感系统中,传感器是由 N 个传感单元(N 个传感器)串联而成的,相邻两传感器间的连接部分可以产生反射信号。传感单元的长度选定为近似等于 Mach–Zehnder 干涉仪的 OPD。OPD 调节系统是由两个梯度折射率透镜(GRIN)和安装在如图 8.13 所示的步进电机扫描系统上的移动反射棱镜组成的,这一系统可很好地调节 Mach–Zehnder 解调仪的 OPD,以与传感器的长度相匹配。

下面将对系统的工作原理进行详细阐述。假设传感器的长度分别为 $l_{12}, l_{23}, \cdots, l_{N,N+1}$,且 Mach–Zehnder 解调仪的光程差为(见图 8.14)

$$\begin{aligned}
\mathrm{OPD}_{ABC} - \mathrm{OPD}_{AGC} &= (2X + nL_{ABC} + n'L_{\text{prism}}) - nL_{AGC} = \\
&\quad 2X + (nL_{ABC} + n'L_{\text{prism}} - nL_{AGC}) = \\
&\quad 2X + nL_{\text{constant}}
\end{aligned} \tag{8.16}$$

式中,X 为 GRIN 透镜和扫描棱镜间的距离,n' 为棱镜的折射率,L_{prism} 为棱镜中光的几何光程。L_{ABC} 和 L_{AGC} 为 Mach–Zehnder 两臂的光纤长度。定义方程中的 $nL_{\text{constant}} = nL_{ABC} + n'L_{\text{prism}} - nL_{AGC}$ 为 Mach–Zehnder 解调仪固定有效的 OPD。

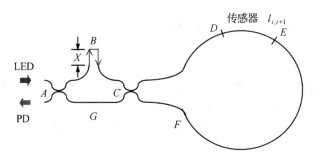

图 8.14 光纤传感器 $l_{i,i+1}$ 的光程和反射信号分析

对于光纤传感器 $l_{i,i+1}$,如图 8.14 所示,与传感器 $l_{i,i+1}$ 有关的反射信号的可能光程为

$$2n(L_{ABC} + L_{CD}) + 4X_{i,i+1} \tag{8.17}$$

$$2n(L_{ABC} + L_{CD}) + 4X_{i,i+1} + 2nl_{i,i+1} \tag{8.18}$$

$$2n(L_{ABC} + L_{CFE}) + 4X_{i,i+1} \tag{8.19}$$

$$2n(L_{ABC} + L_{CFE}) + 4X_{i,i+1} + 2nl_{i,i+1} \tag{8.20}$$

$$2n(L_{AGC} + L_{CD}) \tag{8.21}$$

$$2n(L_{AGC} + L_{CD}) + 2nl_{i,i+1} \tag{8.22}$$

$$2n(L_{AGC} + L_{CFE}) \tag{8.23}$$

$$2n(L_{AGC} + L_{CFE}) + 2nl_{i,i+1} \tag{8.24}$$

$$n(L_{ABC} + L_{AGC} + 2L_{CD}) + 2X_{i,i+1} \tag{8.25}$$

$$n(L_{ABC} + L_{AGC} + 2L_{CD}) + 2X_{i,i+1} + 2nl_{i,i+1} \tag{8.26}$$

$$n(L_{ABC} + L_{AGC} + 2L_{CFE}) + 2X_{i,i+1} \tag{8.27}$$

$$n(L_{ABC} + L_{AGC} + 2L_{CFE}) + 2X_{i,i+1} + 2nl_{i,i+1} \tag{8.28}$$

$$n(L_{AGC} + L_{ABC} + 2L_{CD}) + 2X_{i,i+1} \tag{8.29}$$

$$n(L_{AGC} + L_{ABC} + 2L_{CD}) + 2X_{i,i+1} + 2nl_{i,i+1} \tag{8.30}$$

$$n(L_{AGC} + L_{ABC} + 2L_{CFE}) + 2X_{i,i+1} \tag{8.31}$$

$$n(L_{AGC} + L_{ABC} + 2L_{CFE}) + 2X_{i,i+1} + 2nl_{i,i+1} \tag{8.32}$$

总计有 16 种可能的光程。下面通过仔细选择 Mach-Zehnder 解调仪的 OPD，以及由式(8.17)~式(8.32)给出的可匹配的一些路径，当棱镜进行扫描时，可产生白光干涉条纹。

情况 1：假设将 Mach-Zehnder 解调仪的 OPD 选定为 $L_0 \approx l_{\text{sensor}}$。通过在一小范围内调节 $X_{i,i+1}$，路径式(8.17)和式(8.22)将互相匹配。同样适用于路径式(8.19)和式(8.24)。与不相邻的反射面和不匹配的反射面相关的干涉信号位于扫描范围之外，不能检测到。这种情况下，有

$$nL_0 + 2X_{i,i+1} = nl_{i,i+1}, \quad i = 1, 2, \cdots, N \tag{8.33}$$

这样，传感器 $l_{i,i+1}$ 的形变可通过追踪可移动棱镜的距离 $\Delta X_{i,i+1}$ 测得，即

$$\Delta(nl_{i,i+1}) = 2\Delta X_{i,i+1} \tag{8.34}$$

情况 2：如果 Mach-Zehnder 解调仪的 OPD 选定为 $L_0 \approx 2l_{\text{sensor}}$，则通过调节 $X_{i,i+1}$，可使式(8.17)给出的 OPD 与式(8.26)和式(8.30)匹配。同样，式(8.19)、式(8.22)和式(8.23)给出的 OPD 也可分别与式(8.28)和式(8.32)、式(8.25)和式(8.29)、式(8.27)和式(8.31)相匹配，这样可有

$$nL_0 + 2X_{i,i+1} = 2nl_{i,i+1}, \quad j = 1, 2, \cdots, N \tag{8.35}$$

8.3.3 传感器干涉信号幅值

假设光源的功率为 I_0，经第一个 3 dB 耦合器后分成两束光。一束光经过 Mach-Zehnder 解调仪的臂 L_{ABC}，经由 GRIN 透镜和棱镜后，功率为 $I_0 \alpha_\delta \eta(X)/2$，其中，$\alpha_\delta$ 和 $\eta(X)$ 分别表示 3 dB 耦合器的插入损耗参数和 GRIN 透镜与扫描棱镜的插入耦合函数。然后该光束被第二个 3 dB 耦合器分开。这束光中，耦合进传感器环状网络两分支中的一路功率为 $I_0 \alpha_{\delta 1} \alpha_{\delta 2} \eta(X)/4$。进入传感器 i 之前，顺时针光束经导引光纤 L_{CD} 并通过 $i-1$ 个传感器。同时，逆时针光束经由 L_{CFE} 并通过 $i-1$ 个传感器后到达相同的传感器 i。$\alpha_{\delta 1}$ 和 $\alpha_{\delta 2}$ 分别表示第一和第二个 3 dB 耦合器的插入损耗。

同样，另一光束沿 Mach-Zehnder 解调仪的另一臂 L_{AGC}，并被第二个 3 dB 耦合器直接分开经传感器环的两个方向到达传感器 j。从传感器环两个方向注入传感器阵列的光功率为 $I_0 \alpha_{\delta 1} \alpha_{\delta 2}/4$，由于 GRIN 透镜和反射棱镜耦合系统插入损耗的存在，该值大于 $I_0 \alpha_{\delta 1} \alpha_{\delta 2} \eta(X)/4$。如图 8.15 所示，光波在每个传感器末端端面处发生部分反射和部分透射。

传统计算中，假设 β_i 为由传感器间的连接引起的与传感器 $l_{i,i+1}$ 有关的损耗。T_i 和 R_i 分别表示第 i 个部分反射的透射和反射系数。由于损耗因子 β_i 的存在，T_i 通常小于 $1-R_i$。$\eta(X_{i,i+1})$ 为与棱镜和 GRIN 透镜系统有关的损耗，且为 $X_{i,i+1}$ 的函数。β_i'、T_i' 和 R_i' 分别表示如图 8.4 所示的来自相对方向的损耗、透射和反射。在传感器 $l_{i,i+1}$ 的探测器处反射的光功率可计算如下。

情况 1：若 $L_0 \approx l_{\text{sensor}}$，且式(8.17)和式(8.22)给出的顺时针路径匹配，则式(8.19)和

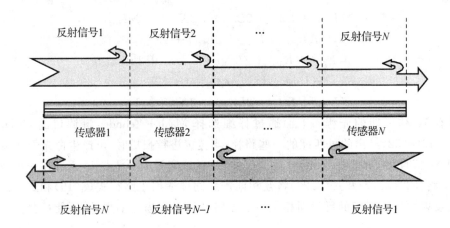

图 8.15 传感器环形网络中反射和透射的光信号功率通量

式(8.24)给出的路径也可匹配。经由路径式(8.17)反射回来的光功率可表示为

$$I_{CW}(i) = \frac{I_0}{16}\alpha_{\delta1}^2\alpha_{\delta2}^2\eta^2(X_{i,i+1})R_i\left(\prod_{k=1}^{i-1}T_k\beta_k\right)\left(\prod_{k=1}^{i-1}T'_k\beta'_k\right), \quad i=1,2,\cdots,N+1 \quad (8.36)$$

经由路径式(8.22)反射回来的光功率为

$$I_{CW}(i+1) = \frac{I_0}{16}\alpha_{\delta1}^2\alpha_{\delta2}^2\eta^2(X_{i,i+1})R_{i+1}\left(\prod_{k=1}^{i}T_k\beta_k\right)\left(\prod_{k=1}^{i}T'_k\beta'_k\right), \quad i=1,2,\cdots,N+1 \tag{8.37}$$

由逆时针路径式(8.19)和式(8.24)反射回来的光功率分别为

$$I_{CCW}(i+1) = \frac{I_0}{16}\alpha_{\delta1}^2\alpha_{\delta2}^2\eta^2(X_{i,i+1})R'_{i+1}\left(\prod_{k=i+2}^{N+1}T'_k\beta'_k\right)\left(\prod_{k=i+2}^{N+1}T_k\beta_k\right), \quad i=1,2,\cdots,N+1 \tag{8.38}$$

$$I_{CCW}(i) = \frac{I_0}{16}\alpha_{\delta1}^2\alpha_{\delta2}^2R'_i\left(\prod_{k=i+1}^{N+1}T'_k\beta'_k\right)\left(\prod_{k=i+1}^{N+1}T_k\beta_k\right), \quad i=,1,2,\cdots,N+1 \tag{8.39}$$

对于传感器 $l_{i,i+1}$，我们感兴趣的是由传感器的匹配光程反射回来的光信号的相干混合项。

$$I_D(i,i+1) = 2\sqrt{I_{CW}(i)I_{CW}(i+1)} + 2\sqrt{I_{CCW}(i+1)I_{CCW}(i)} =$$

$$\frac{I_0}{8}\alpha_{\delta1}^2\alpha_{\delta2}^2\eta(X_{i,i+1})\times$$

$$\left[\sqrt{R_iR_{i+1}T_i\beta_iT'_i\beta'_i}\left(\prod_{k=1}^{i-1}T_k\beta_k\right)\left(\prod_{k=1}^{i-1}T'_k\beta'_k\right)+\right.$$

$$\left.\sqrt{R'_iR'_{i+1}T_{i+1}\beta_{i+1}T'_{i+1}\beta'_{i+1}}\left(\prod_{k=i+2}^{N+1}T_k\beta_k\right)\left(\prod_{k=i+2}^{N+1}T'_k\beta'_k\right)\right] \tag{8.40}$$

情况 2：若 $L_0 \approx 2l_{sensor}$，匹配的路径为式(8.17)与式(8.26)和式(8.30)，式(8.19)与式(8.28)和式(8.32)，式(8.22)与式(8.25)和式(8.29)，式(8.23)与式(8.27)和式(8.31)。下面的过程与情况 1 类似，相干混合项的峰值强度为

$$I_D(i,i+1) = 2\sqrt{I_{CW}(i)[I_{CW}(i+1)+I_{CW}(i+1)]} + 2\sqrt{I_{CW}(i+1)[I_{CW}(i)+I_{CW}(i)]} =$$

$$2\sqrt{I_{CW}(i+1)[I_{CW}(i)+P_{CW}(i)]} + 2\sqrt{I_{CCW}(i+1)[I_{CCW}(i)+I_{CCW}(i)]} =$$

$$\frac{I_0}{8}\alpha_{\delta1}^2\alpha_{\delta2}^2\sqrt{2\eta(X_{i,i+1})[1+\eta(X_{i,i+1})]}\times$$

$$\left[\sqrt{R_i R_{i+1} T_i \beta_i T'_i \beta'_i}\Big(\prod_{k=1}^{i-1}T_k\beta_k\Big)\Big(\prod_{k=1}^{i-1}T'_k\beta'_k\Big)+\right.$$
$$\left.\sqrt{R'_i R'_{i+1} T_{i+1}\beta_{i+1} T'_{i+1}\beta'_{i+1}}\Big(\prod_{k=i+2}^{N+1}T_k\beta_k\Big)\Big(\prod_{k=i+2}^{N+1}T'_k\beta'_k\Big)\right] \tag{8.41}$$

8.3.4 多路复用容量的评估

若光探测器的探测阈值为 $I_{\min}$,则可复用的最大的传感器数目可由下式进行估算,即
$$I_D(i,i+1) \geqslant I_{\min} \tag{8.42}$$
为简化,假设
$$\left.\begin{array}{l} R_i = R'_i \\ T_i = T'_i \\ \beta_i = \beta'_i \end{array}\right\} \tag{8.43}$$

取 $\alpha_{\delta 1} \approx \alpha_{\delta 2} = 0.98$,则对应于典型的 3 dB 耦合器的附加插入损耗为 0.06 dB。典型的光纤对接连接器的插入损耗系数可选为 $\beta_i = \beta'_i = 0.9 (i=1,2,\cdots,N+1)$。较好的对接连接器端面之间,空气层一般小于波长,这种情况下,典型的反射率为 $R_i = R'_i$,近似等于 1%。因此,透射系数可计算为 $T_i = T'_i = 0.89$。测得的棱镜-GRIN 透镜系统的插入损耗与位移 X 的关系如图 8.16 所示。可动棱镜在 3~60 mm 范围内的平均衰减为 6 dB,即对应于 $\bar{\eta}(X_{i,i+1}) = 1/4$。利用 $\bar{\eta}(X_{i,i+1}) = 1/4$,可计算得到归一化的光信号与光纤传感器数目的关系如图 8.17 所示。

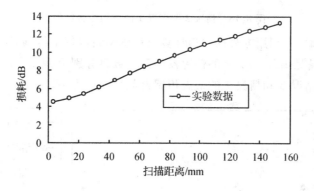

图 8.16 棱镜-GRIN 透镜系统的插入损耗与位移 X 间的关系曲线

为估计所提出的拓扑网络能够复用的传感器个数,假设光探测器可探测的最小光功率为 $I_{\min}$。典型的探测器的探测能力为 1 nW。考虑到本底噪声和其他来自系统的寄生信号,合理的探测阈值为 $I_{\min}=10$ nW。因情况 1 和情况 2 的复用容量不同,故利用式(8.41)给出的信号与式(8.40)给出的信号的比值比较两种情况下的性能:
$$\frac{I_D(i,i+1)\mid_{\text{情况}2}}{I_D(i,i+1)\mid_{\text{情况}1}} = \frac{\sqrt{2\bar{\eta}(X_{i,i+1})}[1+\bar{\eta}(X_{i,i+1})]}{\bar{\eta}(X_{i,i+1})} \tag{8.44}$$

对于插入损耗为 4~10 dB 的棱镜-GRIN 透镜系统,对应于 $\bar{\eta}(X_{i,i+1})$ 由 0.4 变化到 0.125。方程(8.44)定义的比率如图 8.18 所示。由图可知,情况 2 输出的光功率高于情况 1,这说明情况 2 具有更大的复用容量。

基于上面提及的数据,当光源功率为 $I_0=35\ \mu W$,传感网络中连接传感器的个数由 1、7 变

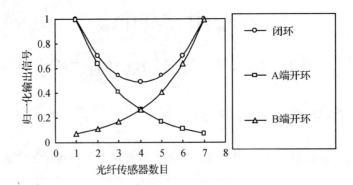

图 8.17　7 传感器环状网络的归一化输出信号的仿真结果

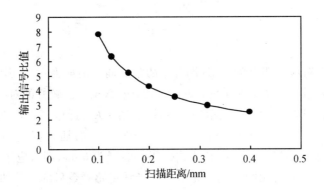

图 8.18　情况 2 和情况 1 的复用容量比较

化到 21(见图 8.19)时,可利用方程(8.41)计算出传感网络内每个传感器的功率水平。对于情况 2 和情况 1,能够满足 $I_D > 10$ nW 的传感器的最大数目分别为 $N_{max}=7$ 和 $N_{max}=1$。光源功率为 $I_0=3$ mW 时,情况 2 和情况 1 的最大传感器数目分别为 $N_{max}=27$ 和 $N_{max}=21$。

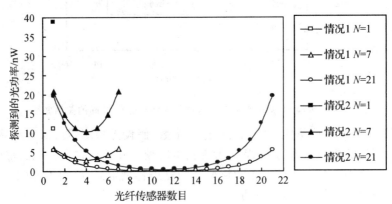

图 8.19　光源功率为 $I_0=35$ μW 时,不同尺寸的环形网络中,
情况 1 和情况 2 的传感器数目与可探测光功率间关系的仿真结果

可复用传感器的最大数目还受限于其他因素,如扫描棱镜的移动范围。此外,探测器的本底噪声和探测灵敏度是探测带宽的函数,将取决于系统所需的相应时间和移动棱镜的扫描速度。对于特定的系统,为评价拓扑结构的复用能力,应考虑所有方面因素进行详细分析。

8.3.5 测试方法

图 8.13 给出了多个传感器组成的环状传感网络的实验装置图。对应于 7 个传感器的情况,白光干涉仪的峰值输出信号如图 8.20 所示。功率为 35 μW,中心波长为 1 310 nm 的 LED 用做光源。GRIN 透镜和扫描范围为 3~60 mm 的棱镜扫描系统插入损耗的范围为 4~8 dB。每个传感器的长度约为 100 mm。光程差选定为近似传感器长度的 2 倍(约 200 mm)。传感器长度的选择满足:

$$l_{78}(S_7) > l_{67}(S_6) > l_{56}(S_5) > l_{45}(S_4) > l_{34}(S_3) > l_{23}(S_2) > l_{12}(S_1) \tag{8.45}$$

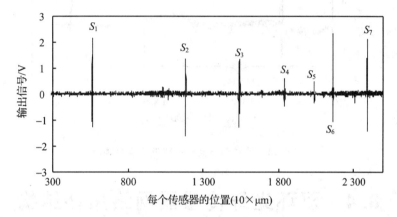

图 8.20 7 传感器阵列的信号输出

如图 8.20 所示,S_6 的信号功率高于 S_7,此结果与理论估算不同。原因可能是第 6 个传感器光纤端连接处的反射率较高所致。

为演示分布应变测量系统的实用性,在第 3、5 和 7 光纤传感器上施加了应变,其他的 4 个传感器置于免受应变状态的位置。测得的各传感器的光程差与所加应变的关系如图 8.21 所示。显而易见,光纤传感器阵列可提供应变的分布信息。对于没有施加应变的 4 个传感器,干涉峰值位置没有变化。目前长度为 100 mm 的光纤,测量分辨率约为 5 $\mu\varepsilon$,测量精度为 10 $\mu\varepsilon$。

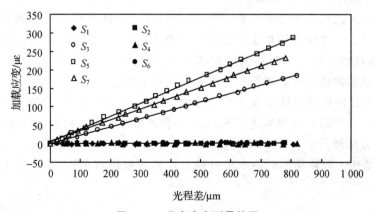

图 8.21 分布应变测量结果

8.3.6 偏振态的影响

类似于 Michelson 干涉仪,系统输出随偏振态变化而变化(见图 8.22)。在 8.2.6 小节中已讨论了波动原因。这个问题可通过在光源与第一个 3 dB 耦合器间插入消偏器或在传感系统中使用保偏光纤加以解决。

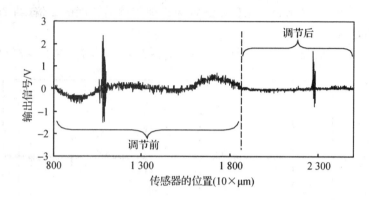

图 8.22 通过调节偏振态降低了噪声强度

8.4 双环光纤传感器网络拓扑结构

基于单环传感网络技术,我们进一步给出了耦合的双环网络双向解调技术。利用通信工业中常用的 ASE 光源和标准单模光纤搭建了实用的耦合双环方案。传感器双环拓扑完全是无源结构,并可通过每段传感光纤进行绝对长度测量,因此可用于应变和温度准分布测量。对于大规模的智能结构,这项技术不但可扩展多路复用潜力,而且可为传感器提供冗余度。耦合双环传感网络允许两个断点,因为当埋入的双环传感器在某处损坏时,传感系统依然可以工作。实验中我们讨论并演示了 9 传感器双环传感网络的鲁棒性,根据实验结果对干涉仪输出信号的强度特性进行了分析和验证。

基于单环双向白光干涉传感技术[16-18],本节旨在讨论低相干干涉阵列传感系统的耦合双环结构方案。这一方案能够提供抗毁坏的冗余度,从而满足对传感系统的保障性和可靠性的需求,避免在埋入传感器链路某处损坏时导致整个系统发生故障的情况。因此,这里传感器双环网络非常适用于大规模智能结构的条件监测。

耦合双环光纤网络的想法来源于单环结构[19],即一系列光纤传感器相互连接构成的光纤环阵列。双环拓扑基本结构为光纤 Sagnac 环和环形腔结合。根据串联连接和并联连接,双环拓扑可分为两种类型。图 8.23 和图 8.24 分别给出了 4 类串联和 2 类并联结构,共 6 种双环拓扑结构。双环结构的一个优点就是可提高复用容量,并为传感系统提供更大的抗损毁冗余度。

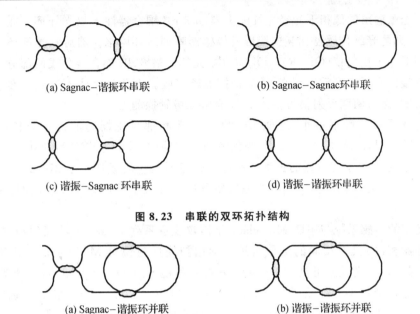

图 8.23 串联的双环拓扑结构

图 8.24 并联的双环拓扑结构

8.4.1 双环多路复用原理

双环方法的基本工作原理是基于光纤白光 Michelson 或 Mach-Zehnder 干涉仪的。作为耦合双环结构的实例,图 8.25 和图 8.26 分别给出了串联 Sagnac-谐振腔(见图 8.23(a))和并联 Sagnac-谐振腔(见图 8.24(a))耦合双环结构。

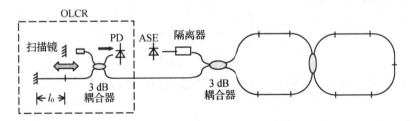

图 8.25 串联 Sagnac-谐振腔环形光纤传感器网络结构

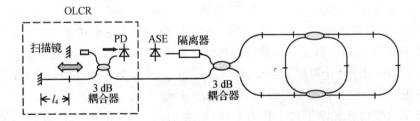

图 8.26 并联 Sagnac-谐振腔环形光纤传感器网络结构

系统中的光源为 ASE,其放大的自发辐射输出光功率为 10 mW,1.55 μm 处的光谱宽度为 30 nm。光源输出的低相干光经光纤隔离器和 3 dB 耦合器注入双光纤环。在双光纤环传感部分,一系列的光纤传感器相互连接形成传感器阵列双环网络。然后双光纤环反射回的光将被耦合到低相干反射仪(OLCR)。OLCR 中,光信号被 3 dB 耦合器分成两部分。下侧光路(参考光)直接由光纤末端反射回来,然后被探测器接收。上侧光路注入到光纤准直器并被扫描反射镜反射,然后两路反射信号注入 PIN 光电二极管探测器。

串联传感器的反射率很小,近似为 1%。只要相邻传感器间的传感器长度差不大于 OLCR 的扫描范围,传感器的长度 l_i 可为任意值。实验中,我们选定 l_i 为 500 mm,OLCR 的有效光程差 l_0 近似等于传感器的长度。所有的传感器的长度差均小于 270 mm,该值对应于 OLCR 400 mm 的空间扫描值。当光程差与双环中相邻反射器的距离相匹配时,可产生白光干涉条纹。

多路复用的传感系统与串联 Michelson 干涉仪及一系列 Fieazu 干涉仪(与双环中的每段光纤或传感器相同)具有相同的工作机理。利用扫描反射镜对 Michelson 干涉仪的光程差(OPD)进行扫描,该光程差可具有不同值。扫描反射镜可用于调节 Michelson 干涉仪的 OPD 以匹配和追踪每个传感光纤长度。当 Michelson 干涉仪的 OPD 与某一特定传感器的长度相等时,中心条纹,即位于干涉条纹中央并具有最高峰值幅度,所对应的传感器的 OPD 完全匹配。光程匹配条件为

$$n_0 l_0 + X_k = n_0 l_k \tag{8.46}$$

式中,X_k 为反射镜与光纤准直器间的距离;n_0 为光纤折射率;l_0 为 Michelson 干涉仪的光程差。因此,传感器 k 的形变可通过追踪反射镜移动距离 ΔX_k 测得,即

$$\Delta X_k = \Delta(n_0 l_k) \tag{8.47}$$

因光纤传感器的光程受周围扰动而变化,如应变和温度,所以与光程变化有关的扰动参数可由干涉信号峰值的移动测得并记录下来。对于双环中的多路复用光纤传感器,为避免信号重叠,传感器的长度应满足下列条件:

$$\left.\begin{array}{l} l_i \neq l_j \\ |l_i - l_j| \geqslant L_c \\ |l_i - l_j| \leqslant D_s \end{array}\right\} \tag{8.48}$$

式中,L_c 为 ASE 光源的相干长度;D_s 为反射镜的最大扫描距离。

8.4.2 输出信号特性

为评价每个光纤传感器的信号特性,下面将以 Sagnac-谐振腔双环结构为例进行分析。Sagnac-谐振腔双环网络如图 8.27 所示,图中将该结构分成了三个传感器阵列,A 分支、环 S 内的 B 分支和环 R 内的 C 分支。传感器阵列中分支 A、B 及 C 对应的传感器数目分别为 m、n 和 p。图 8.28 中,对于每个对应于分支 A、B 及 C 中 m、n 及 p 传感器的 $m+1$、$n+1$ 和 $p+1$ 部分反射面进行了标注。传感器总数为 N,即 $m+n+p=N$。

由于扫描反射镜在光学平台上移动扫描,将会出现 N 组干涉条纹,分别对应于与双环中的 N 个传感器相匹配的 OPD。对于环 S 中的分支 A 和 B,由于从第 j 和 $j+1$ 个反射器反射回来的光波间的相干交叉混合项,对应于第 j 个传感器的光探测器的峰值条纹强度可表示为

第 8 章 基于环形拓扑的光纤白光干涉传感器网络

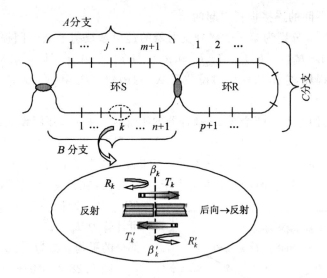

图 8.27 双 Sagnac 谐振腔环形结构中光纤传感器的信号分析

$$I_j = I_j(\text{反射}) + I_j(\text{后向} \to \text{反射}) =$$

$$I_0\left(\frac{\alpha^4}{8}\right)\sqrt{R_g R_M \eta(X_j)} \left\{ \left[\prod_{i=2}^{j}(T_i\beta_i)^2\right]\sqrt{R_j R_{j+1}}(T_j\beta_j)^2 + \right.$$

$$\left. \frac{(\alpha/2)^2 \left[\prod_{i=1}^{m+1}(T_i\beta_i)\right]^2}{\left\{1 - \frac{\alpha}{2}\left[\prod_{i=1}^{p+1}(T_i\beta_i)\right]^2\right\}^2} \cdot \left[\prod_{i=j+2}^{n+1}(T_i\beta_i)^2\right] \cdot \sqrt{R_j R_{j+1}}(T_{j+1}\beta_{j+1})^2 \right\} \tag{8.49}$$

且

$$I_j = I_j(\text{反射}) + I_j(\text{后向} \to \text{反射}) =$$

$$I_0\left(\frac{\alpha^4}{8}\right)\sqrt{R_g R_M \eta(X_j)} \left\{ \left[\prod_{i=2}^{j}(T_i\beta_i)^2\right]\sqrt{R_j R_{j+1}}(T_j\beta_j)^2 + \right.$$

$$\left. \frac{(\alpha/2)^2 \left[\prod_{i=1}^{n+1}(T_i\beta_i)\right]^2}{\left\{1 - \frac{\alpha}{2}\left[\prod_{i=1}^{p+1}(T_i\beta_i)\right]^2\right\}^2} \cdot \left[\prod_{i=j+2}^{m+1}(T_i\beta_i)^2\right] \cdot \sqrt{R_j R_{j+1}}(T_{j+1}\beta_{j+1})^2 \right\} \tag{8.50}$$

就环 R 中的传感器而言，峰值条纹强度可写为

$$I_j = \frac{I_0\left(\frac{\alpha}{2}\right)^6 \sqrt{R_g R_M \eta(X_j)}}{\left\{1 - \frac{\alpha}{2}\left[\prod_{i=1}^{p+1}(T_i\beta_i)\right]^2\right\}^2} \left\{ \left[\prod_{i=1}^{n+1}(T_i\beta_i)\right]^2 \sqrt{R_j R_{j+1}}(T_j\beta_j)^2 \left[\prod_{i=2}^{j}(T_i\beta_i)^2\right] + \right.$$

$$\left. \left[\prod_{i=1}^{m+1}(T_i\beta_i)\right]^2 \sqrt{R_j R_{j+1}}(T_{j+1}\beta_{j+1})^2 \left[\prod_{i=j+2}^{m+1}(T_i\beta_i)^2\right] \right\} \tag{8.51}$$

式中，I_0 为由 ASE 光源耦合进光纤的光强度；α 为 3 dB 耦合器的插入损耗，双环传感系统中使用的 3 个 3 dB 耦合器的差别将忽略不计。β_i 和 β'_i 分别表示与传感器 S_j 相关的附加损耗，该

附加损耗是由传感器间的连接损耗引起的。

$T_i(T_i')$ 和 $R_i(R_i')$ 分别为第 i 个部分反射器的透射和反射系数。因损耗因子 $\beta_i(\beta_i')$ 的存在，一般 $T_i(T_i') < 1 - R_i(1-R_i')$。$T_i$、$R_i$ 和 β_i 可与 T_i'、R_i' 和 β_i' 不同。$\eta(X_j)$ 为与扫描反射镜和准直光学相关的损耗，它是扫描反射镜位置 X_j 的函数。R_g 和 R_M 分别为光纤端面和扫描反射镜的反射率。

为便于计算，我们忽略了两个 3 dB 耦合器的附加插入损耗，并假设光纤连接插入损耗系数的典型值为 $\beta_i = \beta_i' = 0.9 (i=0,1,2,\cdots,N)$。垂直入射时，光纤端面的反射率可由 Fresnel 公式给出：$R=(n-1)^2/(n+1)^2$。式中，n 为纤芯的折射率，典型值为 1.46，对应于 4% 的反射率。对于良好的对接光纤端面，空气间隔小于一个波长，在这种情况下，典型的反射率 R_i ($R_i = R_i'$) 近似等于 1%。因此，透射系数可计算为 $T_i = T_i' = 0.89$。假设移动反射镜部分的平均衰减为 6 dB，即 $\eta(X_j) = 1/4$。

图 8.28 给出的输出信号表明，当分布于 Sagnac 环或谐振腔环的光纤传感器的总数为 12 时，信号强度差约为 6 dB。这说明作为环 S 和环 R 间必要桥梁的 3 dB 耦合器大大削弱了分布于环 R 的传感器的输出信号强度。如图 8.29 和图 8.30 所示，环 S 上传感器阵列的散射和 3 dB 耦合器的插入损耗，使得环 R 上的传感器输出大大减小，从而使分布于环 S 和环 R 的光纤传感器的输出信号强度差随环 S 上传感器数目的增加而增加。

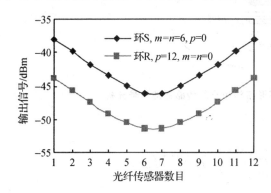

图 8.28　传感器总数为 12 和其中一个双环无传感器情况下的输出信号特性

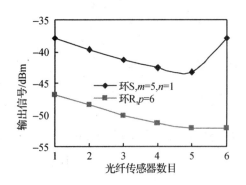 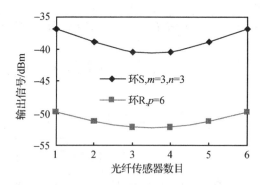

图 8.29　传感器总数为 12 且每个分支的传感器数目不同时的输出信号特性　　图 8.30　传感器总数为 12 且每个环的传感器数目相同时的输出信号特性

Michelson 干涉仪中，光纤端面和扫描反射镜的反射率分别为 80% 和 50%。ASE 光源功率可选定为 $I_0 = 1$ mW，则每个分支中对于不同尺寸的传感器阵列，光纤传感器数目 i 与输出信号强度的关系曲线的模拟结果如图 8.29～图 8.30 所示。

8.4.3 复用容量的评估

光纤传感器环路阵列中,光源发出的光耦合进光纤并分布于传感分支的传感器阵列中。每个传感器部件将吸收或转换一部分功率(如插入损耗),一般在 0.1~0.5 dB 之间。若光电二极管的最小探测极限为 $I_{\min}$,则可复用的传感器最大数目可估算为

$$I_D(i) \geqslant I_{\min} \tag{8.52}$$

对于我们的实验系统,最小探测强度为 2 nW(或 −57 dBm)。表 8.1 给出了计算结果,双环中对于不同结构的传感器,可复用的传感器最大值与光源功率的关系曲线如图 8.31 和图 8.32 所示。

表 8.1 传感系统中可复用光纤传感器的个数与光源功率间的关系

光源功率 /mW		0.05	0.2	1.0	3.0	5.0
传感器数 $m=n$	$m=n=0$ $N_{\max}=p$	5	10	16	20	24
	$p=0$ $N_{\max}=m+n$	8	16	20	22	24
传感器数 $m \neq n$ $m=0$	$2n=p$ $N_{\max}=n+p$	4	9	15	16	18
	$n=p$ $N_{\max}=n+p$	5	10	17	18	22
	$n=2p$ $N_{\max}=n+p$	8	14	24	26	28

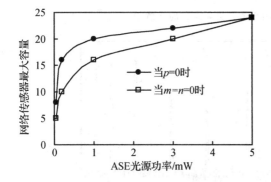

图 8.31 双环传感网络中的一环没有任何传感器时,ASE 光源功率与传感网络最大容量间的关系曲线

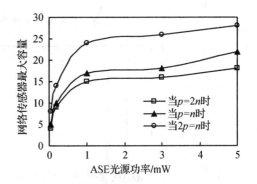

图 8.32 双环传感网络中每个分支具有不同的传感器个数时,ASE 光源功率与传感器网络最大容量间的关系曲线

事实上,传感器可探测的信号强度与光源功率成正比,因此较高的光源功率可提高传感器的复用容量。然而,一方面本底噪声也将随光源功率的增加而增加;另一方面,每个传感分支传感器阵列的大小也受光功率分布的影响,从而改变反射光信号的强度。因此,双环系统中,

光纤传感器的最大数目小于表 8.1 给出的计算结果。

实验装置如图 8.25 所示。光源的输出光功率为 1 mW,中心波长为 1 550 nm,谱宽为 35 nm。扫描反射镜的空间扫描范围为 400 nm,平均插入损耗为 5 dB,抖动小于 0.2 dB。9 个光纤传感器通过对接连接器连接于双环传感网络中,每个传感器的长度为 500 mm,长度差近似为 1 mm,该值对应于 1.5 mm 的空间扫描距离,如表 8.2 所列。光学平台的扫描距离为 400 mm 时,若使各传感器间的长度差为 1.5 mm(包括为避免信号叠加而预制的 1 mm 的动态范围),则最大的复用能力可估计为 180 个传感器。图 8.33 给出了每个传感分支的传感器布局。方程(8.46)描述的 9 个传感器长度和分布于光学平台上的位置如图 8.34 所示。由图可知,信号强度大致与方程(8.50)和方程(8.51)的估计值吻合。

表 8.2　有关传感器标度及在扫描光学平台上的相应位置的数据

传感器标号 S_k	S_1	S_2	S_3	S_4	S_5	S_6	S_7	S_8	S_9
长度 l_k/mm	496.84	497.39	499.15	501.91	503.21	504.27	505.34	506.11	506.54
位置标号 X_k	X_1	X_2	X_3	X_4	X_5	X_6	X_7	X_8	X_9
位置值 X_k/mm	125.16	125.96	128.52	132.56	134.46	136.00	137.56	138.68	139.32
参考长度 l_0/mm	411.12									

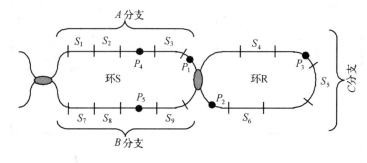

图 8.33　双环中 9 个传感器和 5 个实验断点布局示意图

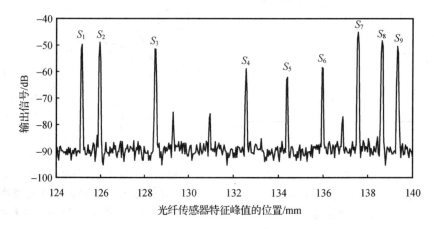

图 8.34　分布于双环网络中的 9 个传感器的输出信号特性

通过一系列损伤模拟实验,我们对双环传感器网络的鲁棒性进行了考察研究。图 8.33 中标注了选定的 5 类经典断点。双环中只有一个断点时,图 8.35、图 8.36 和图 8.37 给出的强度输出特性变化结果分别对应于图 8.33 中的断点 P_1、P_2 和 P_3。由图可知,不管在点 P_1、P_2 或 P_3 哪处断开,9 传感器双环传感系统仍可工作,除一些传感器的信号幅度降低外,传感器信号峰值位置也不发生改变。

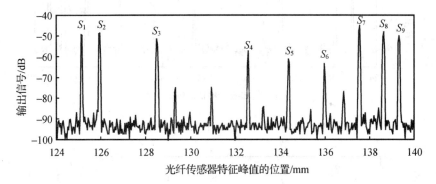

图 8.35 双环仅在 P_1 断开时的输出信号特性

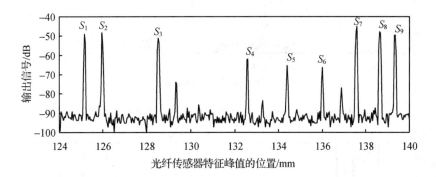

图 8.36 双环仅在 P_2 断开后输出信号的变化曲线

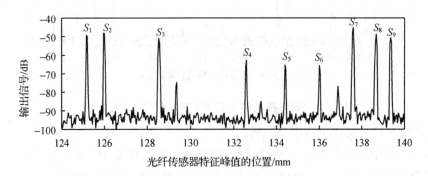

图 8.37 双环仅在 P_3 断开后输出信号的变化曲线

两点同时断开时的测试结果分别如图 8.38、图 8.39 和图 8.40 所示。

① 如图 8.38 所示,若断点为 P_1 和 P_2,尽管双环已经损坏,但 9 个传感器仍能工作。很明显,传感器 S_4、S_5 和 S_6 的信号强度明显降低。

② 如果断点在 P_3 和 P_4,由图 8.39 可知,除传感器 S_4 的信号幅度减小外,传感器 S_5 和 S_6 的输出信号消失。

③ 若断点在 P_3 和 P_5,如图 8.40 所示,不仅传感器 S_5 和 S_6 的信号强度减小,传感器 S_4 无

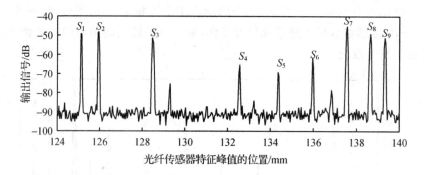

图 8.38 双环在 P_1 和 P_2 断开后输出信号的变化曲线

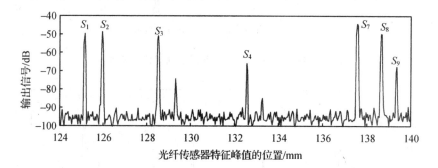

图 8.39 双环在 P_3 和 P_4 断开后输出信号的变化曲线

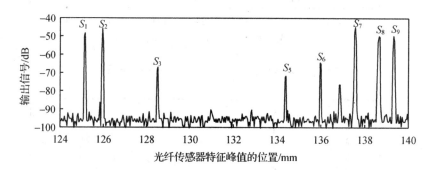

图 8.40 双环在 P_3 和 P_5 断开后输出信号的变化曲线

效,而且传感器 S_3 的信号强度也明显减弱。

综上所述,我们设计并演示了一种适用于智能结构的多路复用光纤形变传感器环形拓扑网络。此传感系统是以白光 Michelson 或 Mach-Zehnder 干涉仪为光路解调仪研发的。这样的环形拓扑结构对构建用于智能结构的应变和温度分布测量传感网络意义重大。根据光学平台的扫描范围可知,该复用系统可解调 180 个光纤传感器。然而,单环或双环网络中的复用传感器均受光纤连接引起的较大光反射和附加插入损耗的影响,从而限制了结果中可容纳的传感器总数。当光源功率为 3 mW 时,可预测仅有 27 个传感器可在单环拓扑结构中使用[20];而采用功率为 5 mW 的 ASE 光源,双环拓扑结构中可复用 28 个传感器。此外,双环网络拓扑结构因采用双环拓扑,大大改善了系统的可靠性并提供了一定的冗余度;也就是说,即使双环网络的某个传感器发生故障,系统仍能工作。与单环拓扑结构相比,双环系统的可靠性已得到进一步改善,即双环传感器网络允许传感器链路上 2 点同时断开,并保持主要部分仍能正常工作。这就避免了由于传感器集成结构中的局部损坏而导致整个传感系统崩溃。

8.5 小 结

本章给出了一种适用于智能结构的多路复用光纤形变传感器环形拓扑网络,此环形网络传感器系统以白光干涉技术为基础;研究了 Michelson 型和 Mach–Zehnder 型光程解调仪。环形网络从两个方向进行解调,大大提高了多路复用容量。通信工业中常用的 LED、SLD 或 ASE 光源和标准单模光纤的采用,为该技术的实现提供了切实可行的方法。传感器的环形拓扑结构完全是无源的且通过每段传感光纤可进行绝对测量,从而使该技术可用于应变和温度的准分布测量。对于大尺度智能结构,这项技术不仅扩展了多路复用潜能,且提供了一定的冗余度,从而提高了系统的可靠性。值得指出的是,即使在光纤环上某处断开,该传感系统仍可正常工作。

参考文献

[1] Younquist R C, Catt S, Davies D E N. Optical coherence-domain reflectometry: A new optical evaluation technique. Opt. Lett., 1987, 12: 158-160.

[2] Danielson B L, Whittenberg C D. Guided-wave reflectometry with micrometer resolution. Appl. Opt. 1987, 26: 2836.

[3] Takada K, Yokohama I, Chida K, et al. New measurement system for fault location in optical waveguide devices based on an interferometric technique. Appl. Opt. 1987, 26: 1603.

[4] Thevenaz L, Pellaux J P, von der Weid J P. All-fiber interferometer for chromatic dispersion measurements. J. Lightwave Technol., 1988, 6: 1-7.

[5] Takada K, Yukimatsu K, Kobayashi M, et al. Rayleigh backscattering measurement of single mode fibers by low coherence optical time-domain reflectometer with 14 μm spatial resolution, J. Appl. Phys. Leet., 1991, 59: 143.

[6] Clivaz X, Marquis-Weible F, Salathe R P, et al. High-resolution reflectometry in biological tissues. Opt. Lett., 1992, 17: 4-6.

[7] Al-Chalabi S A, Culshaw B, Davies D E N. Partially coherent sources in interferometry. IEE Proceedings 1st International Conference on Optical Fiber Sensors, London, 1983: 132-135.

[8] Brooks J L, Wentworth R H, Youngquist R C, et al. Coherence multiplexing of fiber optic interferometric sensors. J. Ligthwave Technol., 1985, LT-3: 1062-1071.

[9] Ribeiro A B L, Jackson D A. Low coherence fiber optic system for remote sensors illuminated by a 1.3 μm multimode laser diode. Rev. Sci. Instrum., 1993, 64: 2974-2977.

[10] Inaudi D, Elamari A, Pflug L, et al. Low-coherence deformation sensors for the mornitoring of civil-engineering structures. Sensors and Actuators A, 1994, 44: 125-130.

[11] Sorin W V, Baney D M. Multiplexing sensing using optical low-coherence reflectometry. IEEE Photonics Technology Letters, 1995, 7: 917-919.

[12] Yuan L B, Ansari F. White light interferometric fiber-optic distributed strain-sensing system. Sensors and Actuators: A, 1997, 63: 177-181.

[13] Yuan L B, Zhou L M. 1×N star coupler as distributed fiber optic strain sensor using in white light inter-

ferometer. Appl. Opt. ,1998,37: 4168-4172.

[14] Yuan L B,Zhou L M, Jin W. Quasi-distributed strain sensing with white-light interferometry: a novel approach. Optics Letters,2000,25: 1074-1076.

[15] Jin W. Fiber optic gyroscope,in Guided Wave Optical Sensors. Jin W,Liao Y, Zhang Z,Editors. Science Press,Beijing,1998: 148-176.

[16] Yuan L B,Zhou L M,Jin W,et al. Low-coherence fiber-optic sensor ring network based on a Mach-Zehnder interrogator. Optics Letters,2002,27(11): 894-896.

[17] Yuan L B,Zhou L M, Jin W,et al. Enhanced multiplexing capacity of low-coherence reflectometric Sensors with a loop topology. IEEE Photonics Technology Letters,2002,14(8): 1157-1159.

[18] Yuan L B,Zhou L M, Jin W. Enhancement of multiplexing capability of low-coherence interferometric fiber sensor array by use of a loop topology. IEEE Journal of Lightwave Technology, 2003, 21(5): 1313-1319.

[19] Yuan L B, Yang j. Two-loop based low-coherence multiplexing fiber optic sensors network with Michelson optical path demodulator. Optics Letters,2005,30(5): 601-603.

[20] Yuan L B,Zhou L M, Jin W. Design of a fiber-optic quasi-distributed strain sensors ring network based on a white-light interferometric multiplexing technique. Applied Optics,2002,41(34): 7205-7211.

第9章 解调系统的重构与简化

9.1 引 言

光纤传感器解调系统的简化在实际应用中具有非常重要的作用,它可以降低解调系统的成本,并提高系统的稳定性和可靠性[1-12]。解调系统的重构和简化与传感系统的结构组成有关[13-19]。本章主要介绍基于 Michelson、Mach-Zehnder 和 Fabry-Perot 干涉仪的几种简化的光纤白光干涉仪解调系统。

9.2 基于 Michelson 干涉仪的系统简化方法

9.2.1 简化的 Michelson 干涉仪阵列

本小节,我们提出一种可以测量各传感光纤绝对光程变化的白光 Michelson 干涉仪阵列。图 9.1 给出了简化的 Michelson 干涉仪阵列的传感原理示意图。LED 光源发出的宽谱光经 3 dB 耦合器耦合入光纤 Michelson 干涉仪后,分别进入互相平行的传感光纤阵列。该平行传感阵列由 $2\times N$ 段光纤首尾串接相连构成,相邻两段光纤的连接端面会形成一个部分反射镜,因此可以构成一个多路复用的 Michelson 光纤干涉仪传感器阵列。如图 9.1 所示,光纤 Michelson 干涉仪一臂的光程是可调的,用于实现传感阵列中参考信号与传感信号的光程匹配。由于各传感光纤的长度互不相同,所以每一对传感器对应唯一的干涉条纹。我们可以将传感器对中的一个传感器作为应变传感器,而将另一个传感器作为温度补偿传感器。所以,这种传感系统可以实现分布式应变测量过程中的温度补偿。该传感系统的一个重要应用是测量智能结构的形变。

图 9.2 给出了一个埋入混凝土结构内部的平行传感器阵列的结构示意图。该传感器阵列由若干个光纤对 l_i 和 l'_i 首尾串接相连构成,连好的传感器阵列再与长度分别为 L_0 和 L'_0 的输入、输出光纤相连。在该传感系统中,两根输入、输出光纤的长度近似相等,并约等于每个传感光纤的长度,即

$$\left.\begin{array}{l} L_0 \approx L'_0 \\ l_i \approx l'_i \\ l_i \neq l_j \\ l'_i \neq l'_j \end{array}\right\} \quad (i,j = 1,2,\cdots,N) \tag{9.1}$$

利用扫描直角反射镜(见图 9.1)可以调节参考臂的光程 L'_0。当传感臂与参考臂之间的光程差小于光源的相干长度时,就可以在输出端获得白光干涉条纹。位于干涉条纹中间的中央条纹,具有最大的振幅,所对应的传感臂与参考臂的光程绝对相等。所以有

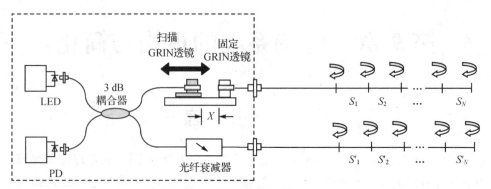

(a) 通过移动GRIN透镜调节光纤臂长

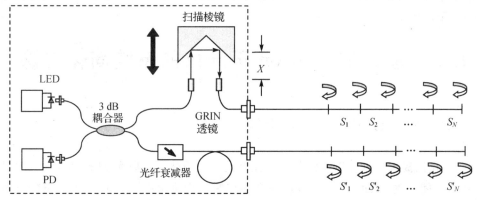

(b) 通过移动扫描直角反射镜调节光纤臂长

图 9.1　Michelson 干涉仪阵列光纤应变传感系统的工作原理

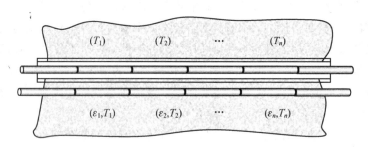

图 9.2　平行传感器阵列在结构中的分布情况

$$nL_0 + \sum_{i=1}^{k} nl_i = nL_0' + \sum_{i=1}^{k} nl_i' + X_k \tag{9.2}$$

如果第 k 对平行传感器发生变化,那么这个传感器对所对应的干涉峰的位置 X_k 也会发生改变。干涉峰的移动距离 ΔX_k 与第 k 对平行传感器的光程变化之间的关系可以表示为

$$\Delta X_k = \sum_{i=1}^{k} [\Delta(nl_i) - \Delta(nl_i')] \tag{9.3}$$

对于如图 9.2 所示的混凝土结构,我们将平行传感阵列中的一臂直接埋入结构中作为传感阵列,而另一臂作为补偿阵列先放入抗压套管中,然后再将其平行地埋在传感阵列附近。由于两组光纤相距很近,可以近似认为它们的环境温度相同。所以这种结构可以补偿由温度变

化引起的光纤折射率的改变和由热膨胀效应导致的光纤长度的增加。

对于传感阵列,应变和周围环境温度的变化都会引起阵列中传感光纤的长度变化。各光纤的光程变化量可以表示为

$$\Delta(nl_i) = [n\Delta l_i(\varepsilon) + \Delta n(\varepsilon)l_i] + [n\Delta l_i(T) + \Delta n(T)l_i] \qquad (9.4)$$

而补偿阵列中的光纤只受温度变化的影响,即

$$\Delta(nl_i') = n\Delta l_i'(T) + \Delta n(T)l_i' \qquad (9.5)$$

将式(9.4)和式(9.5)代入式(9.3),并考虑式(9.1)中 $l_i \approx l_i'$ 的情况,得到

$$\Delta X_k = \sum_{i=1}^{k} [n\Delta l_i(\varepsilon) + \Delta n(\varepsilon)l_i] = \sum_{i=1}^{k} n_{\text{equivlent}} l_i \varepsilon_i \qquad (9.6)$$

式中

$$n_{\text{equivlent}} = \left\{ n - \frac{1}{2}n^3[(1-\nu_g)p_{12} - \nu_g p_{11}] \right\} \qquad (9.7)$$

表示光纤纤芯的等效折射率。对于石英材料,波长 $\lambda = 1\,550$ nm 时对应的各参数分别为 $n=1.46$、$\nu_g = 0.25$、$p_{11} \approx 0.12$ 和 $p_{12} \approx 0.27$[1],根据这些参数计算得到的光纤纤芯等效折射率为 $n_{\text{equivalent}} \approx 1.19$。

这表明干涉峰的移动距离 ΔX_k 只依赖于共轴应变引起的折射率改变和光纤传感器长度 l_i 的变化,而与由温度变化引起的光程变化无关。因此,分布式应变可以利用下式计算得到,即

$$\varepsilon_i = \frac{\Delta X_i - \Delta X_{i-1}}{n_{\text{equivalent}} l_i} \qquad (9.8)$$

9.2.2　基于 2×2 耦合器的 Michelson 干涉仪简化结构[13,14]

基于 2×2 光纤耦合器,我们设计并验证了一种结构简单的 Michelson 白光干涉多路复用传感器阵列,用于测量各传感光纤反射端面之间的绝对光程变化[13]。与已有的复用结构[2-9]不同,对于该 Michelson 白光干涉传感器阵列,我们只用一个腔长可调的光纤环形谐振腔产生差动光路来实现光程的匹配。另外,只用一根传输光纤来完成传感信号的输入和输出。这种方法极大地降低了白光干涉复用传感器阵列的复杂性和制作成本。

图 9.3 给出了这种简单的 Michelson 光纤白光干涉传感系统的结构示意图。该传感系统主要由一个 2×2 单模光纤耦合器、一个 LED/PIN 双功能双向器件和若干段传感光纤组成。其中 LED/PIN 双向器件将光源和信号探测器集成在一起,从而可以极大地简化干涉仪的光学结构。光源 LED 发出的宽谱光经过腔长可调的环形谐振腔后进入光纤传感器阵列。传感器阵列由 N 段传感光纤(N 个传感器)首尾串接相连组成,且相邻两段光纤的连接面可以看成是部分反射镜。被各反射面反射的信号沿与输入信号相同的光路返回到双向器件的 PIN 探测器端,从而构成多路复用的光纤 Michelson 干涉仪。

在传感阵列中,各反射面的反射率很小(1% 或更小),这样可以避免输入光信号的衰减过快。选择相邻两个反射面之间的光纤传感器的长度 $l_j(j=1,2,\cdots,N)$,令其近似等于但略长于谐振腔中固定部分的长度 L_0(或固定部分长度的一半 $L_0/2$);同时,保证每个传感器的长度之间略有不同。可调环形谐振腔的总光程为 $nL_0 + 2X$,其中 X 为 GRIN 透镜的端面与扫描棱

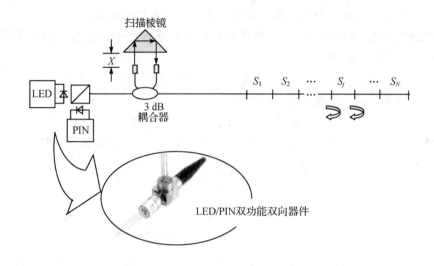

图 9.3 简化的 Michelson 光纤白光干涉准分布式传感系统

镜之间的距离。由于距离 X 是可调的,所以总光程 nL_0+2X 也是可调的。当调节扫描棱镜到达某一位置时,环形谐振腔的总光程与某个传感器的长度相匹配,这时在输出端会产生一个白光干涉条纹。

以传感器 j 为例,其匹配光路如图 9.4(a)所示。图中最上面的光路对应光源发出的光不经过环形谐振腔而直接到达传感器 j,并被传感器 j 的左侧端面反射。从图中可以看出,光程的匹配条件为

$$nL_0 + 2X_j = nl_j, \qquad j=1,2,\cdots,N \tag{9.9}$$

式中,$X=X_j$ 是扫描棱镜和 GRIN 透镜之间的距离,nL_0 是环形谐振不包括 X 的腔长。如果将环形谐振腔放在隔热箱中,那么 nL_0 可以看成是常数。

若在传感器 j 上加载一定的应变,光程 nl_j 会发生改变,那么根据式(9.9),需要调节扫描棱镜的位置来改变 X_j 以满足光程匹配条件。距离的变化量 ΔX_j 与传感器光程的改变量之间的关系为

$$\Delta X_j = \Delta(nl_j)/2, \qquad j=1,2,\cdots,N \tag{9.10}$$

当在传感器阵列上施加一定的分布式应变时,各传感器的长度都会发生变化。假设它们的长度分别从 l_1 变为 $l_1+\Delta l_1$,l_2 变为 $l_2+\Delta l_2$,$\cdots$,l_N 变为 $l_N+\Delta l_N$,利用步进电机控制系统精细调节扫描棱镜的位置来跟踪传感器长度的变化。由于每个传感器对应唯一的棱镜位置,所以各传感器测得的分布式应变可以表示为

$$\varepsilon_1 = \frac{\Delta l_1}{l_1}, \varepsilon_2 = \frac{\Delta l_2}{l_2}, \cdots, \varepsilon_N = \frac{\Delta l_N}{l_N} \tag{9.11}$$

我们对 4 个光纤传感器构成的阵列进行了实验验证。光源 LED 的驱动电流为 50 mA,输出光功率为 30 μW。棱镜与 GRIN 透镜之间的距离为 3~70 mm(光程范围为 6~140 mm),对应的扫描棱镜-GRIN 透镜系统的插入损耗为 4~8 dB。每段传感光纤的长度都约为 1 000 mm(1 m 长的单模光纤跳线)。环形谐振腔固定部分的光程 L_0 为 1 990 mm,近似等于光纤传感器长度的 2 倍。实验中传输光纤的长度为 2.2 km,这样做是为了研究这种传感器阵列在远传情况下的适用性。图 9.5 给出了扫描距离 X 从 12.5 mm 变化到 25 mm 时,PIN 探

测器采集到的干涉信号。图中,4 个干涉峰分别对应环形谐振腔的总光程与 4 个传感器长度相匹配的情况。因此,传感器的长度满足 $l_3 < l_1 < l_4 < l_2$。

环形谐振腔的腔长与传感器长度之间的关系会对传感系统的分辨率和测量精度产生影响。对于传感器 j,其等效光路如图 9.4(b)所示。如果令谐振腔的腔长满足 $L_0 \approx 2l_{\text{sensor}}$,并且

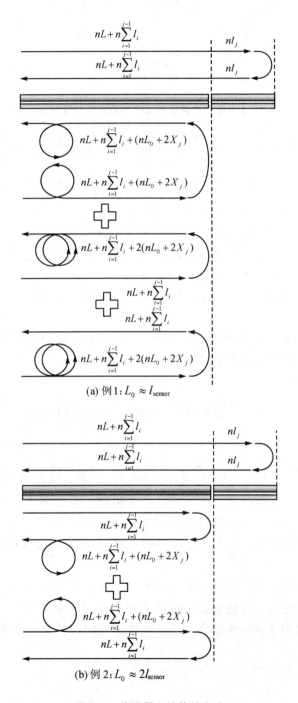

(a) 例1: $L_0 \approx l_{\text{sensor}}$

(b) 例2: $L_0 \approx 2l_{\text{sensor}}$

图 9.4 传感器 j 的等效光路

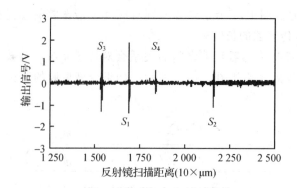

图 9.5　4 个光纤传感器组成阵列的实验扫描干涉峰信号

小范围调节 X_j，那么光程 $2nL + 2n\sum_{i=1}^{j-1} l_i + 2nl_j$ 可以与光程 $2nL + 2n\sum_{i=1}^{j-1} l_i + (nL_0 + 2X_j)$ 和光程 $(nL_0 + 2X_j) + 2nL + 2n\sum_{i=1}^{j-1} l_i$ 相匹配，其中与非相邻反射面和非匹配反射面相关的无用干涉信号位于扫描范围之外，不能被检测。所以有

$$nL_0 + 2X_j = 2nl_j, \quad j = 1, 2, \cdots, N \tag{9.12}$$

在这种情况下，扫描棱镜的位置变化量 ΔX_j 与传感器长度变化之间的关系为

$$\Delta X_j = \Delta(nl_j), \quad j = 1, 2, \cdots, N \tag{9.13}$$

比较式(9.10)和式(9.13)，在传感器长度相同的情况下，例 2 情况下的系统分辨率要比例 1 高。

另外，例 1 和例 2 中的信号强度也不相同。传感器 j 的信号强度与它的两个部分反射面的反射信号之间的相干项有关，可以表示为

对于例 1：

$$P_{D1}(j) = \frac{\sqrt{3}}{2} P_0 \eta(X_j) \sqrt{R_j R_{j+1}} T_j \beta_j \left[\prod_{i=1}^{j-1} (T_i \beta_i) \right]^2 \tag{9.14}$$

对于例 2：

$$P_{D2}(j) = \frac{1}{2} P_0 \sqrt{2\eta(X_j)} \sqrt{R_j R_{j+1}} T_j \beta_j \left[\prod_{i=1}^{j-1} (T_i \beta_i) \right]^2 \tag{9.15}$$

式中，耦合器的分光比为 50∶50，且忽略其插入损耗。β_j 表示与传感器 j 相关的附加损耗。T_j 和 R_j 分别表示第 j 个部分反射镜的透射系数和反射系数。一般，由于损耗因子 β_j 的存在，T_j 要小于 $1 - R_j$。$\eta(X_j)$ 为与扫描棱镜-GRIN 透镜系统相关的损耗，是距离 X_j 的函数。

我们取典型的参数 $\beta_j = 0.9 (j = 1, 2, \cdots, N+1)$、$R_j = 1\%$ 和 $T_j = 0.89$，对由 10 个传感器构成的传感器阵列进行了理论仿真。取注入耦合器的光功率为 P_0，扫描棱镜-GRIN 透镜系统的平均损耗取为 6 dB，即 $\eta(X_j) 1/4$，计算得到的传感器阵列的归一化信号强度如图 9.6 所示。

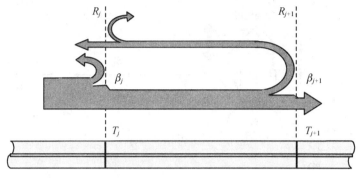

(a) 光纤传感器 j 的反射和透射信号示意图

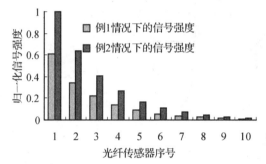

(b) 例1和例2中归一化光强与光纤传感器数量之间的关系

图 9.6 归一化光信号的强度与光纤传感器数量之间关系的理论仿真结果

例 1：$L_0 \approx l_{\text{sensor}}$，例 2：$L_0 \approx 2l_{\text{sensor}}$

9.2.3 基于 3×3 耦合器的简化传感解调系统

基于 3×3 光纤星形耦合器，我们研究了一种新型的 Michelson 白光干涉多路复用传感器阵列，用于测量各传感光纤反射端面之间的绝对光程变化。可以将这种光纤传感器阵列看做线性传感器阵列、双传感器阵列或环形传感器阵列[15]。这种方法可以极大地降低白光干涉多路复用传感器阵列的复杂性和成本。

1. 传感系统的结构

我们提出的低相干光纤 Michelson 干涉仪的结构如图 9.7 所示。从 SLD 光源发出的宽谱光经过光隔离器后被 3×3 光纤星形耦合器分成三路，其中一路光经过可调谐环形谐振腔（由两个 GRIN 透镜和一个扫描棱镜构成）后进入传感器阵列；另一路光不通过环形谐振腔而直接进入传感器阵列；第三路光被折射率匹配液吸收。传感器阵列由 N 段光纤（N 个传感器）首尾相连构成，且相邻光纤的连接端面可以看做部分反射镜。从反射面反射的信号沿两个不同的光路传输，其中一路直接到达光电探测器，另一路经过可调环形谐振腔延迟线后再到达探测端，从而形成多路复用光纤 Michelson 干涉仪，各光路的传输如图 9.8 所示[17]。

在传感阵列中，传感器反射面的反射率很小（1% 或更小），这样可以避免输入光信号衰减过快。令相邻两个反射面之间的光纤传感器的长度 $l_j (j=1,2,\cdots,N)$ 近似等于但略长于谐振

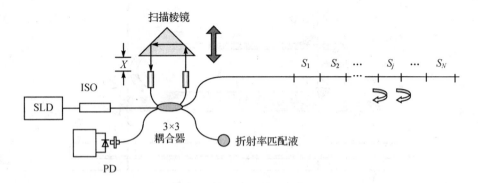

图 9.7 基于 3×3 星形耦合器的 Michelson 光纤低相干干涉准分布传感系统结构

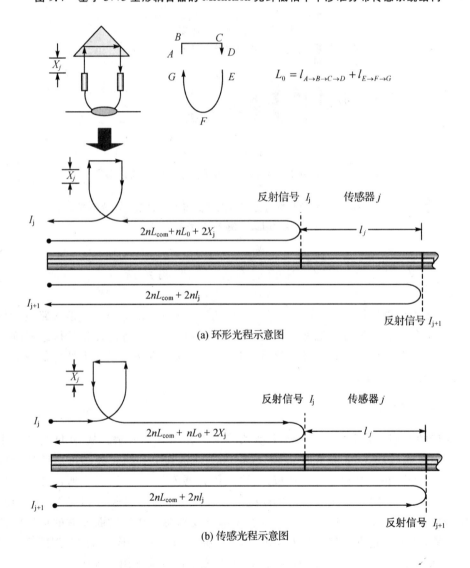

(a) 环形光程示意图

(b) 传感光程示意图

图 9.8 传感器 j 的等效光路

腔中固定部分的长度 L_0，如图 9.8 所示。同时，保证每个传感器的长度相互之间略微不同。可调环形谐振腔总的光程为 nL_0+2X，其中 X 为 GRIN 透镜端面与扫描棱镜之间的距离。利用扫描棱镜-GRIN 透镜系统可以调节环形谐振腔的总光程。当扫描棱镜到达某一位置时，环形谐振腔的总光程与某个传感器的长度相匹配，便在探测端得到一个低相干干涉条纹。以传感器 j 为例，其匹配光路如图 9.8 所示。从 SLD 发出的光首先经过 3×3 星形耦合器，一部分直接进入传感器阵列并被传感器 j 的左端面反射，再次经过 3×3 星形耦合器进入可调环形谐振腔，最后到达光电探测器。沿这一光路传输的光作为参考信号，传输路径如图 9.8(a) 所示，对应的光程为 $2nL_{com}+(nL_0+2X_j)$。经过 3×3 星形耦合器的另一部分光也沿传感器阵列传输，但是被传感器 j 的右端面反射，反射光不经过环形谐振腔而直接到达探测器，其传输路径如图 9.8(a) 中光纤下面的光路所示，对应的光程为 $2nL_{com}+2nl_j$。另外，作为沿参考臂传输的光还可以先经过可调环形谐振腔，反射信号不经环形谐振腔而直接进入探测器，如图 9.8(b) 所示。对于以上两种情况，消去参考光路和传感光路的共有部分，可以得到光程匹配条件：

$$nL_0+2X_j=2nl_j, \qquad j=1,2,\cdots,N \qquad (9.16)$$

式中，nL_0 是环形谐振腔不包括扫描棱镜-GRIN 透镜系统间距的腔长。如果将环形谐振腔放在隔热箱中，则可以认为 nL_0 为常数。$X=X_j$ 是扫描棱镜-GRIN 透镜系统的间距，如图 9.7 所示。

应变或环境温度的改变会导致光程 nl_j 的变化，从而要求间距 X_j 也随之改变，以满足式(9.16)的光程匹配条件。间距 X_j 的改变量 ΔX_j 与光程改变量之间的关系为

$$\Delta X_j = \Delta(nl_j), \qquad j=1,2,\cdots,N \qquad (9.17)$$

当施加在传感器阵列中各传感器上的应变或传感器周围的环境温度发生改变时，假设各传感器的长度分别从 l_1 变为 $l_1+\Delta l_1$，l_2 变为 $l_2+\Delta l_2$，$\cdots$，l_N 变为 $l_N+\Delta l_N$。利用步进电机位置控制系统来调节扫描棱镜的位置以跟踪传感器长度的变化。由于每个传感器对应的棱镜位置是唯一的，所以分布式应变和温度可以分别表示为

$$\varepsilon_j = \frac{\Delta X_j}{n_{\mathrm{eff}}l_j}, \qquad j=1,2,\cdots,N \qquad (9.18)$$

$$T_j - T_0 = \frac{\Delta X_j}{l_j(T_0)n(\lambda,T_0)(\alpha_T+C_T)}, \qquad j=1,2,\cdots,N \qquad (9.19)$$

$$n_{\mathrm{equivalent}} = n\left\{1-\frac{1}{2}n^2[(1-\nu_g)p_{12}-\nu_g p_{11}]\right\} \qquad (9.20)$$

式中，$n_{\mathrm{equivalent}}$ 表示光纤纤芯的等效折射率。根据参考文献[10]，标准的商用通信单模光纤在波长 $\lambda=1\,310$ nm 处有 $n=1.468\,1$、泊松比 $\nu_g=0.25$、光弹系数分别为 $p_{11}=0.12$、$p_{12}=0.27$。另外，根据参考文献[11]，当波长 $\lambda=1\,310$ nm 且 $n=1.467\,5$ 时，有 $\alpha_T=5.5\times10^{-7}/℃$ 和 $C_T=0.762\times10^{-5}/℃$；若波长 $\lambda=1\,550$ nm，有 $\alpha_T=5.5\times10^{-7}/℃$，且 $C_T=0.811\times10^{-5}/℃$。

2. 双传感阵列的温度补偿特性

在如图 9.7 所示的传感结构的基础上，可以进一步构成如图 9.9 所示的双传感阵列。对于双传感阵列，如果将其中的一个阵列作为应变传感器，那么其他的传感器可以作为温度补偿传感器。

所以，这种双传感阵列的结构是一种具有温度补偿功能的分布式应变传感器，它的一个重要应用是对智能结构的形变进行传感测量。基于以上情况，如果用两个独立的传感器来测量

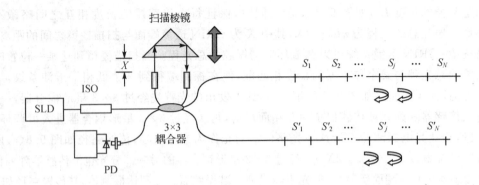

图 9.9　基于 3×3 星形耦合器的 Michelson 光纤低相干干涉传感器双阵列的结构示意图

应变和温度,将其中一个传感器阵列埋入基体材料内部作为应变传感器,另一个传感器阵列只用于测量应变传感器附近的温度,那么有

$$\left. \begin{array}{l} \dfrac{\Delta X_j}{n_{\text{eff}} l_j} = (1 + C_\varepsilon)\Delta\varepsilon_j + [\alpha_m + C_T + (\alpha_m - \alpha_g)C_\varepsilon](T_j - T_0) \\ \dfrac{\Delta X'_j}{n(\lambda, T_0) l'_j} = (\alpha_g + C_T)(T_j - T_0) \end{array} \right\}, \quad j = 1, 2, \cdots, N \quad (9.21)$$

式中,C_ε 表示光纤纤芯折射率的应变系数,在 1 300 nm 波长处为 $-0.133\ 2\times 10^{-6}/\mu\varepsilon$,在 1 550 nm 波长处为 $-0.164\ 9\times 10^{-6}/\mu\varepsilon^{[11]}$。$\alpha_m$ 和 α_g 分别为基体材料和光纤的热膨胀系数。

3. 改进的光纤传感器环形阵列性能

如上文所述,基于 3×3 星形耦合器的 Michelson 光纤干涉仪可以用于解调单阵列或双阵列光纤传感器。然而,对于将所有的传感器复用在一根光纤上并埋入大型智能结构中的情况,如果由于结构损坏或破裂引起某个传感器断裂,那么将会导致部分或整个传感系统失效。为了解决这个问题,可以采用一种环形传感器阵列,其结构如图 9.10 所示。

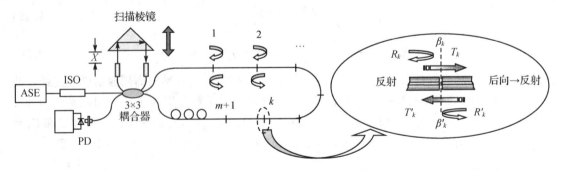

图 9.10　环形传感器阵列及其信号分析示意图

这种环形结构的特点是所有传感器依次首尾相连形成一个光纤环拓扑结构,从而使系统具有双向解调功能。它的优点是提高了传感器的复用能力,可以比线性传感器阵列复用更多的传感器。另外,该环形传感器阵列是被动式的,它能够测量每个传感器绝对长度的变化,并为传感系统提供一定的冗余。这意味着即使传感器环形结构的某一点断开,传感系统仍然能够正常工作。

4. 信号强度分析

例 1：单排和双排线性传感器阵列。

以第 j 个光纤传感器为例，其输出信号的强度与传感器 j 两端反射信号的干涉项的振幅成比例，可表示为

$$P_D(j) = \frac{4}{9}P_0\sqrt{\eta(X_j)}\sqrt{R_j R_{j+1}} T_j \beta_j \Big[\prod_{i=1}^{j-1}(T_i\beta_i)\Big]^2, \quad j=1,2,\cdots,N \quad (9.22)$$

式中，假设 3×3 星形耦合器的分光比是均匀的，并忽略其插入损耗。β_j 表示与传感器 j 有关的连接插入损耗。T_j 和 R_j 分别表示第 j 个部分反射镜的透射系数和反射系数。一般，由于损耗因子 β_j 的存在，T_j 小于 $1-R_j$。$\eta(X_j)$ 为与扫描棱镜-GRIN 透镜系统相关的损耗，是距离 X_j 的函数。

我们取典型的参数 $\beta_j=0.9(j=1,2,\cdots,N+1)$、$R_j=1\%$ 和 $T_j=0.89$，对由 12 个传感器构成的线性传感器阵列进行了理论仿真。其中设注入耦合器的光功率为 P_0，扫描棱镜-GRIN 透镜系统的平均损耗取 6 dB，即 $\eta(X_j)=1/4$。计算得到的传感器阵列的归一化信号强度如图 9.11 所示。

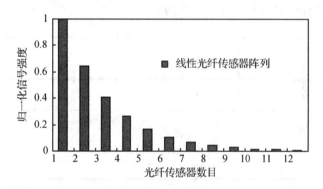

图 9.11 归一化光信号强度与线性光纤传感器阵列的数量之间的关系 ($L_0 \approx 2l_{sensor}$)

例 2：环形传感器。

对于由 N 个传感器构成的环形阵列，第 j 个传感器的白光干涉信号是由第 j 个和第 $j+1$ 个反射面的反射信号互相干涉形成的，干涉信号的强度可以表示为

$$P_D(j) = \frac{4P_0}{9}\sqrt{\eta(X_j)}\Big\{\Big[\prod_{k=1}^{j-1}T_k\beta_k\Big]\Big[\prod_{k=1}^{j-1}T'_k\beta'_k\Big]\sqrt{R_j R_{j+1}}T_j\beta_j T'_j\beta'_j +$$
$$\Big[\prod_{k=j+2}^{N+1}T'_k\beta'_k\Big]\Big[\prod_{k=j+2}^{N+1}T_k\beta_k\Big]\sqrt{R'_j R'_{j+1}}T'_{j+1}\beta'_{j+1}T_{j+1}\beta_{j+1}\Big\} \quad (9.23)$$

取与线性传感阵列相同的参数：$\beta_j=0.9(j=1,2,\cdots,N+1)$、$R_j=1\%$、$T_j=0.89$、$\eta(X_j)=1/4$，并设注入耦合器的光功率为 P_0，得到由 25 个传感器组成的环形阵列的归一化信号强度，如图 9.12 所示。

我们分别对由 6 个传感器构成的线性阵列和环形阵列进行了实验验证。在各传感系统中，光源为 SLD 光源，当驱动电流为 60 mA 时，其输出功率为 300 μW。扫描棱镜与 GRIN 透镜之间的距离变化范围为 3~90 mm（光程范围为 6~180 mm），对应的扫描棱镜-GRIN 透镜系统的插入损耗为 4~8 dB。环形谐振腔的固定部分光程 L_0 为 1 980 mm，近似等于光纤传感

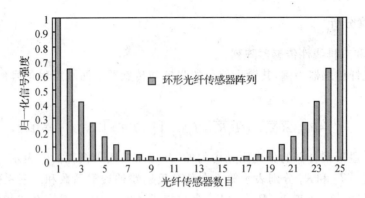

图 9.12　归一化光信号强度与环形光纤传感器阵列的数量之间的关系（$L_0 \approx 2l_{sensor}$）

器长度的 2 倍。每段传感光纤的长度都约为 1 000 mm（1 m 长的单模光纤跳线）。当距离 X 从 15 mm 变化到 85 mm 时，对应的各传感器阵列的光电探测器输出信号如图 9.13 所示，其中(a)、(b)、和(c)分别为由 6 个光纤传感器构成的单排线性阵列、双排线性阵列（每排 3 个传感器）和环形阵列的测量结果。图中，6 个主要干涉峰对应由扫描棱镜-GRIN 透镜系统构成的环形谐振腔的总光程分别与 6 个传感光纤的光程相匹配的情况。

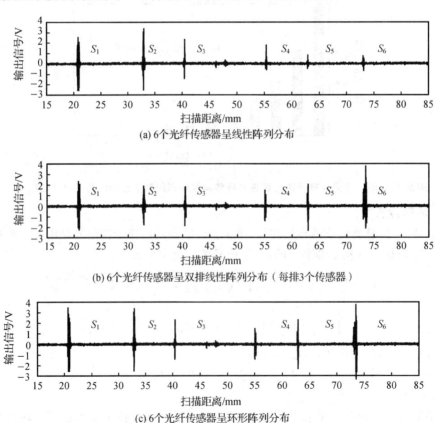

图 9.13　由 6 个光纤传感器构成的传感器阵列的实验结果

表 9.1 给出了各光纤传感器的长度和获得干涉信号时扫描棱镜的位置。从图 9.13 中可

以看出,传感器的长度满足 $l_6>l_5>l_4>l_3>l_2>l_1$。图 9.13(a)的输出特性对应所有 6 个光纤传感器排列成线性阵列的情况(见图 9.7),这种情况下传感器输出信号的强度用式(9.22)描述。从图 9.13(a)可以看出,除了传感器 2,其他实验结果都与理论结果相符合。这是由于在搭建传感器阵列的过程中,很难保证每段传感光纤的端面都制作良好并且具有相同的反射率。对于如图 9.9 所示的 6 个传感器排列成两个线性阵列的情况,其输出信号如图 9.13(b)所示。在实验中,第一个阵列中的传感器是按 S_1、S_2 和 S_3 的顺序排列的,第二个阵列中的传感器是按 S_6、S_5 和 S_4 的顺序排列的。传感器 S_3 和 S_4 分别位于两个传感器阵列的末端,所以它们的输出信号小于其他传感器的输出信号。在图 9.13(c)中,各个传感器的信号相对图 9.13(b)中的信号都略有增加,这是因为传感器 S_3 和 S_4 连接在一起形成了一个环形阵列(见图 9.10)。

表 9.1 光纤传感器的特性参数

传感器	S_1	S_2	S_3	S_4	S_5	S_6
光纤传感器长度/mm	999.353	1 007.564	1 012.712	1 022.703	1 028.075	1 035.396
棱镜的扫描位置/mm	20.964	32.943	40.461	55.057	62.884	73.572

注:表中所有数据的不确定度为 $\pm 1\ \mu m$。

根据式(9.18)可以很容易得到传感器的应变值。以第 3 个传感器为例,传感光纤的长度为 1 012.712 mm,棱镜的初始扫描位置为 40.461 mm;棱镜的扫描位置随传感器所受应力的增加而增加,具体数据如表 9.2 所列。

表 9.2 棱镜位置和应变的关系(S_3)

传感器	S_3					
光纤传感器长度/mm	1 012.712					
初始扫描位置/mm	40.461					
棱镜的扫描位置/mm	40.461	40.772	41.163	41.419	41.715	42.505
位置的变化量/mm	0	0.311	0.702	0.958	1.254	2.044
对应的应变/$\mu\varepsilon$	0	256	578	788	1 032	1 682

注:表中所有数据的不确定度为 $\pm 1\ \mu m$。

9.3 一种简化的 Mach–Zehnder 和 Michelson 干涉仪组合系统

基于 Mach–Zehnder 和 Michelson 干涉仪组合结构的传感器阵列系统如图 9.14 所示[18]。从 LED 光源发出的光耦合入光纤 Mach–Zehnder 干涉仪的两臂,然后经过 2×2 的 3 dB 耦合器进入双传感器阵列。该双传感器阵列由 2×N 段传感光纤(N 个传感器对)首尾串接相连构成,且相邻两段光纤的连接端面形成一个部分反射镜。每对传感器中两个传感器的反射信号沿着不同的传输路径返回到光电探测器端。光纤非平衡 Mach–Zehnder 干涉仪的一臂作为光路调节部分,用于双传感器阵列的信号解调。由于每个传感信号的光程互不相同,所以由每一对相干反射信号 S_i 和 S_i'(见图 9.14)形成的干涉峰对应唯一的传感器对。如果将传感器对中的一个传感器用做应变传感器,那么另一个便可作为温度补偿传感器。因此,该传感结构可以作为带有温度补偿功能的分布式应变测量传感系统,它的一个重要应用是用于智能结构的形变传感测量。

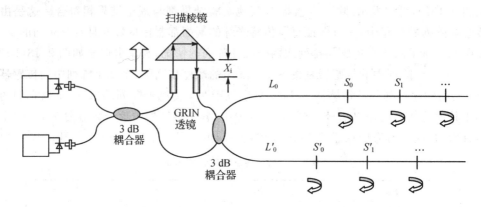

图 9.14　双传感器阵列光纤应变传感系统的工作原理

图 9.15 给出了一个埋入混凝土结构的双传感器阵列的结构示意图,应变传感器阵列直接埋入混凝土材料,补偿传感器阵列放入套管后埋在应变传感器阵列的附近。首先,若干个光纤对 l' 和 l'_i 首尾串接相连构成双传感器阵列,然后再将该双传感器阵列与长度分别为 L_0 和 L'_0 的输入、输出光纤相连。在传感系统中,输入、输出光纤的长度近似相等,并且近似等于每根传感光纤的长度,即

$$\left. \begin{array}{l} L_0 \approx L'_0 \\ l_i \approx l'_i \qquad (i,j = 1, 2, \cdots, N) \\ l'_i \neq l'_j \end{array} \right\} \tag{9.24}$$

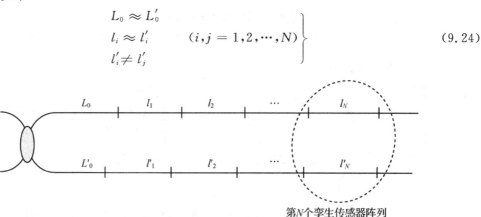

由 $2\times N$ 段光纤组成孪生光纤传感器阵列

图 9.15　双光纤传感器阵列在结构中的分布情况

那么,传感臂的光程为 $2nL_0 + 2n\sum_{i=0}^{N} l_i$,参考臂的光程为 $2nL'_0 + 2n\sum_{i=0}^{N} l'_i + 2X_i$。移动扫描棱镜(调节图 9.14 中的间距 X_i)可以改变参考臂的光程。

这里,n 表示光纤纤芯的折射率,X_i 为扫描棱镜在位移台上的位置。当传感臂和参考臂之间的光程差小于光源的相干长度时,便会在输出端得到白光干涉条纹。位于干涉条纹中间的中央条纹,具有最大的振幅,它对应传感臂和参考臂的光程绝对相等。所以有

$$2nL_0 + 2\sum_{i=1}^{k} nl_i = 2nL'_0 + 2\sum_{i=1}^{k} nl'_i + 2X_k \tag{9.25}$$

白光干涉峰的位移 ΔX_k 对应第 k 个传感器对的光程变化量，即

$$\Delta X_k = \sum_{i=1}^{k} \left[\Delta(nl_i) - \Delta(nl_i') \right] \tag{9.26}$$

对于如图 9.15 所示的情况，将其中一个传感器阵列直接埋入被测结构作为测量传感器，然后将另一个传感器阵列放入抗压套管中后再埋在测量传感器阵列的附近作为补偿传感器，用于补偿由于温度变化导致的折射率改变和热膨胀引起的光纤伸长。由于这两个传感器阵列相距很近，因此可以认为它们的环境温度是相同的。

对于传感臂，如果应变和环境温度发生变化，传感光纤的长度会增加（或减小），那么光程的变化量可以表示为

$$\Delta(nl_i) = \left[n\Delta l_i(\varepsilon) + \Delta n(\varepsilon) l_i \right] + \left[n\Delta l_i(T) + \Delta n(T) l_i \right] \tag{9.27}$$

同时，对于参考臂，补偿传感器阵列只随温度 T 的变化而改变，其光程的变化量为

$$\Delta(nl_i') = n\Delta l_i'(T) + \Delta n(T) l_i' \tag{9.28}$$

将式(9.27)和式(9.28)代入式(9.26)中，并利用式(9.24)的条件 $l_i \approx l_i'$，有

$$\Delta X_k = \sum_{i=1}^{k} \left[n\Delta l_i(\varepsilon) + \Delta n(\varepsilon) l_i \right] = \sum_{i=1}^{k} n_{\text{equivlent}} l_i \varepsilon_i \tag{9.29}$$

式中

$$n_{\text{equivlent}} = \left\{ n - \frac{1}{2} n^3 \left[(1 - \nu_g) p_{12} - \nu_g p_{11} \right] \right\} \tag{9.30}$$

表示光纤纤芯的等效折射率。对于硅材料，输入光波长 $\lambda = 1\,550$ nm 时对应的纤芯折射率、泊松比和光弹系数等分别为 $n=1.46$、$\nu_g=0.25$、$p_{11}\approx 0.12$ 和 $p_{12}\approx 0.27$[1]，根据这些参数计算得到的等效折射率为 $n_{\text{equivalent}} \approx 1.19$。

式(9.29)表明，干涉峰的移动距离 ΔX_k 只与共轴应变导致的光纤传感器的长度 l_i 和折射率的变化有关，而与温度改变引起的光程变化无关。因此，由于环境温度波动引起的光程变化可以得到自动补偿，且分布式应变可以利用下式测量得到，即

$$\varepsilon_i = \frac{\Delta X_i - \Delta X_{i-1}}{n_{\text{equivalent}} l_i} \tag{9.31}$$

9.4 基于 Fabry–Perot 谐振腔的简化系统

这一节，主要介绍基于可调谐 Fabry–Perot(F–P)谐振腔的白光干涉多路复用传感器阵列[19]。与已有的复用结构[2-9,11-18]不同，这种方法只用一个腔长可调的光纤 F–P 谐振腔来产生差动光路就可以实现传感器之间的光程匹配。在传感部分，输入和输出信号用同一根光纤来传输。这种结构极大地降低了低相干干涉复用传感器阵列的复杂性和成本。图 9.16 给出了基于可调谐 F–P 谐振腔的白光干涉多路复用传感器阵列的结构示意图。其中在 F–P 谐振腔中插入一个由扫描棱镜和 GRIN 透镜组成的可调谐光纤延迟线，用于与不同传感光纤的长度匹配。我们用一个 LED/PD 双功能双向器件作为光源和信号探测器，这样可以极大地简化干涉仪的光学结构。该双向器件的 LED 光源发出的宽谱光经过可调谐 F–P 谐振腔耦合入光纤传感器阵列。传感器阵列由 N 段传感光纤（N 个传感器）首尾相连组成，且相邻两段的光纤的连接面形成一个部分反射镜。反射信号沿相同的光路返回到双向器件的 PIN 探测器端，进而构成复用光纤 Michelson 干涉仪。

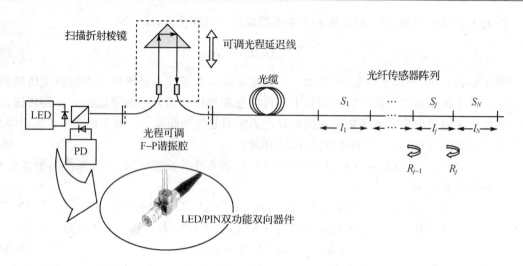

图 9.16　基于可调谐 F-P 谐振腔的光纤白光干涉传感器阵列的工作原理

在传感阵列中,各传感器之间的反射面的反射率很小(1 % 或更小),从而可以避免输入光信号衰减过快。令相邻两个反射面之间的光纤传感器的长度 $l_j (j=1,2,\cdots,N)$ 近似等于但略长于谐振腔中的固定部分长度 L_0 的一半;同时,保证每个传感器的长度相互之间略有不同。可调 F-P 谐振腔总光程为 nL_0+X,其中 n 为纤芯折射率,X 为光纤延迟线的可调距离。当调节光纤延迟线到达某一位置时,F-P 谐振腔的总光程与某一个传感器的光程相匹配,会在输出端产生一个白光干涉条纹。该干涉条纹来自于传感器两个端面的反射信号,对应唯一的传感器。

以传感器 j 为例,它的光路匹配示意图如图 9.17 所示。图中最上方的光路作为传感光路,表示光源发出的光直接通过 F-P 谐振腔和传感器 j 后,被传感器 j 的右端面反射后沿原路直接到达光电探测器。图中光纤下面的两个光路作为参考光路,第一个表示光源发出的光在 F-P 谐振腔中传输一周后到达传感器 j 的左端面,被左端面反射后直接通过谐振腔到达探测端;第二个光路表示光源发出的光直接通过 F-P 谐振腔到达传感器 j 的左端面,被左端面反射的光在 F-P 谐振腔中传输一周后到达探测端。当满足下列条件时,传感光路与参考光路的光程相匹配,即

$$2nL+2n\sum_{i=1}^{j-1}l_i+2nl_j=2nL+2n\sum_{i=1}^{j-1}l_i+2(nL_0+X_j), \quad j=1,2,\cdots,N \quad (9.32)$$

式中,$X_j=X$ 表示扫描棱镜与 GRIN 透镜之间的距离(见图 9.17(a)),nL_0 为 F-P 谐振腔中不包括可调长度 X 的腔长。从式(9.32)中可以看出,由于输入信号和反射信号要经过长度为 $2nL+2n\sum_{i=1}^{j-1}l_i$ 的共同光路,所以这种结构可以实现对大多数温度效应的自动补偿。如果将可调谐 F-P 谐振腔放到隔温箱中,那么可以测量来自传感器光程的任何变化。

传感器 j 所受的应变或环境温度的变化会引起光程 nl_j 的改变,因此需要改变可调距离 X_j 以满足式(9.32)的光程匹配条件。可调距离的变化量 ΔX_j 与传感器长度的改变量之间的关系为

$$\Delta X_j=\Delta(nl_j), \quad j=1,2,\cdots,N \quad (9.33)$$

对于传感器阵列,当应力加载到传感器上时,假设各个传感器的长度分别从 l_1 变为 l_1+

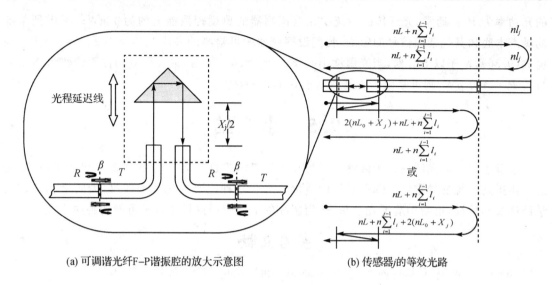

(a) 可调谐光纤F-P谐振腔的放大示意图　　(b) 传感器 j 的等效光路

图 9.17　可调谐光纤 F-P 谐振腔及传感器 j 的等效光路

Δl_1，l_2 变为 $l_2+\Delta l_2$，…，l_N 变为 $l_N+\Delta l_N$。利用光纤延迟线控制系统精确调节 F-P 谐振腔的腔长以跟踪传感器长度的变化。由于每个传感器对应唯一的棱镜位置，所以可以得到分布式应变：

$$\varepsilon_1=\frac{\Delta l_1}{l_1},\varepsilon_2=\frac{\Delta l_2}{l_2},\cdots,\varepsilon_N=\frac{\Delta l_N}{l_N} \tag{9.34}$$

为了避免 F-P 谐振腔中多次反射引起的测量误差，各光纤传感器的长度需要满足：

$$\left.\begin{array}{l} l_i \neq l_j \\ n\,|\,l_i-l_j\,|_{\max}<D \\ n\,|\,l_i-l_j\,|_{\min}>\varepsilon_{\max}(k)l_k \end{array}\right\} \quad (i,j=1,2,\cdots,N) \tag{9.35}$$

式中，n 为纤芯的等效折射率，D 为步进电机的最大扫描距离，$\varepsilon_{\max}(k)$ 为所有的传感器中所受应变的最大值。

为了估算这种基于长腔光纤可调 F-P 谐振腔传感系统的最大复用能力，假设注入光纤的光功率为 P_0，且光电探测器的最小检测功率为 $P_{\min}$。那么，通过下式可以估算出该传感系统最多能够复用的传感器数量，即

$$P_D(j) \geqslant P_{\min}, \quad j=1,2,\cdots,N \tag{9.36}$$

对于多路复用传感器阵列中任意的光纤传感器 j，光电探测器输出信号强度的振幅与传感器 j 两个端面的反射信号的相干项成比例，表示为

$$P_D(j)=4P_0T^4\beta^4\eta^2(X_j)R\sqrt{R_jR_{j+1}}\,T_j\beta_j\left[\prod_{i=1}^{j-1}(T_i\beta_i)\right]^2 \tag{9.37}$$

式中，β 为光纤与可调 F-P 谐振腔之间的连接插入损耗，T 和 R 分别表示 F-P 谐振腔连接端面的透射系数和反射系数。β_j 表示传感器 j 连接端面的插入损耗，T_j 和 R_j 分别表示第 j 个反射端面的透射系数和反射系数。由于 β_j 的存在，透射系数 $T_j<1-R_j$。$\eta(X_j)$ 是与光纤可调延迟线有关的插入损耗，是 X_j 的函数。

我们取典型的参数 $R=0.3$、$T=0.6$、$\beta=\beta_j=0.9(j=1,2,\cdots,N+1)$、$R_j=1\%$、$T_j=0.89$ 进行了理论仿真。设可调光纤延迟线的平均损耗为 1.5 dB，即 $\eta(X_j)\approx 0.7$，且注入输入光纤

的光功率为 P_0。通常,光纤传感系统中光电探测器的典型探测能力约为 1 nW。考虑到系统的噪声本底和其他杂散信号的影响,我们设探测器的可检测的最小光功率为 $P_{min}=5$ nW。根据式(9.36),基于以上数据,当光源输出功率为 $P_0=50$ μW 时,最大可复用传感器数为 $N_{max}=4$;若 $P_0=400$ μW,则可复用传感器数增加到 $N_{max}=8$[19]。

9.5 小 结

本章主要针对光纤白光干涉解调系统在光学结构方面进行了一系列改进和简化,目的是进一步提高系统的稳定性并降低系统的造价。对于几种主要的光纤干涉仪,借助于相关的光学器件及其特性,重新构造了光学系统,为实际的工程应用提供了各种可能的解决方案。

参考文献

[1] Butter C D, Hocker G B. Fiber optic strain gauge. Appl. Opt., 1978, 17: 2867-2869.

[2] Brooks J L, Wentworth R H, Youngquist R C, et al. Coherence multiplexing of fiber optic interferometric sensors. J. Ligthwave Technol., 1985, LT-3: 1062-1071.

[3] Lefevre H C. White light interferometry in optical fiber sensors. Proceeding of Seventh Opt. Fiber Sensors Conf., Sidney, Australia, 1990: 345-351.

[4] Lee C E, Taylor H F. Fiber-optic Fabry-Perot temperature sensor using a low-coherence light source. J. Ligthwave Technol., 1991, 9: 129-134.

[5] Ribeiro A B L, Jackson D A. Low coherence fiber optic system for remote sensors illuminated by a 1.3 μm multimode laser diode. Rev. Sci. Instrum., 1993, 64: 2974-2977.

[6] Inaudi D, Elamari A, Pflug L, et al. Low-coherence deformation sensors for the mornitoring of civil-engineering structures. Sensors and Actuators A, 1994, 44: 125-130.

[7] Sorin W V, Baney D M. Multiplexing sensing using optical low-coherence reflectometry. IEEE Photonics Technology Letters, 1995, 7: 917-919.

[8] Yuan L B, Ansari F. White light interferometric fiber-optic distributed strain-sensing system. Sensors and Actuators: A, 1997, 63: 177-181.

[9] Yuan L B, Zhou L M, Jin W. Quasi-distributed strain sensing with white-light interferometry: a novel approach. Optics Letters, 2000, 25: 1074-1076.

[10] Nye S F. Physical Properties of Crystals. Oxford Press, London, 1954: 235-259.

[11] Yuan L B. The effect of temperature and strain on fiber optic fiber index. Acta Optica Sinica, 1997, 17(12): 1713-1717.

[12] Yuan L B, Zhou L M, Jin W. Enhancement of multiplexing capability of low-coherence interferometric fiber sensor array by use of a loop topology. J. Lightwave Technol., 2003, 21(5): 1313-1319.

[13] Yuan L B, Yang J, Zhou L M, et al. Low-Coherence Michelson Interferometric Fiber-Optic Multiplexed Strain Sensor Array: A Minimum Configuration. Applied Optics, 2004, 43(16): 3211-3215.

[14] Yuan L B. Modified Michelson fiber-optic interferometer: a remote low-coherence distributed strain sensor array. Review of Scientific Instrumentation, 2003, 74(1): 270-272.

[15] Yuan L B, Yang J. Schemes of fiber-optic multiplexing sensors array based on a 3×3 star coupler. Optics Letters, 2005, 30(9): 961-963.

[16] Yuan L B, Yang J. Two-loop based low-coherence multiplexing fiber optic sensors network with Michelson optical path demodulator. Optics Letters, 2005, 30(5): 601-603.

[17] Yuan L B, Yang J. Fiber-optic low-coherence quasi-distributed strain sensing system with multi-configurations. Measurement Science and Technology, 2007, 18: 2931-2937.

[18] Yuan L B, Dong Y T. Multiplexed fiber optic twin-sensors array based on combination of a Mach-Zehnder and a Michelson interferometer. Journal of Intelligent Materials System and Structures, 2009, 20(7), 809-813.

[19] Yuan L B, Yang J. A tunable Fabry-Perot resonator based fiber-optic white light interferometric sensor array. Optics Letters, 2008, 33(15).

结　　语

　　智能结构这一新兴技术在航空航天和土木工程结构领域具有重要的应用前景。各种光纤传感器的解调技术，如用于大型传感网络中同时进行局部和整体测量，以及多点和准分布测量的 FBG 传感器和白光干涉传感器，对智能结构的发展具有重要的推动作用。

　　本书对用于智能结构的光纤白光干涉传感器进行了全面的理论分析和实验研究。与其他光纤传感器一样，获得有效的白光干涉传感系统所需要的两个关键问题是：传感探头的设计和传感信号的解调系统。传感器实际上就是一段两端为部分反射面的标准单模光纤。书中对带有涂覆层的石英光纤埋入材料内部的问题进行了研究，并得到传感器的测量数据与实际的结构参数之间的关系；设计了用于监测建筑结构实际应变的金属基、环氧基和水泥混凝土基三种材料的预埋式光纤传感器；制作了实验室规模的混凝土梁和不同大小的混凝土试样，用于埋入式光纤传感器的测试。在应变和温度的测量中，传感器的长度范围为 100～1 000 mm。另外，我们提出并发展了几种新型的解调技术，用于检测传感光纤长度的绝对变化量。这些技术包括改进的传统干涉仪和解调技术、新型的复用方案和联网结构。主要的结论和研究结果如下：

　　发展了埋在分别受到恒定和线性应变的基体材料中，带涂覆层的光纤的应力/应变行为的理论模型，并且在该模型中考虑了热表观应变问题。简化的模型给出了石英光纤和基质材料之间的应变关系。我们发现埋入材料内部的光纤所受应变分布与基质材料的应变分布不同，尤其是在光纤与混凝土结构相接触的出入口处。这意味着由光纤传感器测得的应变与结构本身所受的应变不同，这是由光纤的涂覆材料和边界条件所导致的。应变传递系数与埋入的光纤长度、光纤涂覆层的厚度及其材料特性有关。对于环氧基材料，长为 70 mm 和 140 mm 的光纤传感器得到的传递系数分别为 0.62 和 0.84。这些结果可以用于在复杂的应变分布情况下，标定不同长度的白光干涉应变传感器，也可用于标定位于基体材料内部不同位置的光纤传感器。

　　基于白光干涉传感技术，我们设计并验证了一种光纤引伸计系统，利用一种新型的光纤环形谐振腔作为参考结构来补偿传感器反射信号的光程变化。通过在解调干涉仪中引入环形谐振腔，极大地降低了对解调干涉仪扫描范围的要求，进而降低了解调系统的成本。引入环形谐振腔参考系统后，光纤引伸计的传感器长度既可以短至几厘米，也可以长至数十米。对表面粘贴和内部埋入引伸计的各种混凝土试样进行了挤压和劈拉测试。测试结果表明，光纤引伸计得到的结果与常规引伸计的测量结果符合得很好。对于复合材料来说，光纤引伸计具有优良的可埋置性和兼容性。利用传感光纤的长度和位移台的扫描分辨率可以确定光纤引伸计的分辨率。对于光纤长度为 100 mm、扫描分辨率为每步 1 μm 的情况，光纤引伸计系统的分辨率约为 10 με。

　　进一步研究了环形谐振腔方案在 Michelson 白光干涉多路复用传感器技术中的应用，建立了干涉条纹的峰值强度与系统参数之间的关系式，从传感器最大可复用数量的角度对这种技术的性能进行了评估。研究结果发现，在光源输出功率为 3 mW 的情况下，线性阵列结构最多可复用 15 个传感器；而 3×3 矩阵结构，最多可复用 9 个传感器。对由 3 个传感器构成的线性阵列和 2×1 矩阵结构进行了实验研究，实验结果符合理论预期。这种多路复用传感系统可以用于智能结构中的准分布应变或温度测量。

为了解决传感器阵列抗毁坏的问题,提出并证明了一种适用于智能结构的新型光纤传感器环形网络结构。这种环形结构可以从两个相反的方向对传感器阵列进行解调。提出了改进的 Michelson 和 Mach-Zehnder 干涉仪两个新型的解调系统。与常规的单向解调传感系统相比较,从最大可复用传感器数方面来说,该双向解调的环形结构提高了传感系统的复用能力。假设系统中光源的输出功率为 10 mW,那么该环形网络结构最多可复用 41 个传感器,近似为单端问询系统的 2 倍。环形网络还可以提供解调的冗余,进而提高系统的可靠性。对于环形结构,即使光纤环中有一处发生断裂,该传感系统仍然可以工作。

最后,为了使光纤白光干涉传感系统在实际的工程应用中更好地发挥作用,针对光纤白光干涉解调系统,在光学结构方面进行了一系列改进和简化,借助于一些特殊的光学器件,重新构造了几种光学系统,为实际的工程应用提供了可能的解决方案。

附录 符号说明

A	矩阵
A_{us}	谐振超声波的振幅
B	矩阵
C	矩阵
$\bar{C}_0, \bar{C}_1, \bar{C}_2$	相对光弹常数、绝对光弹常数、横向光弹常数
c	自由空间中的光速
C_T	光纤折射率的温度系数,1/℃
C_ε	光纤的应变系数,1/με
$C_{\varepsilon,T}$	光纤对应变和温度的交叉灵敏度,rad/(℃·με·m)
D	矩阵
D_c	等效阻尼系数
E_c	涂层材料的杨氏模量(等效刚度)
E_g	光纤的杨氏模量
E_m	基体材料的杨氏模量
E_p	光纤聚合物涂覆层的杨氏模量
E_S	标准偏差
E_0	光场的振幅
E_{in}	输入光场的振幅
E_{out}	输出光场的振幅
G_0	光源的相对普系数,μW/μm
G_p	聚合物包层材料的剪切模量
I	光强
I_D	光电探测器的接收光强
I_0	从光源耦合入光纤的光强
j	虚数符号
k	式(4.17)定义的参数
k_1	式(4.30)定义的参数
k_0	光在真空中的波数
L	光纤的长度,m
L_c	光源的相干长度
L_0	光纤传感器的标距,m
L_{eff}	光纤传感器的有效标距,m
ΔL	光纤长度的变化量,m
l_0	声传感器中光纤的标距
l_{eff}	声传感器中光纤的有效标距
M_1, M_2	测量量

符号	说明
n	光纤纤芯的折射率
$n_{\text{equivalent}}$	光纤模式的等效有效折射率
n_0	没有应力作用时光纤纤芯的折射率
n_x, n_y, n_z	有应力作用时沿 x, y, z 三个方向的折射率
P	光源的输出功率
p_{ij}	光弹张量系数
R	反射率
R_g	抛光后光纤端面的反射率
R_i	第 i 个部分反射面的反射系数
R_m	扫描反射镜的反射率
R_0	光纤环的半径
r_g, r_p	石英光纤和聚合物涂覆层的半径,m
S	光程,m
$\mathrm{d}S$	光程变化量的微分
ΔS	光程的变化量
T	温度,℃
T_i	第 i 个部分反射面的透射系数
$\bar{u}(x,t)$	超声波的位移
$u(r,z)$	涂覆层沿径向的位移
$w(r,z)$	涂覆层沿轴向的位移
X	真空中的光程
ΔX	扫描反射镜的位移
δX	测量误差
α	校正因子
$\alpha(L,k)$	两个测量参数的比值系数
α_δ	光纤耦合器的插入损耗系数
α_g	光纤的热膨胀系数,1/℃
α_m	基体材料的热膨胀系数,1/℃
α_T	光纤的温度系数,1/℃
β	恒定参数
β_i	传感单元连接处的附加损耗
β_x, β_y	HE_{11} x 模和 HE_{11} y 模的相位常数
Γ	量纲为 1 的常数
γ_p	聚合物涂覆层的切应变
δ	耦合器的插入损耗,dB
ε	应变
$\varepsilon_1, \varepsilon_z$	沿光纤方向的轴向应变,沿 z 方向的轴向应变
$\varepsilon_2, \varepsilon_x, \varepsilon_3, \varepsilon_y$	在光纤横截面内沿 x 和 y 方向的主应变
$\varepsilon_g, \varepsilon_m$	石英光纤和基体材料中的轴向应变

φ	相位角
ζ	量纲为1的常数
η	光纤方向耦合器的强度分光比
η_p	内、外边界表面之间的聚合物保护层的形变量
$\eta(X)$	GRIN 透镜准直器-反射镜系统的损耗光损耗函数
Λ	声发射波长
λ	真空中光的波长,nm
λ_0	真空中光的中心波长,nm
$\Delta\lambda$	光源光谱的半峰全宽(FWHM)
ν	光在光纤环形谐振腔中传输的圈数
ν_g	光纤石英材料的泊松比
ν_p	光纤聚合物涂覆层材料的泊松比
ρ	石英光纤的质量密度(单位长度的等效质量)
ξ	谱系数
$\vec{\xi}(x,t)$	传感光纤的响应位移
σ	石英裸光纤所受的应力
σ_p	光纤聚合物涂覆层所受的应变
σ_g	石英裸光纤所受的法向应变
σ_{f_μ}	光纤纤芯中心附近沿 μ 轴方向所受的主应力
$\tau_g 、\tau_m$	石英裸光纤和聚合物涂覆层之间的界面上的切应力,聚合物涂覆层和基体之间的界面上的切应力
ω	系统的等效角频率
ς	阻尼比
ζ	外界压力的频率与系统等效频率的比值
θ	超声波的初始相位
θ_0	超声波的相位角
χ	传感系统的分辨率
$\mathfrak{J}$	灵敏度系数,$\mu m/(m \cdot \mathcal{C})$
$\mathfrak{J}(\varsigma,\zeta)$	动态放大响应因子
$\|\mathfrak{R}\|$	$\mathfrak{R}$ 的行列式